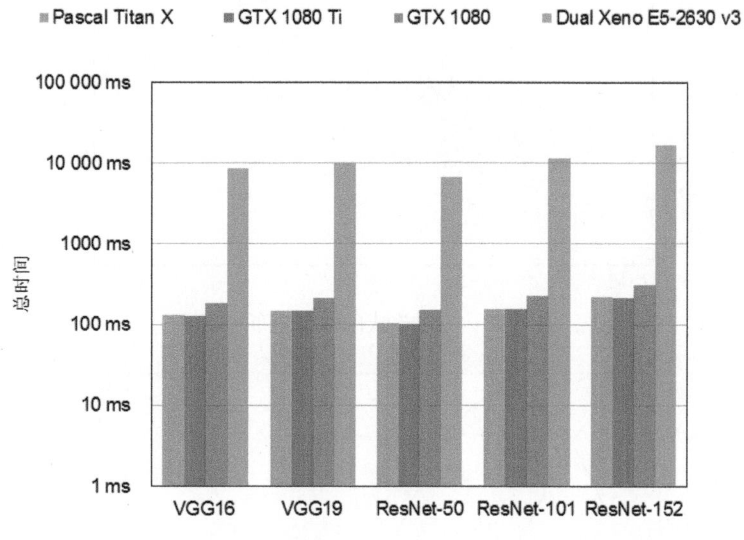

图 1-1　不同处理器在深度卷积神经网络任务中的表现

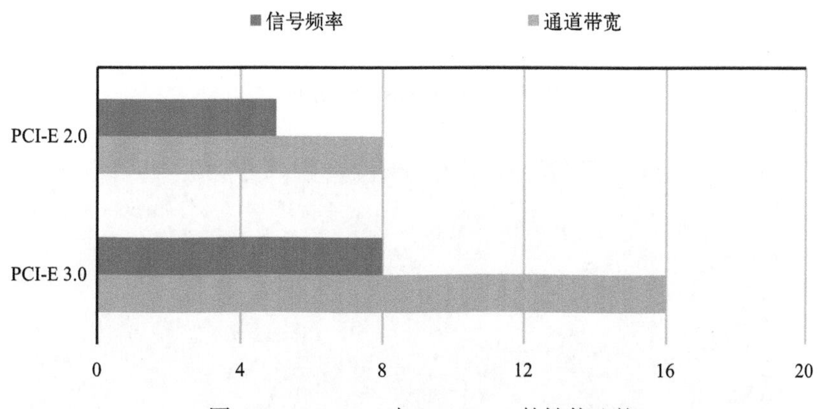

图 1-3　PCI-E 2.0 与 PCI-E 3.0 的性能比较

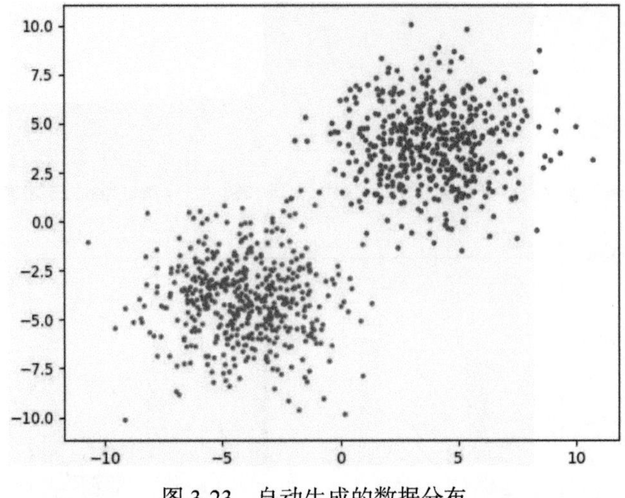

图 3-23　自动生成的数据分布

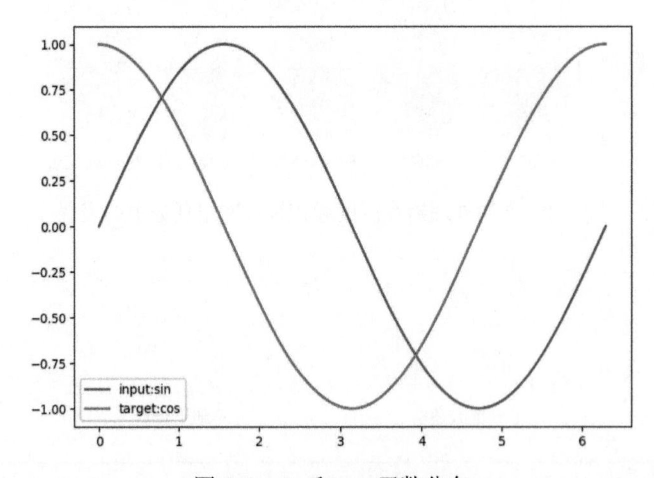

图 5-6　sin 和 cos 函数分布

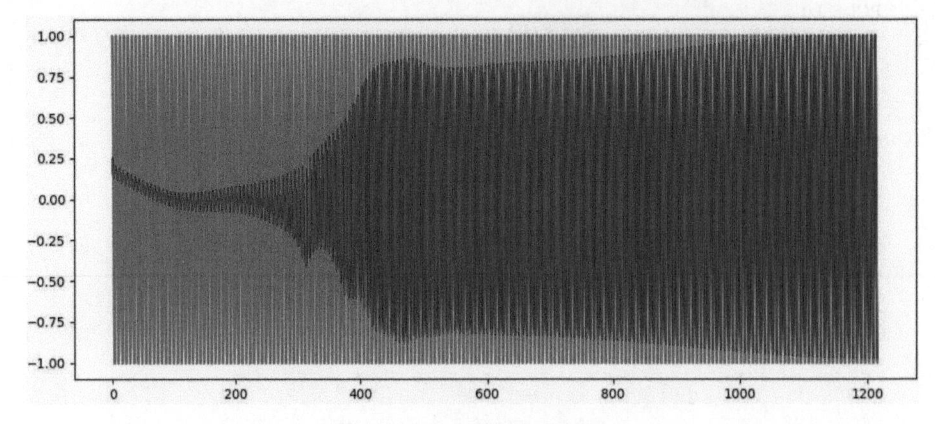

图 5-7　RNN 实例训练结果

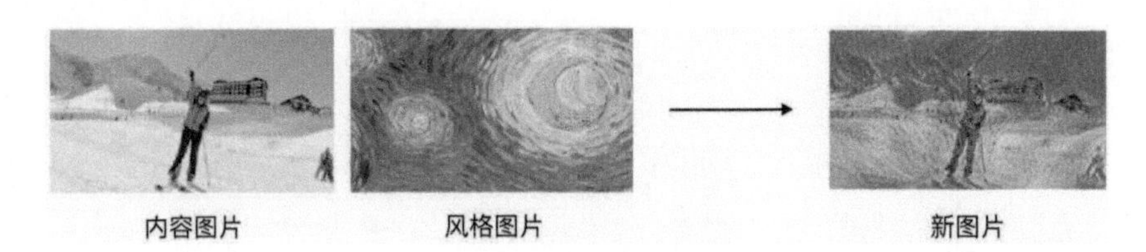

图 8-1　风格迁移示意图

$\alpha:\beta=1:10\ 000$

$\alpha:\beta=1:100\ 000$

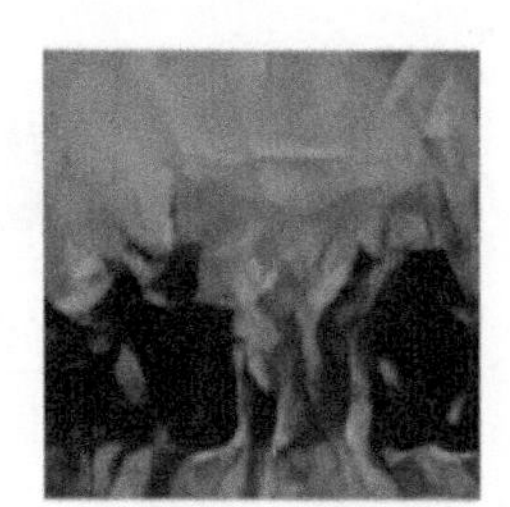

$\alpha:\beta=1:1\ 000\ 000$

图 8-9　损失权重对比图

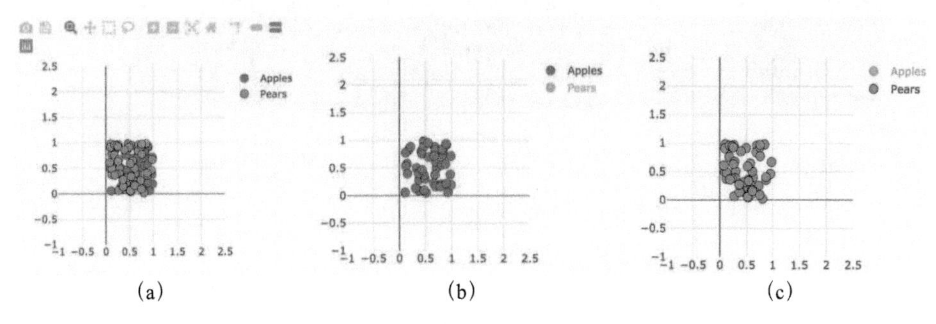

图 11-9　visdom 绘制二维散点图

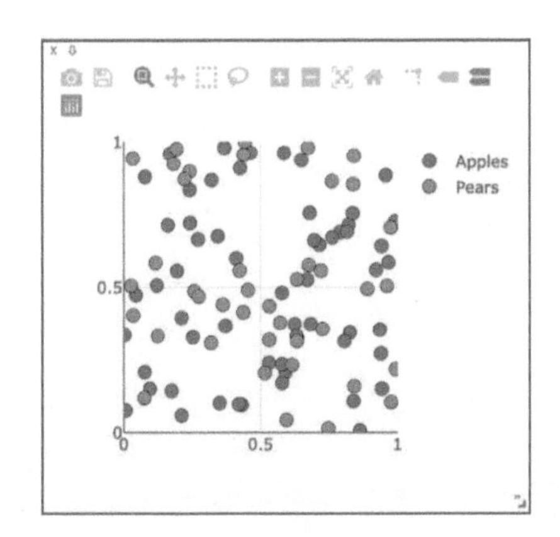

图 11-10　更新散点图

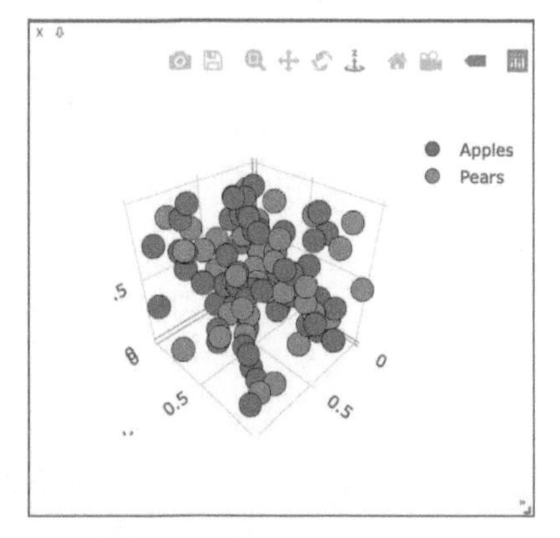

图 11-11　visdom 的三维散点图

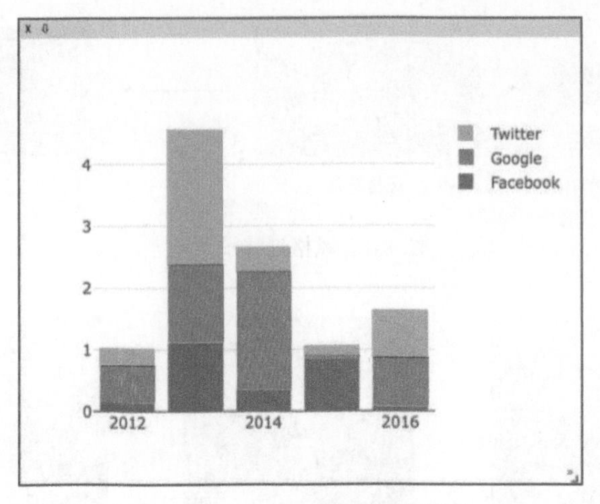

图 11-15　visdom 多标签直方图

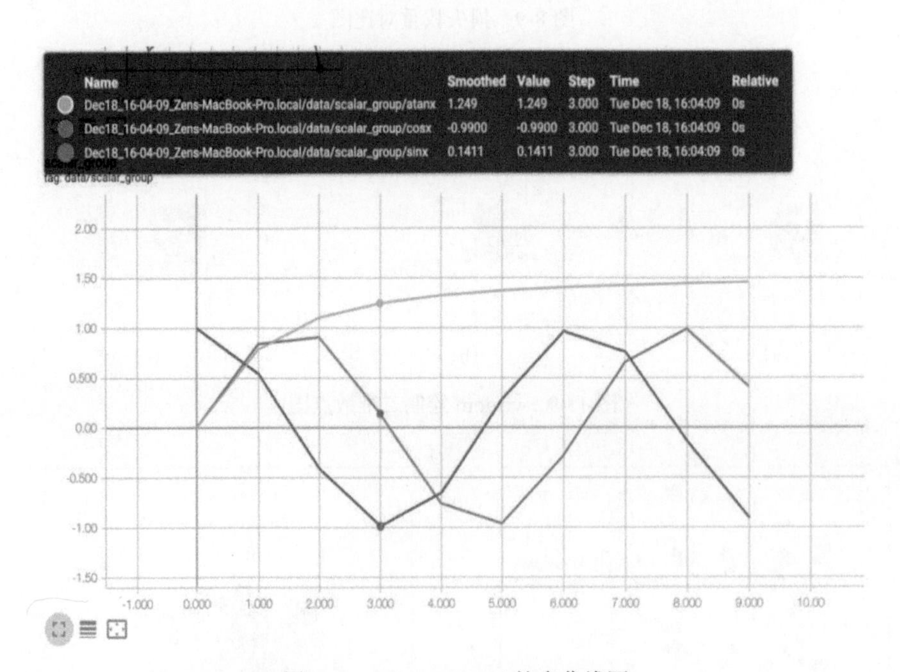

图 11-19　TensorBoard 的多曲线图

TURING 图灵原创

PyTorch深度学习入门

曾芃壹◎著

人民邮电出版社
北 京

图书在版编目（CIP）数据

PyTorch深度学习入门 / 曾芃壹著. -- 北京 : 人民邮电出版社, 2019.9(2024.5重印)
(图灵原创)
ISBN 978-7-115-51919-1

Ⅰ. ①P… Ⅱ. ①曾… Ⅲ. ①机器学习 Ⅳ. ①TP181

中国版本图书馆CIP数据核字(2019)第188297号

内容提要

本书用浅显易懂的语言，图文并貌地讲解了深度学习的基础知识，从如何挑选硬件到神经网络的初步搭建，再到实现图片识别、文本翻译、强化学习、生成对抗网络等多个目前流行的深度学习应用。书中基于目前流行的PyTorch框架，运用Python语言实现了各种深度学习的应用程序，让理论和实践紧密结合。

本书适合打算入门深度学习的人群以及对Python语言有初步了解的读者阅读。

◆ 著　　　曾芃壹
责任编辑　王军花
责任印制　周昇亮
◆ 人民邮电出版社出版发行　　北京市丰台区成寿寺路11号
邮编　100164　　电子邮件　315@ptpress.com.cn
网址　http://www.ptpress.com.cn
固安县铭成印刷有限公司印刷
◆ 开本：800×1000　1/16　　彩插：2
印张：15　　2019年9月第1版
字数：346千字　　2024年5月河北第11次印刷

定价：59.00元

读者服务热线：(010)84084456-6009　印装质量热线：(010)81055316

反盗版热线：(010)81055315

广告经营许可证：京东市监广登字20170147号

前　言

概述

近年来，学术界和商业界掀起了人工智能的热潮，这股热潮背后的推动力量正是深度学习技术。如今，在图像、语音和自然语言等数据的处理方面，基于深度学习的算法均以绝对的优势碾压传统算法。为了让研究者和开发人员能够更快地构建各式各样的深度学习模型，各大公司纷纷为 Python 语言开发自己的深度学习依赖库，其中较为出名的有谷歌公司的 TensorFlow、Facebook 公司的 PyTorch、Apache 公司的 MXNet、微软公司的 CNTK 以及百度公司的 PaddlePaddle。从 2017 年 1 月 Facebook 公司开源 PyTorch 以来，短短两年时间，PyTorch 便与老牌框架 TensorFlow 势均力敌。PyTorch 的迅猛发展得益于其丰富且全面的开发文档、活跃的社区和易学易用的特点。它不但对深度学习的初学者非常友好，还能高效地完成各式各样的深度学习任务并结合 Caffe2 快速部署到生产环境中。

想要读懂本书，只需具备微积分、线性代数以及 Python 编程的基本知识即可。读者可将本书作为入门深度学习技术的第一本书，通过 PyTorch 框架实现当今最潮的深度学习算法。

本书结构

全书共 12 章，分为基础篇（第 1 章～第 3 章）、实战篇（第 4 章～第 8 章）和高级篇（第 9 章～第 12 章）3 个部分，各章的知识要点如下。

第 1 章讲解如何打造深度学习的硬件环境，在不同系统下配置 PyTorch 的运行环境。

第 2 章介绍张量的基本知识以及 PyTorch 中处理张量的常用方法，为后面构建深度神经网络打下基础。

第 3 章介绍深度学习的基本概念，用 PyTorch 实现线性回归、逻辑回归、分类以及基于深度卷积神经网络的 MNIST 手写字体识别。

第 4 章介绍 4 个目前比较流行的图片识别模型，并利用 PyTorch 实现 AlexNet 的迁移学习模型。

第 5 章介绍序列转序列模型的基础知识，用 PyTorch 构建一个将法语翻译成英语的神经翻译机。

第 6 章介绍生成对抗网络模型的基本概念，通过 PyTorch 实现一个二次元人物头像的生成器。

第 7 章浅谈强化学习中基于策略的算法和基于值的算法，用 PyTorch 在 Gym 平台上实现一个简单的强化学习智能体。

第 8 章讲解风格迁移的基本概念，用 PyTorch 借助已训练好的 VGG19 模型来实现风格迁移。

第 9 章介绍如何自定义神经网络层以及如何使用 C++加载 PyTorch 的模型。

第 10 章介绍 ONNX，并讲解如何使用 ONNX 将 PyTorch 模型迁移至其他框架中。

第 11 章讲解 PyTorch 可视化工具 TensorBoard 和 visdom 的基本用法，以及模型可视化工具 Netron 的使用方法。

第 12 章介绍如何用 PyTorch 创建多进程任务和多 GPU 并行计算。

基础篇可以帮助读者充分了解深度学习的基础知识和 PyTorch 最基本的使用方法。实战篇可以让读者对不同的深度学习应用场景有粗略的认知，通过代码来快速上手，读者甚至可以通过简单修改本书提供的代码来实现自己的个性化应用。高级篇主要讲解在生产环境下部署时需要用到的一些技巧以及 PyTorch 的可视化方法。本书的配套代码可在图灵社区（iTuring.cn）的本书主页中免费注册下载。

致谢

感谢王军花和武芮欣两位女士，是她们给了我这次写作的机会以及专业的修改意见。

感谢我的妻子，是她给了我支持与陪伴，让我拥有充足的写作空间和时间。以此书纪念我们从相识到成婚的这段时光。

感谢我的父母，他们在我的成长道路上默默给予爱和鼓励，才使我最终完成此书。

曾芃壹

2019 年 4 月于广东梅州

目　　录

第一部分　基础篇

第二部分　实战篇

第三部分 高级篇

第一部分

基 础 篇

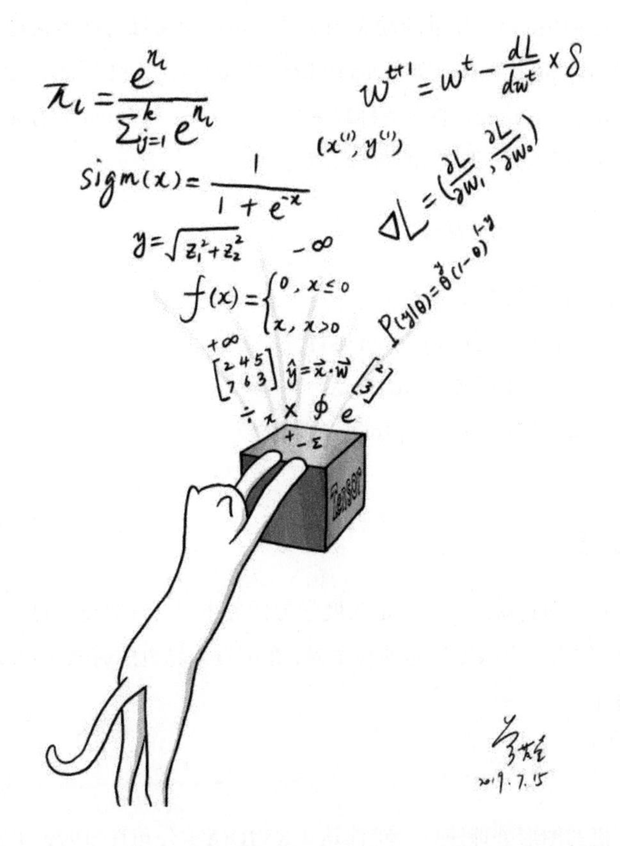

第 1 章 准备工作

2017 年 1 月，Facebook 人工智能研究团队在 GitHub 上开源了 PyTorch，随后迅速占领了 GitHub 热度榜榜首。如今，PyTorch 已经更新至 1.0 版本，成为众多科研机构研究深度学习的首选框架。PyTorch 具有简洁优雅的接口和先进的动态图设计，可以快速且灵活地构造复杂的神经网络模型。同时，PyTorch 具有与其他流行框架（如 TensorFlow 和 Keras 等）比肩的运行速度。通过 ONNX 接口，可以将 PyTorch 模型导入 Caffe2，兼容各种终端环境。另外，PyTorch 拥有完整易读的文档和非常活跃的社区，这也使它成为深度学习入门的首选框架。

本章主要为大家介绍以下内容：

- 如何挑选适合做深度学习的硬件
- 如何在 macOS 系统下配置 PyTorch 运行环境
- 如何在 Ubuntu 系统下配置 PyTorch 运行环境
- 如何在 Windows 系统下配置 PyTorch 运行环境

1.1 硬件配置

工欲善其事，必先利其器。为了满足深度学习任务中“高计算量”这一特殊需求，我们需要配置一台适合的计算机。作为一个深度学习的初学者，在配置计算机的时候不仅要考虑硬件的性能和价格，而且要考虑其扩展性。

1. 显卡

为了加速计算机的图形处理速度，英伟达（NVIDIA）公司在 1999 年发布 GeForce 256 图形处理芯片时提出了 GPU（Graphic Processing Unit）的概念，此后又提出了 GPGPU（General Purpose Graphic Processing Unit）的概念，即利用 GPU 进行一些通用计算，从而解决 CPU 浮点运算能力不足的问题。也正是因为 GPGPU 的兴起，促使了深度神经网络的蓬勃发展。

NVIDIA 公司推出的 CUDA（Compute Unified Device Architecture）是一种使用 GPU 进行通用计算的架构。在 CUDA 架构的基础上，NVIDIA 发布了 cuDNN 库，用于支持其显卡对深度神经网络（Deep Neural Network，DNN）的加速计算。现在众多的深度学习框架（如 PyTorch、Caffe、TensorFlow 和 Theano）都支持 cuDNN 加速。

为什么 GPU 对于深度神经网络如此重要？我们可以让 GPU 和 CPU 处理相同的深度神经网络任务，然后进行一次对比。深度卷积神经网络（Convolutional Neural Network，CNN）是一种经常被用于处理图片数据的深度神经网络，这里采用 16 张 3×224×244 的彩色图片作为一组数据，分别传入不同的深度卷积神经网络中，不同处理器之间的表现存在差异。

图 1-1 演示了 GPU 和 CPU 在处理相同的深度卷积神经网络任务时性能上的巨大差距。在 Pascal Titan X、GTX 1080 Ti 和 GTX 1080 这三个 GPU 上分别处理 VGG16、VGG19、ResNet-50、ResNet-101 和 ResNet-152 时，所用的时间在 101 ms 至 314 ms 之间，而 CPU 处理器 Dual Xeno E5-2630 v3 在处理相同任务时所用的时间在 6627 ms 至 16 872 ms 之间。在处理上述任务时，Pascal Titan X 比 Dual Xeno E5-2630 v3 快了 50 倍到 76 倍！

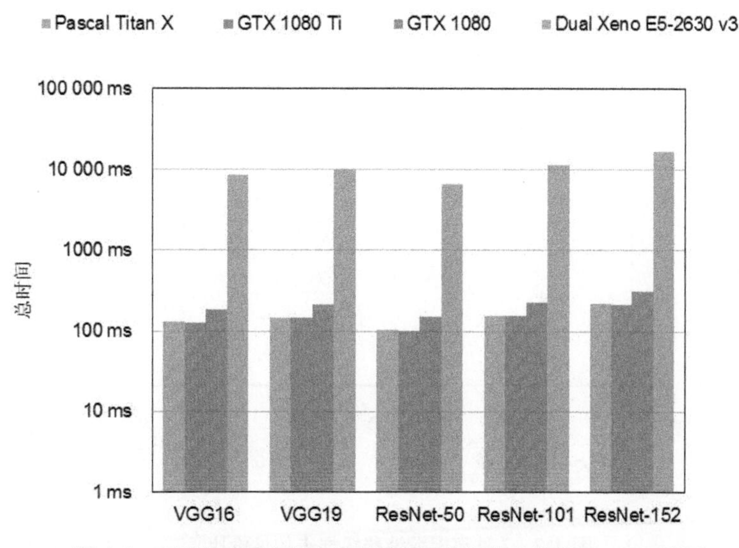

图 1-1 不同处理器在深度卷积神经网络任务中的表现（另见彩插）

CPU 和 GPU 在处理上述任务时产生了巨大的差距，原因在于 CPU 不擅长处理浮点数运算，而深度神经网络的计算任务中常常包含大量的浮点数矩阵运算。因此，为了提高深度神经网络的运算速度，我们需要考虑购买性能较强大的 GPU。表 1-1 中列出了 7 种高配置的个人消费级显卡的性能参数。在选购时，我们需要参考表中的每一个参数后做出合理选择。

表 1-1 NVIDIA GPU 的性能参数

GPU	显 存	显存带宽	CUDA 核数	TFLOPS	市场价格
Pascal Titan Xp	12GB	547.7GB/s	3840 个	12	10 000 元
RTX 2080 Ti	11GB	616GB/s	4352 个	13.1	10 000 元
Pascal Titan X	12GB	336.5GB/s	3584 个	10.16	9000 元
GTX 1080 Ti	11GB	484GB/s	3584 个	10.6	7000 元
GTX 1080	8GB	320GB/s	2560 个	8.87	4500 元
GTX 1070	8GB	256.3GB/s	1920 个	6.5	3500 元
GTX 1060	6GB	192GB/s	1280 个	4.4	2300 元

图 1-2 为我们展示了 7 种显卡的性能、价格和性价比。通过观察可以发现，价格最低且性价比最高的显卡是 GTX 1060。GTX 1080 Ti、GTX 1080 和 GTX 1070 的性价比几乎相同。

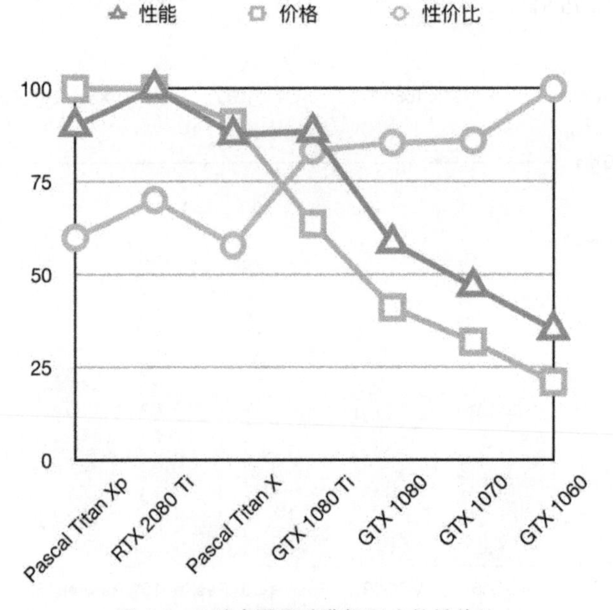

图 1-2 7 种高配置消费级显卡的性价比

经过对比和研究，可以得到如下结论：

- 追求性价比及低廉价格时，可考虑购买 GTX 1060；
- 追求性价比及性能最优时，可考虑购买 GTX 1080 Ti；
- 兼顾价格低廉与性能时，可考虑购买 GTX 1070 或 GTX 1080；
- 只考虑性能最优时，可考虑购买 RTX 2080 Ti；
- 如果你打算组装一台多 GPU 的主机且追求数据传输速度，可考虑购买支持 NVLink 桥接技术的 RTX 2080 Ti。

当然，如果你有充足的资金，可以考虑购买 NVIDIA 更加专业的服务器级显卡，比如 TITAN RTX、TITAN V、TESLA P100、TESLA V100、TESLA K80 和 TESLA P40 等，也可以考虑购买 NVIDIA 的深度学习服务器，如 DGX-1、DGX-2 和 HGX。

2. 主板

选择主板时，首先需要考虑其对接显卡的 PCI Express（简称 PCI-E）接口。从外观上看，PCI-E 2.0 接口与 PCI-E 3.0 接口的大小是一致的，显卡可以在这两个版本的卡槽中通用。但是高性能的显卡插到 PCI-E 2.0 上时并不能完全发挥其性能。如图 1-3 所示，PCI-E 2.0 接口的信号频率为 5GT/s，单向通道带宽为 8GB/s；而 PCI-E 3.0 接口的信号频率为 8GT/s，单向通道带宽为 16GB/s。

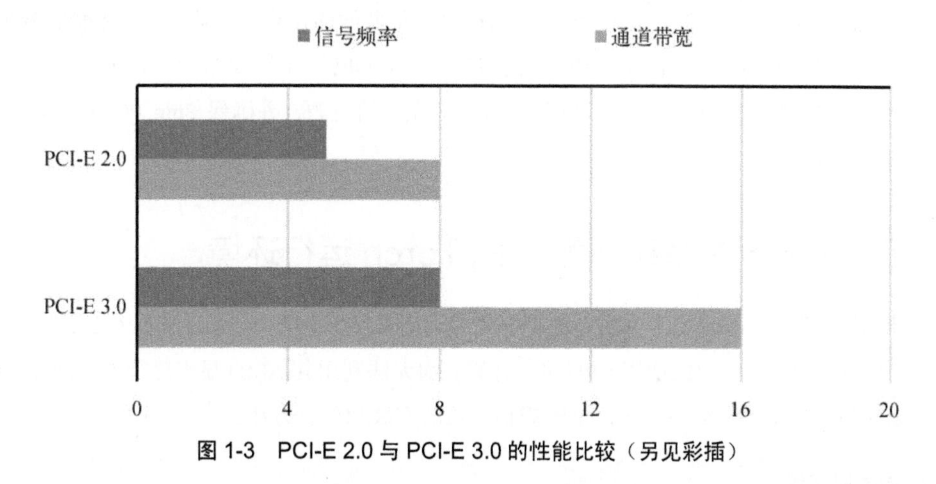

图 1-3 PCI-E 2.0 与 PCI-E 3.0 的性能比较（另见彩插）

因此，我们购买时需要考虑是否选择带有 PCI-E 3.0 接口的主板。此外，主板上 PCI-E 3.0 的卡槽数目应该尽量多，方便日后扩展多个 GPU，其 CPU 接口要兼容自己打算配置的 CPU 型号，并且要尽量选择最大可支持 64GB、128GB 或更多内存的主板，方便扩增内存。

3. CPU

在深度学习任务中，CPU 虽不扮演主要角色，但是它兼任着承前启后的任务，如代码中变量的读取和写入、执行函数指令、GPU 的函数调用、从数据中生成小批量数据以及传输数据至 GPU。在深度学习任务中，主要的计算均由 GPU 承担。对于 CPU 而言，其核数至少要与 GPU 核数相同，主频率大于 2GHz，高速缓存的大小对深度学习任务来说影响并不大。

4. 内存与硬盘

由于训练深度神经网络需要大量的数据并且神经网络的参数量也非常巨大，内存的消耗与输入的小批量数目及深度神经网络的参数总量有关，因此我们应该配置的内存大小至少和选购的 GPU 显存大小相同，能达到显存大小的两倍就已经足够。

硬盘对于深度学习任务的影响并不是很大，传统的机械硬盘已经足够。如果有条件的话，可以考虑选择读取速度更快的固态硬盘。

5. 电源

选择电源时，需要考虑其总功率是否能够达到硬件性能全开时的峰值功率。一个显卡的功率大概为 250W 至 300W，一个 CPU 的功率大概为 65W 至 100W。若是以单 GPU 组建工作站，则至少配置功率为 600W 的电源。若打算扩展 GPU 数目，组建 GPU 集群的话，需要特别考虑电源配带 8pin PCI-E 接口的数目，一个接口只能为一个 GPU 供电。例如配置 4 个 GPU，每个 GPU 至少保证 300W 的供电，包括其他硬件的供电需求，则需要选择功率为 1600W 左右的电源，并确保 8pin PCI-E 接口数目在 4 个以上。

1.2 在 Mac OS X 系统下配置 PyTorch 运行环境

苹果计算机一般以 AMD 显卡为主，极少配置 NVIDIA 显卡。因为 AMD 未加入 CUDA 平台，所以苹果计算机下的 PyTorch 只能使用 CPU 进行计算，而无法利用其 AMD 显卡进行加速计算。这一节主要跟大家介绍在 Mac OS X 系统下 Python 虚拟环境的安装和配置方法。

1. 安装虚拟环境

Mac OS X 系统自带 Python 2.*x* 环境，为了更好地使用 PyTorch 及其他库，建议读者采用 Python 3.6 以上版本。这里为了方便管理，我们使用 Homebrew 安装 Python 3：

```
$ brew install python3
```

安装好后，输入 python3，如果能进入 python3 命令行，说明安装成功：

```
$ python3
Python 3.7.0
Type "help", "copyright", "credits" or "license" for more information.
>>>
```

安装 PyTorch 最简单的方式是使用虚拟环境。在虚拟环境下，你可以安装私有包，并且不会影响全局的 Python 解释器。虚拟环境的好处是可以在同一个系统中安装不同版本的 Python 环境，不会相互冲突。在虚拟环境下，程序只能访问该虚拟环境下的包，可以有效地管理 Python 的解释器环境。

这里我们使用 virtualenv 创建虚拟环境。首先，输入以下命令检查系统是否安装了 virtualenv：

```
$ virtualenv  —version
```

如果显示错误，则说明系统没有安装 virtualenv。接下来，我们使用 easy_install 安装 virtualenv：

```
$ sudo easy_install virtualenv
```

现在需要在计算机上找一个地方存放我们的虚拟环境。可以把虚拟环境存放在 Documents 文件夹下，此时可以将终端切入到 Documents 根目录下，并运行 virtualenv 命令创建 python3 虚拟环境。运行下面的代码，其中 torchenv3 为创建的虚拟目录：

```
$ virtualenv -p python3 torchenv3
```

安装完成后，Documents 文件夹下就多了一个我们刚才创建的 torchenv3 文件夹，与虚拟环境相关的文件都存放在这个文件夹内，里面有一个私有的 Python 解释器。

在使用这个虚拟环境前，我们需要“激活”该虚拟环境。假设我们的终端已经切入到 Documents 目录，此时可以输入以下命令：

```
$ source torchenv3/bin/activate
```

这样 torchenv3 虚拟环境就被激活了。并且为了告诉你已经激活了虚拟环境，终端会加入一个环境名：

```
(torchenv3)$
```

需要注意的是，该虚拟环境只影响当前终端窗口，其他终端窗口并不受影响。

当需要关闭虚拟环境时，可以直接关闭当前终端窗口或者在当前终端窗口的命令行提示符下输入 deactivate。

2. 安装 PyTorch

首先，用浏览器打开 PyTorch 官方网站，在 Your OS 处选择 Mac，在 Package 处选择 Pip，在 Language 中选择 Python 3.7，如图 1-4 所示。关于 CUDA，我们可以选择 None，这是因为现阶段 Mac OS X 系统下的显卡均不是 NVIDIA 显卡，并且不支持 CUDA 平台，所以无法使用 GPU 为我们的 PyTorch 进行加速计算。

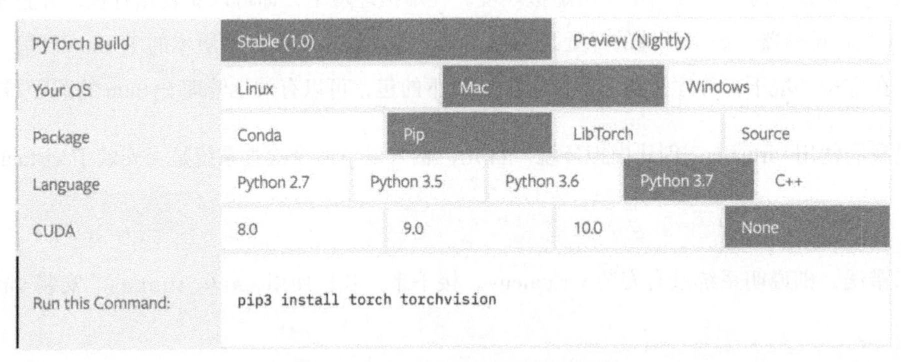

图 1-4　PyTorch 官网的安装选项

依照顺序选择完毕后，Run this Command 处将会出现安装 PyTorch 的命令代码，我们将其复制并粘贴到命令行提示符下运行：

```
(torchenv3)$ pip3 install torch torchvision
```

执行完上述命令后，导入 torch 库验证 PyTorch 是否正确安装：

```
(torchenv3)$ python
>>> import torch
>>>
```

如果没有错误提醒，就表示 PyTorch 已经安装成功了！

1.3　在 Ubuntu 系统下配置 PyTorch 运行环境

这一节主要给大家介绍 Ubuntu 17.10 系统及 GTX 1080 Ti 显卡环境下，PyTorch 运行环境的配置方法。

1. 安装显卡驱动

假设你已经安装好了 Ubuntu 17.10 系统，接下来需要安装 GTX 1080 Ti 的驱动。倘若你事先没有设置好 root 用户的密码，那么先进行设置。打开终端，在命令行提示符下输入如下命令：

```
$ sudo passwd root
```

运行以上命令后，输入两次密码。接下来，为系统添加驱动源地址：

```
$ sudo add-apt-repository ppa:graphics-drivers/ppa
```

在运行这个命令中间，需要按一次回车。当显示如下信息时，表示已经成功添加了驱动源：

```
gpg: 密钥 1118213C：公钥"Launchpad PPA for Graphics Drivers Team"已导入
gpg: 合计被处理的数量：1
gpg: 已导入：1  (RSA: 1)
OK
```

接下来，运行以下代码，同步软件包列表及安装 GTX 1080 Ti 的驱动：

```
$ sudo apt-get update&&sudo apt-get install NVIDIA-384
```

不同显卡驱动的版本号不同，倘若你的显卡为其他 GeForce 型号，请到 NVIDIA 官网（http://www.geforce.cn/drivers）上寻找对应的驱动进行安装。

运行 nvidia-smi 命令，查看显卡驱动是否成功安装：

```
$ nvidia-smi
```

如果显示类似图 1-5 所示的结果，说明你已经成功安装了显卡驱动。

```
+-----------------------------------------------------------------------------+
| NVIDIA-SMI 384.111                Driver Version: 384.111                   |
|-------------------------------+----------------------+----------------------+
| GPU  Name        Persistence-M| Bus-Id        Disp.A | Volatile Uncorr. ECC |
| Fan  Temp  Perf  Pwr:Usage/Cap|         Memory-Usage | GPU-Util  Compute M. |
|===============================+======================+======================|
|   0  GeForce GTX 108...  Off  | 00000000:01:00.0  On |                  N/A |
| 47%   80C    P2    90W / 250W |   7529MiB / 11171MiB |     81%      Default |
+-------------------------------+----------------------+----------------------+
|   1  GeForce GTX 108...  Off  | 00000000:02:00.0 Off |                  N/A |
|  0%   39C    P8    12W / 250W |     12MiB / 11172MiB |      0%      Default |
+-------------------------------+----------------------+----------------------+

+-----------------------------------------------------------------------------+
| Processes:                                                       GPU Memory |
|  GPU       PID   Type   Process name                             Usage      |
|=============================================================================|
|    0      1105      G   /usr/lib/xorg/Xorg                            19MiB |
|    0      1185      G   /usr/bin/gnome-shell                          49MiB |
|    0      1423      G   /usr/lib/xorg/Xorg                           143MiB |
|    0      1539      G   /usr/bin/gnome-shell                         220MiB |
|    0      9571      C   python                                      7091MiB |
+-----------------------------------------------------------------------------+
```

图 1-5　运行 nvidia-smi 命令的结果

2. 安装 CUDA

下载 CUDA 时，我们需要注册成为它的开发者用户。注意要根据显卡驱动版本来安装相应的 CUDA，否则会报错。表 1-2 中列出了 CUDA 及显卡驱动的对应关系，之前安装的显卡驱动版本为 384，所以只能安装 CUDA 9.0 及以下版本。

表 1-2 CUDA 及显卡驱动对应表

CUDA 版本	Linux x86_64 驱动版本	Windows x86_64 驱动版本
CUDA 7.0（7.0.28）	⩾346.46	⩾347.62
CUDA 7.5（7.5.16）	⩾352.31	⩾353.66
CUDA 8.0（8.0.44）	⩾367.48	⩾369.30
CUDA 8.0（8.0.61 GA2）	⩾375.26	⩾376.51
CUDA 9.0（9.0.76）	⩾384.81	⩾385.54
CUDA 9.1（9.1.85）	⩾390.46	⩾391.29
CUDA 9.2（9.2.88）	⩾396.26	⩾397.44
CUDA 9.2（9.2.148 Update 1）	⩾396.37	⩾398.26

打开 CUDA 9.0 下载页面 https://developer.nvidia.com/cuda-90-download-archive，完成注册并登录后，进入下载页面。

按照图 1-6 所示的方式依次选择选项后，会出现如图 1-7 所示的下载链接，点击 Base Installer 后面的 Download 按钮即可下载 CUDA 安装包。

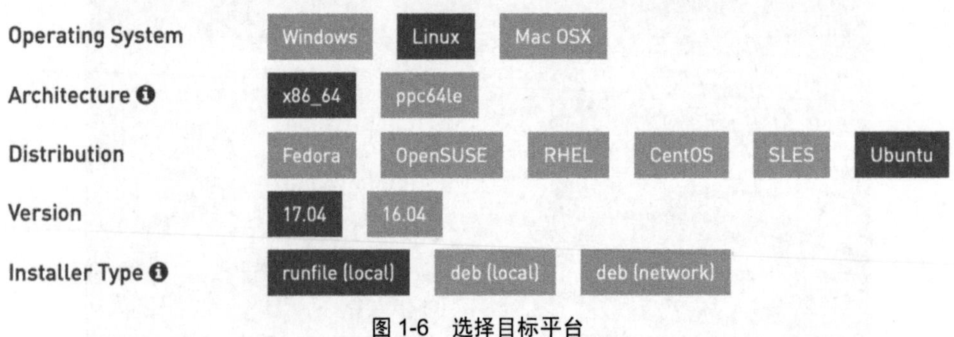

图 1-6 选择目标平台

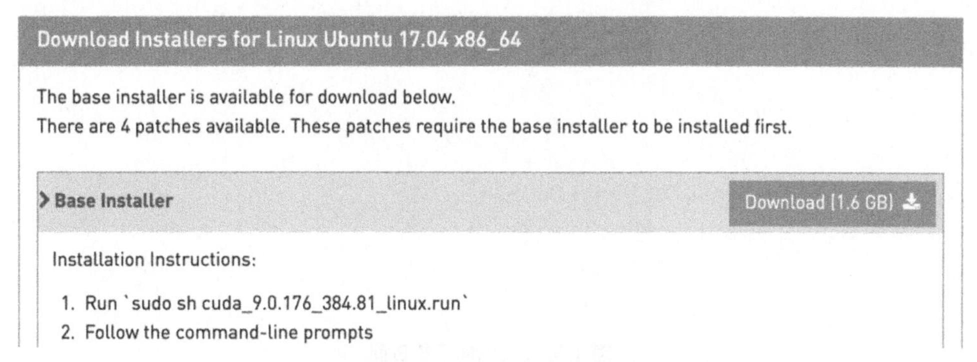

图 1-7 CUDA 9.0 软件下载界面

下载完成后，打开终端并进入存放 CUDA 安装包的根目录，运行以下命令安装 cuda_9.0.176_384.81_linux.run 文件：

```
$ sudo sh cuda_9.0.176_384.81_linux.run
```

在运行该命令的过程中，会出现一系列需要确认的提示。值得特别注意的是，如果遇到这样的提示：

```
Install NVIDIA Accelerated Graphics Driver for Linux-x86_64 361.62?
```

请确保选择 N，否则之前安装的显卡驱动将会被覆盖。安装命令运行完成后，需要声明环境变量，此时使用 gedit 软件打开 bashrc 文件：

```
$ gedit ~/.bashrc
```

接着，将以下 3 行代码复制到文件尾部并保存：

```
export PATH=/usr/local/cuda-9.0/bin${PATH:+:${PATH}}
export LD_LIBRARY_PATH=/usr/local/cuda-9.0/lib64${LD_LIBRARY_PATH:+:${LD_LIBRARY_PATH}}
export PATH=/usr/local/sbin:/usr/local/bin:/usr/sbin:/usr/bin/:/sbin:/bin:/usr/game:
```

3. 安装 cuDNN

我们需要进入 NVIDIA 官方网站上下载并安装 cuDNN。打开 cuDNN 的下载网址 https://developer.nvidia.com/rdp/cudnn-download，在该页面上注册和登录后，选择 Download cuDNN v7.3.1 for CUDA 9.0，下载 cuDNN v7.3.1 Library for Linux，如图 1-8 所示。

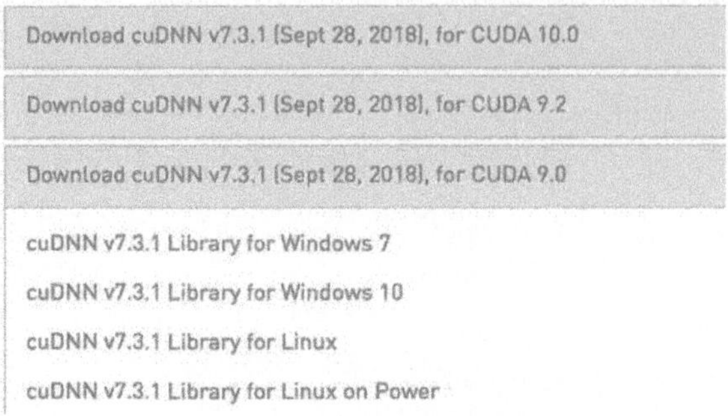

图 1-8 cuDNN 下载页面

下载完毕后对其进行解压缩，得到一个名为 cuda 的文件夹。将终端切换到 cuda 文件夹所在的目录，然后在命令行提示符下输入以下命令安装：

```
sudo cp cuda/include/cudnn.h /usr/local/cuda/include/
sudo cp cuda/lib64/libcudnn* /usr/local/cuda/lib64/
sudo chmod a+r /usr/local/cuda/include/cudnn.h
sudo chmod a+r /usr/local/cuda/lib64/libcudnn*
```

4. 安装 Anaconda

除了使用 virtualenv 创建和管理 Python 环境外，我们还可以选择使用另外一个更加方便的工具：Anaconda。首先进入 Anaconda 的下载地址 https://www.anaconda.com/download/，选择下载 Python 3.7 版本的安装包，如图 1-9 所示。下载完毕后，将终端切入安装包所在的文件夹，然后运行下面的命令安装 Anaconda：

```
$ bash Anaconda3-5.3.0-Linux-x86_64.sh
```

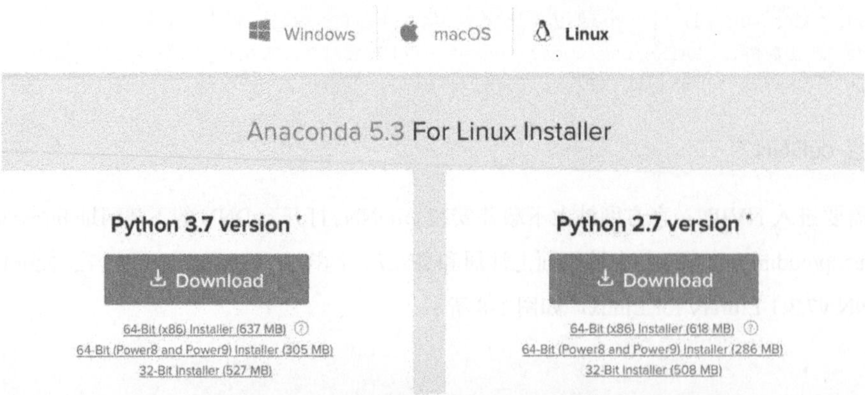

图 1-9 Anaconda 官网下载页面

安装完 Anaconda 以后，使用 gedit 打开 bashrc 文件，修改环境变量：

```
$ gedit ~/.bashrc
```

在文件末尾添加下面的代码并保存：

```
export PATH="/home/用户名/anaconda3/bin:$PATH"
```

注意，上一行代码中的“用户名”需要根据个人计算机的用户名进行修改。接着使用 source 命令更新环境变量：

```
$ source ~/.bashrc
```

运行以下命令查看 Anaconda 版本，如果能出现类似以下的打印结果，说明 Anaconda 已经安装成功：

```
$anaconda -V
anaconda Command line client (Version 1.7.2)
```

运行以下命令查看 Python 版本：

```
$ python
Python 3.7.0
Type "help", "copyright", "credits" or "license" for more information.
>>>
```

5. 安装 PyTorch

进入 PyTorch 官方网站，在 PyTorch Build 处选择 Stable(1.0)版本，在 Your OS 处选择 Linux，在 Package 处选择 Conda，在 Language 处选择 Python 3.7。对于 CUDA，我们需要根据自己安装的版本进行选择，这里选择 CUDA 9.0，如图 1-10 所示。

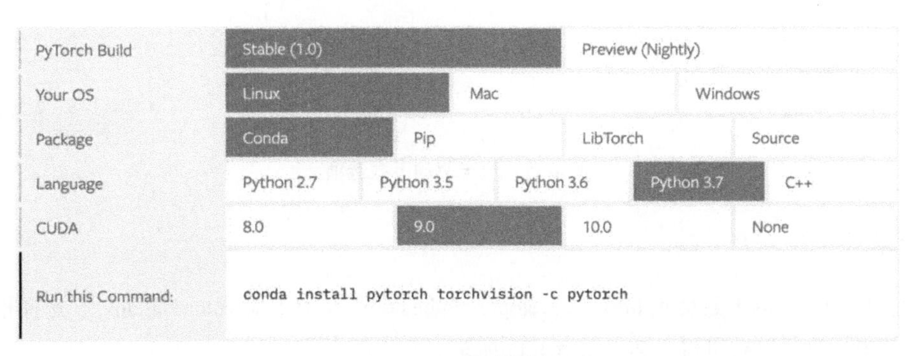

图 1-10 安装选项

依照顺序选择完毕后，Run this Command 处会出现安装 PyTorch 的命令代码，我们将其复制并粘贴到命令行提示符下运行：

```
$ conda install pytorch torchvision -c pytorch
```

执行完上述命令后，导入 torch 库，验证 PyTorch 是否正确安装：

```
$ python
>>> import torch
>>>
```

如果没有错误提醒，那么恭喜你，可以进入 PyTorch 下一个阶段的学习了。

1.4 在 Windows 系统下配置 PyTorch 运行环境

这一节主要跟大家介绍在 Windows 7 系统及 GTX 1080 Ti 显卡的环境下，PyTorch 运行环境的配置方法。

1. 安装显卡驱动

如图 1-11 所示，进入 NVIDIA 官网的驱动下载页面 https://www.nvidia.cn/Download/index.aspx?lang=cn，选择相应的显卡系列，点击“搜索”按钮后下载并安装。

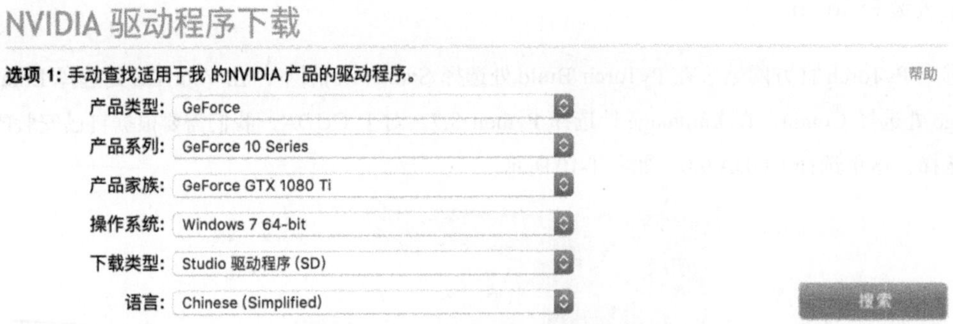

图 1-11 显卡驱动下载选项

2. 安装 CUDA

进入 CUDA 9.2 的下载页面 https://developer.nvidia.com/cuda-92-download-archive，选择相应的系统版本，下载本地安装包进行安装，如图 1-12 所示。

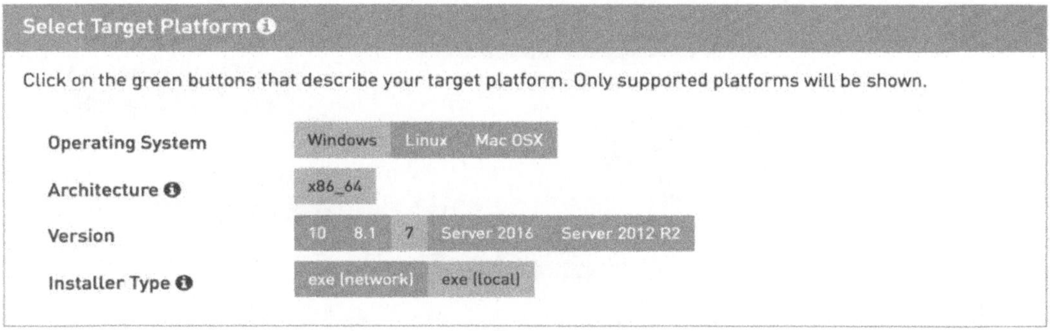

Select Target Platform

Click on the green buttons that describe your target platform. Only supported platforms will be shown.

Operating System: Windows Linux Mac OSX

Architecture: x86_64

Version: 10 8.1 7 Server 2016 Server 2012 R2

Installer Type: exe (network) exe (local)

图 1-12 CUDA 安装包下载

3. 安装 cuDNN

进入 cuDNN 下载页面（https://developer.NVIDIA.com/rdp/cudnn-download），在该页面进行注册和登录后，选择 CUDA 9.2 下的 Windows 7 版本进行下载。下载后，解压压缩文件，得到 cuda 文件夹，然后将 cuda 文件夹内 bin、include 和 lib/x64 子文件夹下的所有文件分别复制并粘贴到 CUDA 9.2 安装文件夹的 bin、include 和 lib/x64 下（默认的安装位置为 C:\Program Files\NVIDIA GPU Computing Toolkit\CUDA\v9.2）。

4. 安装 Anaconda

进入 Anaconda 下载页面（https://www.anaconda.com/download/），选择下载 Windows 系统的 Python 3.7 版本安装包。下载完成后，双击安装包进行安装。安装时，可以勾选 Add Anaconda to the system PATH environment variable，意思是把 Anaconda 添加进环境变量。安装完后，打开终端窗口，运行 `python`，如果出现以下结果，说明已经正确安装：

```
>python
Python 3.7.0
Type "help", "copyright", "credits" or "license" for more information.
>>>
```

5. 安装 PyTorch

进入 PyTorch 官网，在 PyTorch Build 处选择 Stable(1.0)，在 Your OS 处选择 Windows，在 Package 处选择 Conda，在 Language 处选择 Python 3.7，在 CUDA 处选择 9.0，如图 1-13 所示。

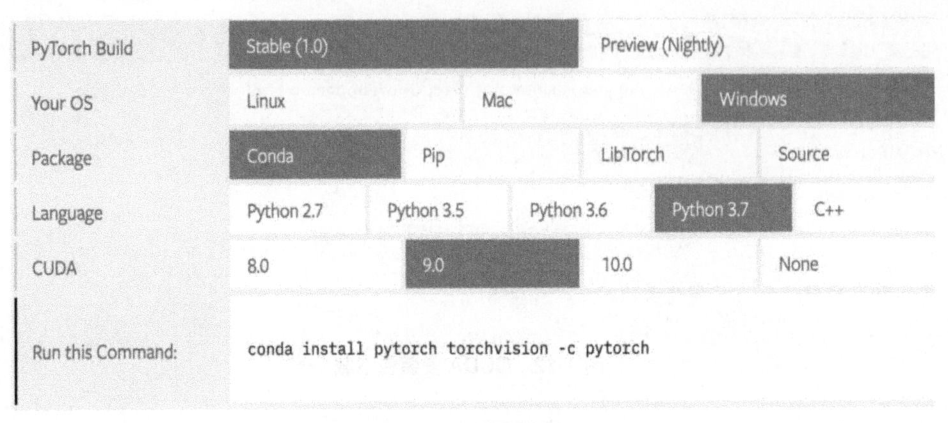

图 1-13 安装选项

在终端运行 Run this Command 下的命令：

```
conda install pytorch torchvision -c pytorch
```

安装完后，导入 torch 库验证 PyTorch 是否正确安装：

```
>python
>>> import torch
>>>
```

如果没有报错，说明已经成功安装。

第 2 章 Tensor 基础

在这一章中，我们将掌握 PyTorch 中 Tensor 对象的创建和运算方法。Tensor 是 PyTorch 中进行数据存储和运算的基本单元。Tensor 之于 PyTorch，相当于 Array 之于 NumPy。实际上，PyTorch 将 NumPy 的 Array 包装成 Tensor，为其定义了各式各样的运算方法和函数，为开发人员省去了编写基本数学矩阵计算的工作，避免重复开发“轮子”。

本章的主要内容有：

- ❑ 如何创建和操作 Tensor
- ❑ Autograd 的基本原理

2.1 Tensor

Tensor，中文叫作张量，是 PyTorch 中最基本的数据类型。作为本章的第一节，我们先学习 Tensor 的创建和操作方法。

1. 数学含义

在数学中，标量是只有大小没有方向的量，如 1、2、3 等；向量是既有大小又有方向的量，如 $\vec{v} = (2,\ 5,\ 8)$；矩阵是由多个向量组成的一堆数字，如 $\boldsymbol{M} = \begin{bmatrix} 1 & 2 & 3 \\ 4 & 5 & 6 \\ 7 & 8 & 9 \end{bmatrix}$。

实际上，标量、向量和矩阵都是张量的特例：标量是零维张量、向量是一维张量、矩阵是二维张量。如图 2-1 所示，矩阵不过是三维张量下的二维切面。要找到三维张量下的 1 个标量，我们需要 3

个维度的坐标。

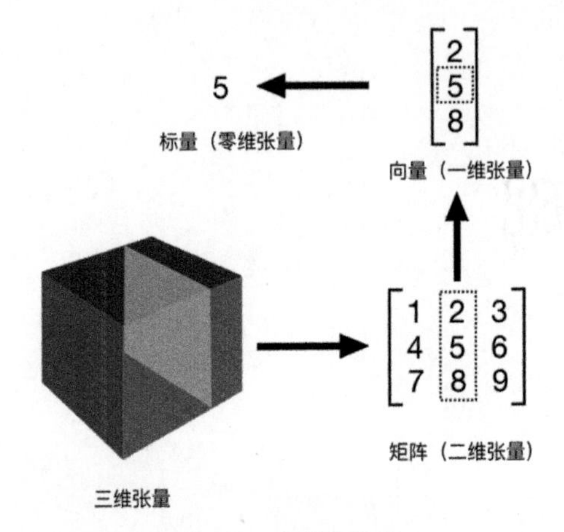

图 2-1 张量示意图

除此之外，张量还可以向更高维推广，如四维和五维等。

2. 基本创建方法

在 PyTorch 中创建张量（以下多称为 Tensor）时需要导入 torch 包，首先在命令行中运行如下命令：

```
(torchenv3)$ python
>>>import torch
```

然后使用 torch.Tensor()函数创建 Tensor。这里我们传入参数(2,4)来构造一个大小为 2×4 的矩阵（即 x）：

```
>>>x = torch.Tensor(2,4)
>>>x
tensor([[ 0.0000e+00, -2.0000e+00,  3.7136e+20, -2.8586e-42],
        [ 4.2981e+21,  6.3828e+28,  3.8016e-39,  1.8653e-40]])
```

可以看到，这个 2×4 的矩阵虽然没有初始化，但是已经有了值：

```
>>> x.type()
'torch.FloatTensor'
>>> x.dtype
torch.float32
```

从 x.type()返回的变量类型可以看出，torch.Tensor()的默认类型是 torch.FloatTensor，而

该类型的 dtype 为 32 位的浮点数。如表 2-1 所示，Tensor 一共包含了 8 种数据类型。

表 2-1 Tensor 数据类型

数据类型	dtype	CPU Tensor 类型	GPU Tensor 类型
32 位浮点数	torch.float32 或 torch.float	torch.FloatTensor	torch.cuda.FloatTensor
64 位浮点数	torch.float64 或 torch.double	torch.DoubleTensor	torch.cuda.DoubleTensor
16 位浮点数	torch.float16 或 torch.half	torch.HalfTensor	torch.cuda.HalfTensor
8 位无符号整数	torch.uint8	torch.ByteTensor	torch.cuda.ByteTensor
8 位有符号整数	torch.int8	torch.CharTensor	torch.cuda.CharTensor
16 位有符号整数	torch.int16 或 torch.short	torch.ShortTensor	torch.cuda.ShortTensor
32 位有符号整数	torch.int32 或 torch.int	torch.IntTensor	torch.cuda.IntTensor
64 位有符号整数	torch.int64 或 torch.long	torch.LongTensor	torch.cuda.LongTensor

例如，我们使用 torch.DoubleTensor()函数创建一个 2×3×4 的 64 位浮点数 Tensor（即 y）：

```
>>>y = torch.DoubleTensor(2,3,4)
>>>y
tensor([[[-2.0000, -2.0000,  0.0000,  0.0000],
         [    nan,  0.0000,  0.0000,  0.0000],
         [ 0.0000,  0.0000,  0.0000,  0.0000]],
        [[ 0.0000,  0.0000,  0.0000,  0.0000],
         [-2.0000,  0.0000,  0.0000,  0.0000],
         [ 0.0000,  0.0000, -0.0000,  0.0000]]], dtype=torch.float64)
```

从上面的返回值可以看出，变量 y 的类型是 DoubleTensor，即里面每个元素都是 64 位浮点数。而且 2×3×4 的 Tensor 是由两个 3×4 的矩阵构成的，符合数学定义。

下面对 Tensor 进行初始化。我们可以通过传入 Python 原生的 List 数据结构对其进行初始化：

```
>>>list=[[1,2,3],[4,5,6],[7,8,9]]
>>>torch.Tensor(list)
tensor([[1., 2., 3.],
        [4., 5., 6.],
        [7., 8., 9.]])
```

然后通过 Python 的索引方式来获取 Tensor 中的元素值：

```
>>> x = torch.Tensor([[2,4,5],[7,6,3]])
>>> x[0][2]
tensor(5.)
```

如图 2-2 所示，因为在 Tensor 中索引从 0 开始计算，所以 x[0][2]表示第 1 行第 3 列的元素；又因为其默认类型是 torch.FloatTensor，所以返回值为 tensor(5.)。

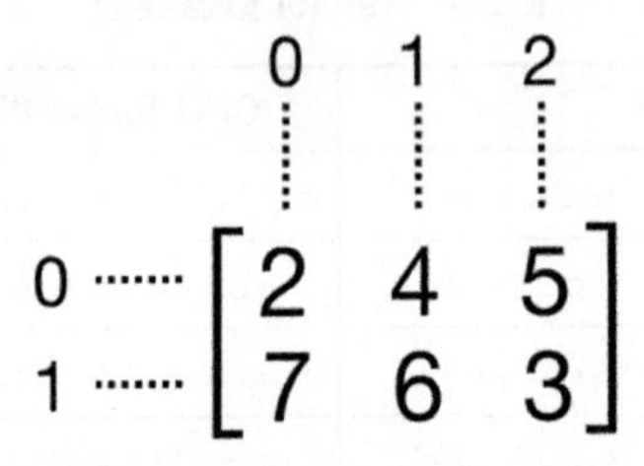

图 2-2 Tensor 索引示意图

我们可以通过索引的方式修改 Tensor 中的元素：

```
>>>x[0][2]=9
>>>x
tensor([[2., 4., 9.],
        [7., 6., 3.]])
```

3. 快速创建方法

下面简要介绍一些快速创建方法。

- torch.zeros()函数：用于创建元素全为 0 的 Tensor。示例如下：

```
>>>torch.zeros(2,4)
tensor([[0., 0., 0., 0.],
        [0., 0., 0., 0.]])
```

- torch.eye()函数：用于创建对角线位置的元素全为 1、其他位置为 0 的 Tensor。示例如下：

```
>>>torch.eye(3)
tensor([[1., 0., 0.],
        [0., 1., 0.],
        [0., 0., 1.]])
```

- torch.ones()函数：用于创建元素全为 1 的 Tensor。示例如下：

```
>>> torch.ones(2,4)
tensor([[1., 1., 1., 1.],
        [1., 1., 1., 1.]])
```

- torch.rand()函数：用于创建将元素初始化为区间[0, 1)的随机数的 Tensor。示例如下：

```
>>>torch.rand(2,4)
tensor([[0.2477, 0.1404, 0.8555, 0.3704],
        [0.5897, 0.5370, 0.7461, 0.3601]])
```

- torch.arange()函数：用于创建一个在区间内按指定步长递增的一维 Tensor，前两个参数指定区间范围，第三个参数指定步长。示例如下：

```
>>>torch.arange(1,4)
tensor([1, 2, 3])

>>>torch.arange(1,4,0.5)
tensor([1.0000, 1.5000, 2.0000, 2.5000, 3.0000, 3.5000])
```

关于其他的创建方法，我们会在后面逐一介绍。表 2-2 中列举了常用的 Tensor 创建方法。

表 2-2　Tensor 的常见创建方法及简要说明

方　法	说　明
eye()	创建对角线位置全为 1 的 Tensor
from_numpy()	将 NumPy 的 ndarray 对象转换成 Tensor
linspace()	创建一个区间内被均匀划分的一维 Tensor
arange()	创建一个区间内以固定步长递增的一维 Tensor
ones()	创建元素全为 1 的 Tensor
zeros()	创建元素全为 0 的 Tensor
rand()	创建从区间 [0, 1) 内均匀分布的一组随机数 Tensor
randn()	创建服从标准正态分布的一组随机数 Tensor

4. 常用数学操作

在 PyTorch 官方文档上，Tensor 的数学操作方法有 90 多种，表 2-3 列举了比较常用的 25 种数学操作方法（除线性代数运算以外）。

表 2-3　torch 包中常用的 Tensor 数学操作方法

方　法	说　明
add()	Tensor 中每个元素同加一个标量，或与另一个 Tensor 逐元素相加
mul()	Tensor 中每个元素同乘以一个标量，或与另外一个 Tensor 逐元素相乘
div()	Tensor 中每个元素同除以一个标量，或与另一个 Tensor 逐元素相除

（续）

方　法	说　明
fmod()和remainder()	Tensor中每个元素与一个标量的除法余数，相当于Python中的%操作符
abs()	对Tensor中的每个元素取绝对值，并返回
ceil()	对Tensor中的每个元素向上取整
floor()	对Tensor中的每个元素向下取整
clamp()	对Tensor中的每个元素取上下限
round()	对Tensor中的每个元素取最近的整数
frac()	返回Tensor中每个元素的分数部分
neg()	对Tensor中的每个元素取负
reciprocal()	对Tensor中的每个元素取倒数
log()	返回一个张量，包含Tensor中每个元素的自然对数
pow()	对Tensor中的每个元素同取一个标量幂值，或采用另外一个Tensor的对应元素取幂，或对标量采用Tensor的每个元素取幂
exp()	返回一个张量，包含Tensor中每个元素的指数
sigmoid()	返回一个张量，包含Tensor中每个元素的sigmoid值
sign()	返回一个张量，包含Tensor中每个元素的正负值
sqrt()	返回一个张量，包含Tensor中每个元素的平方根
dist()	返回两个Tensor的范数
mean()	返回Tensor中所有元素的均值
norm()	返回Tensor的范数值
prod()	返回Tensor的所有元素之积
sum()	返回Tensor的所有元素之和
max()	返回Tensor的所有元素的最大值
min()	返回Tensor的所有元素的最小值

Tensor的数学操作的实现方法一般有两种：第一种是直接用Tensor实例调用数学操作方法，第二种是使用torch库的方法。比如在进行加法操作前，先初始化两个形状相同的Tensor，因为形状不同的Tensor无法直接相加。本例中，初始化两个形状为2×3的Tensor（即a和b）：

```
>>>a = torch.Tensor([[1,2,3],[4,5,6]])
>>>b = torch.ones(2,3)
>>>a
tensor([[1., 2., 3.],
        [4., 5., 6.]])
```

```
>>>b
tensor([[1., 1., 1.],
        [1., 1., 1.]])
```

接下来使用第一种方法，利用其中一个 Tensor 实例上的方法直接运算：

```
>>>b.add(a)
tensor([[2., 3., 4.],
        [5., 6., 7.]])
```

也可以使用第二种加法操作，利用 `torch` 包的 `torch.add()` 方法：

```
>>>torch.add(a,b)
tensor([[2., 3., 4.],
        [5., 6., 7.]])
```

此外，如果数学操作函数带有下划线，返回值将覆盖对象，如：

```
>>>b.add_(a)
tensor([[2., 3., 4.],
        [5., 6., 7.]])

>>>b
tensor([[2., 3., 4.],
        [5., 6., 7.]])
```

上例中，张量 `b` 与张量 `a` 相加的值覆盖张量 `b`。

除了可以实现两个相同形状的 Tensor 相加外，还可以让 Tensor 中的每个元素都加上同一个标量，如：

```
>>>a = torch.rand(3)
>>>a
tensor([0.3486, 0.5739, 0.0245])

>>>a+2
tensor([2.3486, 2.5739, 2.0245])

>>>torch.add(a,2)
tensor([2.3486, 2.5739, 2.0245])

>>>a.add(2)
tensor([2.3486, 2.5739, 2.0245])
```

上例中，我们先随机初始化一个张量 `a`，然后分别用了 3 种不同的加法将张量 `a` 与标量 `2` 进行相加，得到的结果是一致的。

介绍完加法，下面介绍另外 4 种常用的数学操作。

- abs()方法：返回 Tensor 中每个元素的绝对值。示例如下：

```
>>>torch.abs(torch.Tensor([[-5,-4,-3],[-3,-2,-1]]))
tensor([[5., 4., 3.],
        [3., 2., 1.]])
```

- ceil()方法：对 Tensor 中的每个元素向上取整。示例如下：

```
>>>a = torch.Tensor([0.2,1.5,3.4])
>>>a
tensor([0.2000, 1.5000, 3.4000])
>>>torch.ceil(a)
tensor([1., 2., 4.])
```

- exp()方法：返回 Tensor 中每个元素的以 e 为底的指数。示例如下：

```
>>>torch.exp(torch.Tensor([1,2,3]))
tensor([ 2.7183,  7.3891, 20.0855])
```

- max()方法：返回 Tensor 中所有元素的最大值。示例如下：

```
>>>torch.max(torch.Tensor([1,2,3]))
tensor(3.)
```

5. 线性代数运算

除了基本的数学操作外，torch 包中还包含了约 12 种线性代数的相关函数。接下来，我们简单介绍一下其中的 3 种运算。

- 使用 torch.dot()函数实现向量与向量的点积（也称内积）：

```
>>>a=torch.Tensor([1,2,3])
>>>b=torch.Tensor([2,3,4])
>>>torch.dot(a,b)
tensor(20.)
```

假如你已经忘记了或者没有学过点积，请别担心，现在就让我们重新温习一遍。向量的点积定义起来很简单。假设有两个向量 $\vec{a}=[a_1, a_2, \cdots, a_n]$，$\vec{b}=[b_1, b_2, \cdots, b_n]$，那么 $\vec{a}$ 与 $\vec{b}$ 的点积定义为：

$$\vec{a} \cdot \vec{b} = a_1 b_1 + a_2 b_2 + \cdots + a_n b_n = \sum_{i=1}^{n} a_i b_i \quad (2\text{-}1)$$

从定义上可以发现，两个向量进行点积，得到的结果是一个标量。将上面代码中张量 a 和张量 b 的值代入 $\vec{a}$ 与 $\vec{b}$ 中，我们可以使用点积定义的公式进行推导：

$$\vec{a} \cdot \vec{b} = 1 \times 2 + 2 \times 3 + 3 \times 4 = 20 \quad (2\text{-}2)$$

答案与代码的运行结果一致。

- 使用 torch.mv()函数实现矩阵与向量的乘法：

```
>>>a=torch.Tensor([[1,2,3],[2,3,4],[3,4,5]])
>>>a
tensor([[1., 2., 3.],
        [2., 3., 4.],
        [3., 4., 5.]])

>>>b=torch.Tensor([1,2,3])
>>>b
tensor([1., 2., 3.])

>>> torch.mv(a,b)
tensor([14., 20., 26.])
```

矩阵与向量的乘法规则如下所示：

$$\begin{bmatrix} a_{11} & a_{12} & \cdots & a_{1m} \\ a_{21} & a_{22} & \cdots & a_{2m} \\ \vdots & \vdots & \ddots & \vdots \\ a_{n1} & a_{n2} & \cdots & a_{nm} \end{bmatrix} \begin{bmatrix} b_1 \\ b_2 \\ \vdots \\ b_m \end{bmatrix} = \begin{bmatrix} a_{11}b_1 + a_{12}b_2 + \cdots + a_{1m}b_m \\ a_{21}b_1 + a_{22}b_2 + \cdots + a_{2m}b_m \\ \vdots \\ a_{n1}b_1 + a_{n2}b_2 + \cdots + a_{nm}b_m \end{bmatrix} \quad (2\text{-}3)$$

根据上面的代码，我们可以还原成以下数学表达：

$$\begin{bmatrix} 1 & 2 & 3 \\ 2 & 3 & 4 \\ 3 & 4 & 5 \end{bmatrix} \begin{bmatrix} 1 \\ 2 \\ 3 \end{bmatrix} = \begin{bmatrix} 1 \times 1 + 2 \times 2 + 3 \times 3 \\ 2 \times 1 + 3 \times 2 + 4 \times 3 \\ 3 \times 1 + 4 \times 2 + 5 \times 3 \end{bmatrix} = \begin{bmatrix} 14 \\ 20 \\ 26 \end{bmatrix} \quad (2\text{-}4)$$

答案与上述代码的运行结果一致。

- 使用 torch.mm()函数将两个矩阵相乘：

```
>>>a=torch.Tensor([[1,2,3],[2,3,4],[3,4,5]])
>>>a
tensor([[1., 2., 3.],
        [2., 3., 4.],
        [3., 4., 5.]])
```

```
>>>b=torch.Tensor([[2,3,4],[3,4,5],[4,5,6]])
>>>b
tensor([[2., 3., 4.],
        [3., 4., 5.],
        [4., 5., 6.]])

>>>torch.mm(a,b)
tensor([[20., 26., 32.],
        [29., 38., 47.],
        [38., 50., 62.]])
```

矩阵与矩阵的乘法定义如下：

$$\begin{bmatrix} a_{11} & a_{12} & \cdots & a_{1s} \\ \vdots & \vdots & \ddots & \vdots \\ a_{i1} & a_{i2} & \cdots & a_{is} \\ \vdots & \vdots & \ddots & \vdots \\ a_{n1} & a_{n2} & \cdots & a_{ns} \end{bmatrix} \begin{bmatrix} b_{11} & \cdots & b_{1j} & \cdots & b_{1m} \\ b_{21} & \cdots & b_{2j} & \cdots & b_{2m} \\ \vdots & \ddots & \vdots & \cdots & \vdots \\ b_{s1} & \cdots & b_{sj} & \cdots & b_{sm} \end{bmatrix} = \begin{bmatrix} c_{11} & \cdots & c_{1j} & \cdots & c_{1m} \\ \vdots & \vdots & \vdots & \ddots & \vdots \\ c_{i1} & \cdots & c_{ij} & \cdots & c_{im} \\ \vdots & \vdots & \vdots & \ddots & \vdots \\ c_{n1} & \cdots & c_{nj} & \cdots & c_{nm} \end{bmatrix} \tag{2-5}$$

其中 $c_{ij} = a_{i1}b_{1j} + a_{i2}b_{2j} + \cdots + a_{is}b_{sj}$。根据上述代码，我们可以还原上述数学表达：

$$\begin{bmatrix} 1 & 2 & 3 \\ 2 & 3 & 4 \\ 3 & 4 & 5 \end{bmatrix} \begin{bmatrix} 2 & 3 & 4 \\ 3 & 4 & 5 \\ 4 & 5 & 6 \end{bmatrix} = \begin{bmatrix} 20 & 26 & 32 \\ 29 & 38 & 47 \\ 38 & 50 & 62 \end{bmatrix} \tag{2-6}$$

表 2-4 中列出了 12 种线性代数操作。

表 2-4 torch 包中常用的线性代数运算操作

方　法	说　明
dot()	两个向量点积
mv()	矩阵与向量相乘
mm()	两个矩阵相乘
addmm()	将两个矩阵进行矩阵乘法操作的结果与另一矩阵相加
addmv()	将矩阵和向量相乘的结果与另一向量相加
addr()	将两个向量进行张量积（外积）操作的结果与另一个矩阵相加
bmm()	两个 batch 内的矩阵进行批矩阵乘法
eig()	计算方阵的特征值和特征向量
ger()	两个向量的张量积
inverse()	对方阵求逆
addbmm()	将两个 batch 内的矩阵进行批矩阵乘法操作并累加，其结果与另一矩阵相加
baddbmm()	将两个 batch 内的矩阵进行批矩阵乘法操作，其结果与另一 batch 内的矩阵相加

6. 连接和切片

首先介绍如何使用 torch.cat()函数将多个 Tensor 沿某维度进行连接。我们使用 rand()函数随机初始化两个形状为 2×2 的 Tensor：

```
>>>a = torch.rand(2,2)
>>> a
tensor([[0.8521, 0.3728],
        [0.8282, 0.1128]])

>>> b = torch.rand(2,2)
>>> b
tensor([[0.8523, 0.5693],
        [0.2372, 0.9349]])
```

cat()函数需要传入两个参数：第一个参数是由需要进行连接的所有 Tensor 组成的元组；第二个参数是连接的维度。如果让 a 按照第一个维度与 b 进行连接，则传入的第二个参数为 0：

```
>>>torch.cat((a,b),0)
tensor([[0.8521, 0.3728],
        [0.8282, 0.1128],
        [0.8523, 0.5693],
        [0.2372, 0.9349]])
```

如果让 a 按照第二个维度与 b 进行连接，则传入的第二个参数为 1：

```
>>> torch.cat((a,b),1)
tensor([[0.8521, 0.3728, 0.8523, 0.5693],
        [0.8282, 0.1128, 0.2372, 0.9349]])
```

然后介绍如何使用 torch.chunk()函数将 Tensor 沿某维度进行切片。我们先初始化一个 Tensor 实例 c：

```
>>>c = torch.rand(2,4)
>>>c
tensor([[0.1104, 0.7351, 0.2586, 0.7538],
        [0.7026, 0.5417, 0.4205, 0.3274]])
```

再用 torch.chunk()函数进行切片。chunk()函数需要传入 3 个参数：第一个参数为被切片的 Tensor 对象，第二个参数为切分的块数，第三个参数为切分的维度。下面我们将张量 c 按第二个维度切分为两块：

```
>>> torch.chunk(c,2,1)
(tensor([[0.1104, 0.7351],
        [0.7026, 0.5417]]),
tensor([[0.2586, 0.7538],
        [0.4205, 0.3274]]))
```

最后介绍如何使用 torch.t()函数求转置矩阵。注意，该函数只适用于二维的 Tensor，即矩阵：

```
>>>a = torch.rand(2,2)
>>>a
tensor([[0.7306, 0.5078],
        [0.8224, 0.4947]])

>>>torch.t(a)
tensor([[0.7306, 0.8224],
        [0.5078, 0.4947]])
```

表 2-5 列举了 11 种常用的 Tensor 连接和切片等操作。

表 2-5 torch 包中常用的 Tensor 连接、切片等操作

方　法	说　明
cat()	沿某维度方向进行连接操作，返回 Tensor
chunk()	沿某维度对 Tensor 进行切片，切分的大小可以设置
index_select()	沿某维度对 Tensor 进行切片，取 index 中指定的相应元素
unbind()	沿某维度对 Tensor 进行切分，并返回各切片
split()	沿某维度对 Tensor 切成相等形状的块
nonzero()	返回非零索引的 Tensor
squeeze()	将 Tensor 的形状中的 1 去除并返回
unsqueeze()	将 Tensor 的形状中指定维度添加维度 1
stack()	沿某维度对输入的 Tensor 序列进行连接
t()	是 transpose(input,0,1)的特例简写，让一个矩阵进行转置
transpose()	对 Tensor 的指定两个维度进行转置

7. 变形

view()函数可以改变 Tensor 的形状。在深度神经网络的卷积层与全连接层中，我们时常将高维的 Tensor 转化为一维的 Tensor，这个过程就是使用 view()函数完成的。下面举个简单的例子，我们先随机初始化一个 2×3×4 的 Tensor：

```
>>>x = torch.rand(2,3,4)
>>>x.size()
torch.Size([2, 3, 4])
```

接着，使用 `view()` 函数将这个 Tensor 转化成一个 2×12 的 Tensor，总元素的数目保持不变：

```
>>>y = x.view(2,12)
>>>y.size()
torch.Size([2, 12])
```

当使用 `-1` 作为 `view()` 函数的参数时，代表该维度数目自动计算。下面的代码表示我们确定第二维为 `1`，第一维自动计算。运行代码后，会得到一个 24×1 的 Tensor：

```
>>>z = x.view(-1,1)
>>>z.size()
torch.Size([24, 1])
```

8. CUDA 加速

在深度学习的训练过程中，经常需要庞大的计算量。用 CPU 进行数值计算的时间周期较长，难以立即得到计算结果。因此，在实际的深度学习训练过程中，我们通常会利用 GPU 进行加速运算。

使用 GPU 进行加速计算之前，先运行下面的代码查看计算机是否支持 CUDA 加速：

```
>>>torch.cuda.is_available()
True
```

如果返回 `True`，那么恭喜你，你可以直接使用 GPU 进行加速计算。如果返回 `False`，则可能有两种情况：第一种是计算机没有支持 CUDA 的 NVIDIA 显卡，第二种是显卡驱动、CUDA 或 cuDNN 等软件没有成功安装。如果出现第二种情况，请按照第 1 章的安装教程重新安装。

为了对比 CPU 和 GPU 计算速度的差距，我们以一个 1000×10 000 的矩阵与 10 000×10 000 的矩阵进行相乘为例，分别使用 CPU 和 GPU 进行计算，对比两者花费的时间[①]。

首先导入 `time` 库中的 `clock()` 函数用于计时：

```
#coding = utf-8
import torch
from time import perf_counter
```

---

① 本例代码文件为 CPUvsGPU.py，可在本书示例代码 CH1 中找到。本书的配套代码可在图灵社区（iTuring.cn）的本书主页中免费注册下载。

然后随机初始化一个 1000×10 000 矩阵 X 和 10 000×10 000 的矩阵 Y：

```
X = torch.rand(1000,10000)
Y = torch.rand(10000,10000)
```

使用 CPU 运算 X.mm(Y)，并记录时间间隔：

```
start = perf_counter()
X.mm(Y)
finish = perf_counter()
time = finish-start
print("CPU 计算时间:%s" % time)
```

下面我们使用 cuda()函数。矩阵 X 和 Y 接下来进行的任何运算都会调用 GPU 进行加速计算：

```
X = X.cuda()
Y = Y.cuda()
start = perf_counter()
X.mm(Y)
finish = perf_counter()
time_cuda = finish-start
print("GPU 加速计算的时间:%s" % time_cuda)
print("CPU 计算时间是 GPU 加速计算时间的%s 倍" % str(time/time_cuda))
```

输出结果为：

```
CPU 计算时间:1.556486887999199
GPU 加速计算的时间:0.001572838000356569
CPU 计算时间是 GPU 加速计算时间的 989.6040708873622 倍
```

从上面的结果中可以看出，GPU 数值计算的速度大大超过了 CPU。

2.2 Autograd

Autograd 中文叫作自动微分，是 PyTorch 进行神经网络优化的核心。自动微分，顾名思义就是 PyTorch 自动为我们计算微分。

1. 微分示例

我们先来看一个直观的例子。假如有一个向量 $\vec{x}=\begin{bmatrix}1\\1\end{bmatrix}$，将它作为输入。接着，将输入乘以 4 得到向量 $\vec{z}$，最后求出长度并输出一个标量 y，值为 5.6569。从向量输入 $\vec{x}$ 到标量输出 y 的完整计算过程如图 2-3 所示。

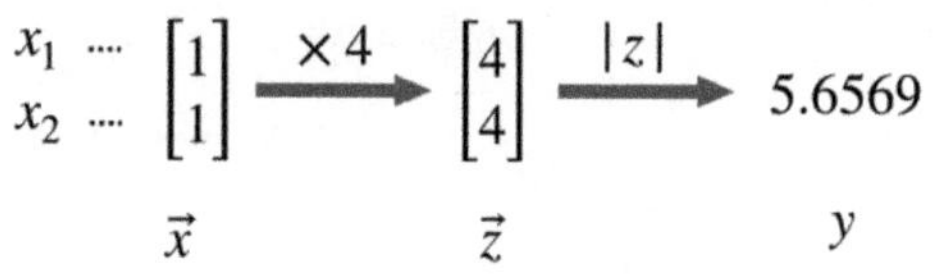

$$x_1, x_2 \quad \begin{bmatrix}1\\1\end{bmatrix} \xrightarrow{\times 4} \begin{bmatrix}4\\4\end{bmatrix} \xrightarrow{|z|} 5.6569$$

$$\vec{x} \qquad \vec{z} \qquad y$$

图 2-3 $\vec{x}$ 到 y 的运算过程

下面从数学角度推导 y 关于 $\vec{x}$ 的微分。由图 2-3 不难得到 y 关于 $\vec{x}$ 的表达式：

$$y = \sqrt{z_1^2 + z_2^2} = \sqrt{(4x_1)^2 + (4x_2)^2} = 4\sqrt{x_1^2 + x_2^2} \tag{2-7}$$

其中，$\vec{x} = \begin{bmatrix}x_1\\x_2\end{bmatrix}$，$\vec{z} = \begin{bmatrix}z_1\\z_2\end{bmatrix}$，所以 y 关于 x_1 的微分为：

$$\frac{\partial y}{\partial x_1} = \frac{\partial(4\sqrt{x_1^2+x_2^2})}{\partial x_1} = 4 \times \frac{1}{2} \times (x_1^2 + x_2^2)^{-\frac{1}{2}} \times 2x_1 = 4 \times \frac{1}{2} \times 2^{-\frac{1}{2}} \times 2 = 2\sqrt{2} \approx 2.8284 \tag{2-8}$$

如果一个输入需要经过比上面例子更多的计算步骤，那么靠人工去计算微分就变得力不从心。幸运的是，PyTorch 的 Autograd 技术可以帮助我们自动求出这些微分值。

2. 基本原理

我们可以将上面微分示例的计算过程抽象为图像，如图 2-4 所示，$\vec{x}$、$\vec{z}$ 和 y 被当作节点，运行过程被抽象为信息流。

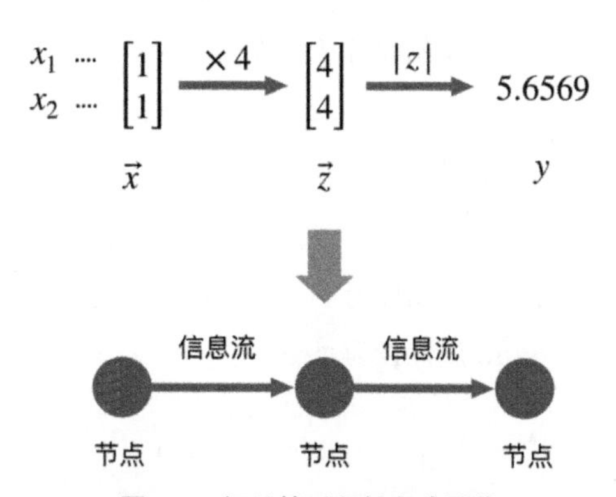

图 2-4 把计算过程抽象为图像

复杂的计算也可以被抽象成一张图（graph）。如图 2-5 所示，一张复杂的计算图可以分成 4 个部分：叶子节点、中间节点、输出节点和信息流。叶子节点是图的末端，没有信息流经过，在神经网络模型中就是输入值和神经网络的参数。

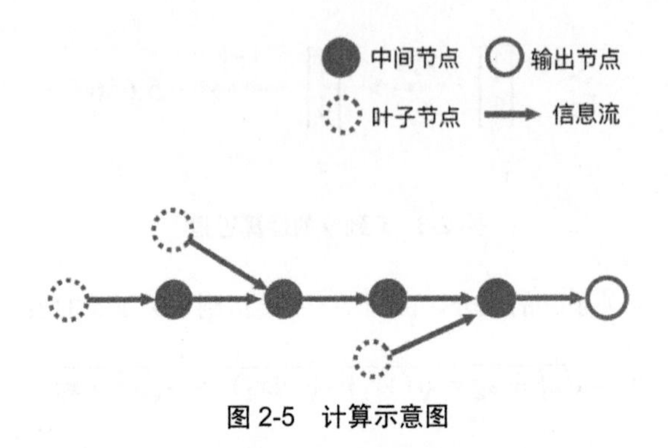

图 2-5 计算示意图

微分示例中的 $\vec{x}$ 是叶子节点、$\vec{z}$ 是中间节点、y 是输出节点，它们三者都是 Tensor。Tensor 在自动微分方面有 3 个重要属性：requires_grad、grad 和 grad_fn。requires_grad 属性是一个布尔值，默认为 False。当 requires_grad 为 True 时，表示该 Tensor 需要自动微分。grad 属性用于存储 Tensor 的微分值。grad_fn 属性用于存储 Tensor 的微分函数。当叶子节点的 requires_grad 为 True 时，信息流经过该节点时，所有中间节点的 requires_grad 属性都会变成 True，只要在输出节点调用反向传播函数 backward()，PyTorch 就会自动求出叶子节点的微分值并更新存储在叶子节点的 grad 属性中。需要注意的是，只有叶子节点的 grad 属性能被更新。

3. 前向传播

Autograd 技术可以帮助我们从叶子节点开始追踪信息流，记下整个过程使用的函数，直到输出节点，这个过程被称为前向传播。本节先初始化叶子节点 $\vec{x}$：

```
>>> x = torch.ones(2)
>>> x.requires_grad
False
```

默认情况下，Tensor 的 requires_grad 属性为 False。因为我们要让 PyTorch 自动帮我们计算 $\vec{x}$ 的微分值，所以将 $\vec{x}$ 的 requires_grad 属性设为 True：

```
>>> x.requires_grad = True
>>> x
tensor([1., 1.], requires_grad=True)
```

设置完成后，打印结果会显示 requires_grad=True。此时 $\vec{x}$ 的 grad 属性和 grad_fn 属性均为空值：

```
>>> x.grad
>>> x.grad_fn
```

接下来，我们让 $\vec{x}$ 乘以 4 得到 $\vec{z}$。可以看到，$\vec{z}$ 的 grad_fn 为<MulBackward>函数：

```
>>> z=4*x
>>> z
tensor([4., 4.], grad_fn=<MulBackward>)
```

grad_fn 是微分函数，这里是乘法的反向函数。最后我们用 norm()函数求 $\vec{z}$ 的长度得到 y：

```
>>>y=z.norm()
>>>y
tensor(5.6569, grad_fn=<NormBackward0>)
```

可以发现，y 的 grad_fn 是 norm()的反向函数。

4. 反向传播

接下来，调用输出节点的 backward()函数对整个图进行反向传播，求出微分值：

```
>>>y.backward()
>>> x.grad
tensor([2.8284, 2.8284])
```

运行完 backward()函数后可以发现，$\vec{x}$ 的 grad 属性更新为 $\vec{x}$ 的微分值。这个微分值与我们通过人工计算的结果一致。再查看一下 $\vec{z}$ 和 y 的 grad 值，发现并没有改变，因为它们都不是叶子节点：

```
>>>z.grad
>>>y.grad
```

5. 非标量输出

在以上讨论的例子中，输出节点是一个标量。当输出节点为非标量时，使用 backward()函数就需要增加一个参数 gradient。gradient 的形状应该与输出节点的形状保持一致且元素值均为 1。尽管在深度神经网络中很少碰到这种情况，我们还是利用下面的例子简单了解一下其操作方式。初始化矩阵 $\boldsymbol{X}$ 和向量 $\vec{z}$，并将矩阵与向量相乘，得到形状为 2×1 的向量 $\vec{y}$：

```
>>> z = torch.ones(2,1)
>>> X = torch.Tensor([[2,3],[1,2]])
>>> X.requires_grad=True

>>> y = X.mm(z)
>>> y
tensor([[5.],
        [3.]], grad_fn=<MmBackward>)
```

此时，调用 $\vec{y}$ 的 backward() 函数时，需要传入一个形状与 $\vec{y}$ 的形状一样且元素全为 1 的向量：

```
>>> y.backward(torch.ones(2,1))
>>> X.grad
tensor([[1., 1.],
        [1., 1.]])
```

得到这个答案我们并不需要惊讶，从下面的求导过程中能够进行验证：设 $\vec{y} = \begin{bmatrix} y_1 \\ y_2 \end{bmatrix}$，$\boldsymbol{X} = \begin{bmatrix} x_1 & x_2 \\ x_3 & x_4 \end{bmatrix}$，$\vec{z} = \begin{bmatrix} 1 \\ 1 \end{bmatrix}$，即 $y_1 = x_1 + x_2$，$y_2 = x_3 + x_4$。上例可以看作 $\vec{y}$ 中的元素分别对 $\boldsymbol{X}$ 进行了两次自动微分：第一次是 y_1 关于 $\boldsymbol{X}$ 的微分，即 $\begin{bmatrix} 1 & 1 \\ 0 & 0 \end{bmatrix}$；第二次是$y_2$关于 $\boldsymbol{X}$ 的微分，即 $\begin{bmatrix} 0 & 0 \\ 1 & 1 \end{bmatrix}$。所以，最后的结果为两次微分之和为 $\begin{bmatrix} 1 & 1 \\ 1 & 1 \end{bmatrix}$。

第 3 章 深度学习基础

首先，恭喜大家来到了第 3 章！这一章是一个崭新的起点，因为接下来我们将开启一段深度学习的奇幻旅程。现在，你或许对深度学习和神经网络等名词还不太熟悉。别着急，本章将结合数学与代码，带领大家从简单的线性回归谈到较为复杂的非线性回归，从二元分类谈到多元分类。在本章的最后，我们会开始接触深度神经网络，并用短短几行代码构建深度卷积网络，完成识别手写字体的小实验。

本章的主要内容有：

- 机器学习模型的历史和原理
- 如何构建线性回归模型和非线性回归模型
- 如何构建逻辑回归模型和多元分类模型
- 如何构建深度卷积网络模型

3.1 机器学习

在很多科幻电影中，时常会出现一些具有独立思考能力的机器人，这些机器人的智力和人类的相当，甚至超过了人类。银幕上的人工智能形象让人印象深刻、充满幻想。但是在现阶段的现实世界中，我们距离那样的“强人工智能”还有很长一段距离，平时在广告或技术文档中提到的人工智能通常指的是“弱人工智能”。在学术界，研究者们尝试着用各式各样的方法来实现人工智能，因此，该研究领域十分宽泛。如图 3-1 所示，人工智能包含机器学习领域，而神经网络是机器学习的一个子领域。本书主要介绍的是神经网络的子领域——深度神经网络，也就是我们常说的“深度学习”。

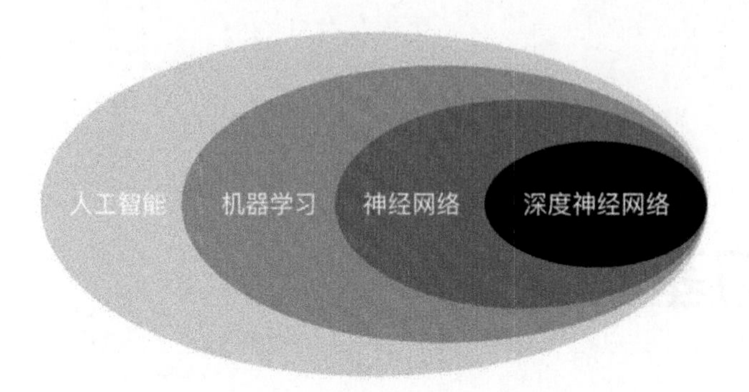

图 3-1　人工智能领域的关系图

1. 机器学习简史

早在古希腊时期，人们就梦想着能创造出有自主思考能力的机器，这不论在文学作品中还是历史文档中都能找到印迹。在电子计算机还没有被发明之前，发明家们做了很多尝试，但都因机器结构过于简单而失败。第二次世界大战期间，美国为了处理大量的军事数据，组织研究小组研发了第一台电子计算机，电子计算机的发明更加激发了人们对人工智能的向往。1950 年，艾伦 · 麦席森 · 图灵提出了“图灵测试”理论，也让图灵摘得了“人工智能之父”的桂冠。如今，人工智能已经成为一个学术研究热点和商业市场焦点，且正在快速发展。从 20 世纪 50 年代开始，机器学习就是人工智能的重要领域之一，此概念是由 Hebb 在 1949 年根据神经心理学的学习原理提出来的。随后在 1952 年，美国计算机科学家 Arthur Samuel 为机器学习作出更明确的定义，“机器有能力去学习，而不是通过预先准确实现的代码”。图 3-2 展示了各机器学习算法的里程碑时间轴。

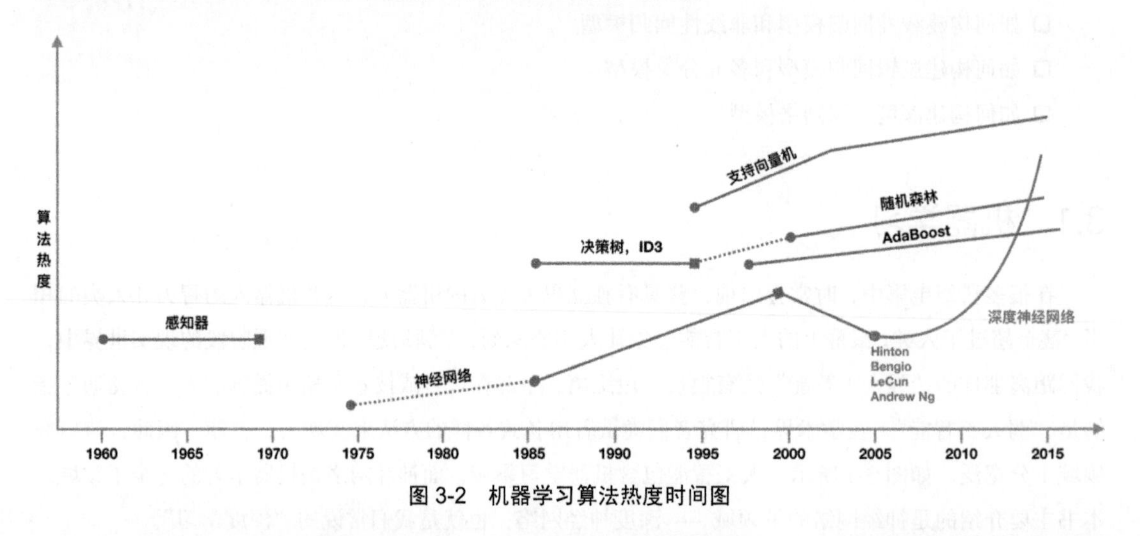

图 3-2　机器学习算法热度时间图

1957 年，Rosenblatt 基于神经科学提出了机器学习的经典模型之一——感知器模型。感知器模型的意义非凡，它表示：对复杂智能活动的研究可以从对简单感知器模型的研究开始。感知器模型抽象了复杂的生物细胞结构，可以说是神经网络的“鼻祖”。在 1969 年，人工智能科学家基于对感知器的研究，提出了多层感知器的构想，我们后来将其称为“神经网络”。最初，由于“神经网络”结构复杂且无法找到合适的训练方法，它的发展停滞不前，直到 1981 年，Linnainmaa 提出反向传播训练算法（Backpropagation，BP 算法），成功实现了神经网络的有效训练。如今，反向传播算法仍然是深度神经网络的核心训练算法。基于这一训练算法，人工智能科学家们对各种结构的神经网络进行了大胆的尝试，逐渐从浅层结构走向深层结构。

科学家们除了对脑神经的联结方式进行模拟之外，也基于符号逻辑方法进行了尝试。1986 年，J. R. Quinlan 提出决策树模型，该模型能够处理较为简单的分类学习问题。1995 年，Vapnik 和 Cortes 提出了著名的“支持向量机”算法（SVM 算法），该算法拥有非常坚实的数学理论基础并且能得到理想的分类结果。当时出现了两大人工智能阵营，一个以“神经网络”为核心，主张联结主义；一个以“支持向量机”为核心，主张符号逻辑方法。从 1995 年提出 SVM 算法到 2005 年，这期间 SVM 以其更好的分类效果及更低的训练成本赢得了大多数人工智能科学家的青睐。直到 2005 年，以 Hinton、LeCun、Bengio 和 Andrew Ng 等众多人工智能科学家为首，成功地训练了结构更深的神经网络，并且计算结果达到了前所未有的正确率，从而开启了深度学习革命，让神经网络模型再度成为研究热潮。

2. 机器学习模型

深度学习是机器学习的一个分支，所以在学习深度学习之前，我们先探讨一下什么是机器学习。假设世界上任意一个现象背后都存在规律。这个规律可以看作一个复杂的函数 f。从哲学的角度来看，世间万事万物的规律函数 f 就是我们所追求的真理。从机器学习和数学角度去看，f 是我们的目标函数。

人类天生具有学习能力。比如一听到打雷，就知道将晒在外面的衣服收回来。打雷可能下雨这个规律是人类通过长期观察现实世界后总结出来的规律。但是世界如此之大，我们眼睛看到的、耳朵听到的事物无论在时间上还是空间上都非常有限。因此，人类通过观察局部世界所总结出来的规律只能不断接近于事物的本质，无法完全相同。从数学角度看，人类所观察的现象就是目标函数 f 产生的样本集 D。我们通过不断地观察现象、进行总结，会得到规律函数 g，因为现实中所观察到的现象往往包含误差或干扰，并且样本数不可能无限多，所以规律函数 g 只能趋近目标函数 f，不可能完全相等。规律函数 g 越趋近 f，说明我们的总结归纳越好、理论越完备。

机器学习就是让机器代替人类去观察样本、求解函数 g 的过程。如图 3-3 所示，未知目标函数 $f: X \rightarrow Y$ 通过取样得到数据样本集 $D = \{(x_1, y_1), \cdots, (x_n, y_n)\}$。机器学习算法 A 负责从数据样本集 D 中找出统计规律，算法 A 会在假设函数集 H 中找出规律函数 g，找到的规律函数 g 与目标函数 f 越相似，找到的规律就越可靠。最终我们可以找到一个与 f 最相似的规律函数 g，它就是机器所学习到的"知识"。

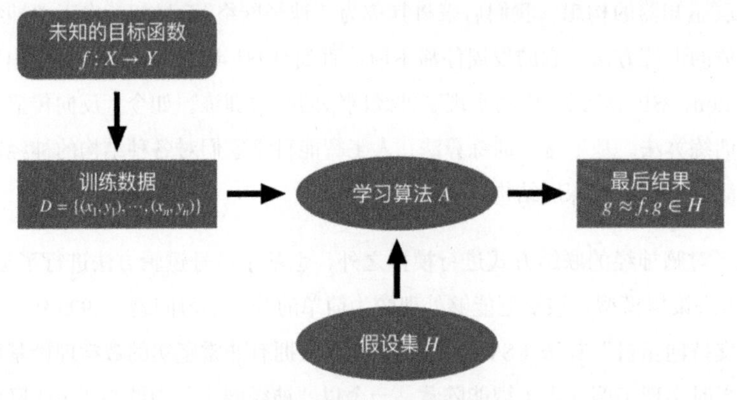

图 3-3 机器学习流程示意图

3.2 线性回归

上一节描绘了机器学习模型的概貌，其实在实际应用中，许多统计问题经常被近似为线性模型，因为线性模型非常简单明了，容易模拟。在这一节中，我们也将线性回归（Linear Regression，LR）模型当作深度学习入门的第一个模型，用一个简单的线性回归实例来帮助大家了解机器学习模型的实现过程，现在就让我们一起动手实现它吧！

1. 线性模型

如 3.1 节所提到的，我们在进行机器学习之前需要准备好数据样本集 D，假设数据样本集 D 中有 5 个样本对 $(x^{(1)}, y^{(1)})$, $(x^{(2)}, y^{(2)})$, ⋯ , $(x^{(5)}, y^{(5)})$。它们的具体的数值如表 3-1 所示。

表 3-1 样本数值表

样 本 对	数 值
$(x^{(1)}, y^{(1)})$	(1.4, 14.4)
$(x^{(2)}, y^{(2)})$	(5, 29.6)
$(x^{(3)}, y^{(3)})$	(11, 62)
$(x^{(4)}, y^{(4)})$	(16, 85.5)
$(x^{(5)}, y^{(5)})$	(21, 113.4)

下面我们用 matplotlib 将表中的数据绘制成图形。如果没有安装 matplotlib，可以使用 pip3 安装它：

```
pip3 install matplotlib
```

我们利用 scatter()方法绘制散点图[①]。需要注意的是，在使用 matplotlib 绘制图形时，传入的 Tensor 必须先转换成 NumPy 数据：

```
import torch
import matplotlib.pyplot as plt

x=torch.Tensor([1.4,5,11,16,21])
y=torch.Tensor([14.4,29.6,62,85.5,113.4])

plt.scatter(x.numpy(),y.numpy())
plt.show()
```

数据样本集 D 中的样本分布情况如图 3-4 所示。通过观察，我们会发现这 5 个点符合一种线性的规律，也就是说可以通过一条直线去拟合 5 个点。

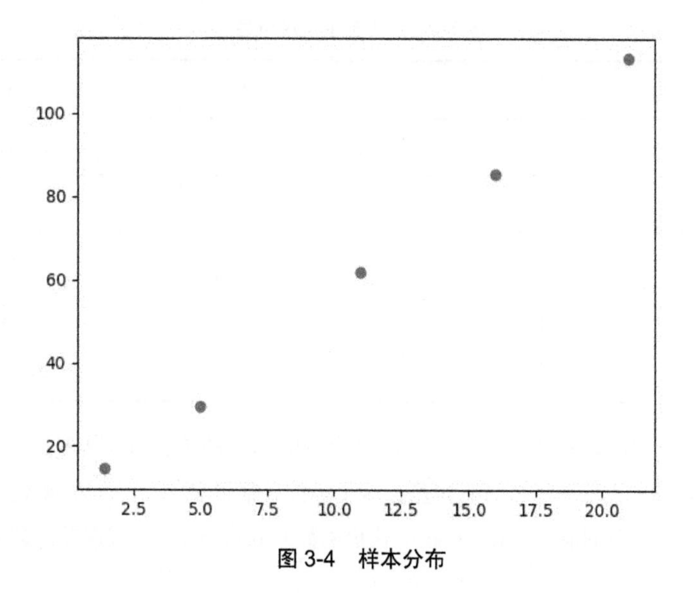

图 3-4　样本分布

因为我们假设使用一条直线去拟合，所以依据二维平面中直线的数学公式：

$$y = kx + b \tag{3-1}$$

① 本例代码文件为 1_LR_data.py，可在本书示例代码 CH3 中找到。

公式中的 k 是斜率，b 是截距，又称偏置（bias）。可以发现，不同的 k 和 b 的组合可以代表不同的直线，所以，k 和 b 非常重要，我们又称它们为参数（parameter），有时候也称它们为权重（weight）。既然如此，寻找直线的问题就转化成了找寻一组合适的 (k, b)。为了统一，我们用 w_1 代替 k，用 w_0 代替 b，新公式如下：

$$y = w_1 x + w_0 \tag{3-2}$$

2. 目标函数

上一节，我们的目标是找到一组合适的 (w_1, w_0)。假设最初的 (w_1, w_0) 是随机的，为了方便区分，那么我们可以把上面的数学公式中的 y 改写成 $\hat{y}$：

$$\hat{y} = w_1 x + w_0 \tag{3-3}$$

如表 3-2 所示，$\hat{y}^{(i)}$ 是由样本中的 $x^{(i)}$ 传入线性模型后计算得到的输出，$y^{(i)}$ 是我们真实测量拿到的样本值。

表 3-2 $\hat{y}^{(i)}$ 与 $y^{(i)}$ 对照表

$x^{(i)}$	$y^{(i)}$	$\hat{y}^{(i)}$
1.4	14.4	$1.4\,w_1 + w_0$
5	29.6	$5\,w_1 + w_0$
11	62	$11\,w_1 + w_0$
16	85.5	$16\,w_1 + w_0$
21	113.4	$21\,w_1 + w_0$

因为测量会产生一定的误差，所以 5 个数据样本的 $x^{(i)}$ 对应的 $\hat{y}^{(i)}$ 与 $y^{(i)}$ 不是完全相等的。现在，我们用一个函数去衡量 $\hat{y}^{(i)}$ 和 $y^{(i)}$ 之间的误差，这个函数有很多名字——损失函数（loss function）、准则（criterion）、目标函数（objective function）、代价函数（cost function）或误差函数（error function），我们可以用 L 表示。

在这里，采用的损失函数是均方误差（Mean-Square Error，MSE）：

$$L(w_1, w_0) = \sum_{i=1}^{5} (\hat{y}^{(i)} - y^{(i)})^2 = \sum_{i=1}^{5} (w_1 x^{(i)} + w_0 - y^{(i)})^2 \tag{3-4}$$

由公式 3-4 可以发现，损失函数 L 实际是一个关于参数(w_1, w_0)的函数。因此，我们的目标就是找

到一组合适的 (w_1, w_0) 使得 $\hat{y}^{(i)}$ 和 $y^{(i)}$ 之间误差最小，即让损失函数 L 的值最小。

3. 优化

为了让损失函数 L 的值降到最小，我们要开始调整参数 (w_1, w_0) 的值了！这个过程就称为优化。$L(w_1, w_0)$ 是一个拥有两个自变量的函数，因此画出来的图形是一个三维的图像，如图 3-5 所示。我们要找的最小值就是图像的谷底。

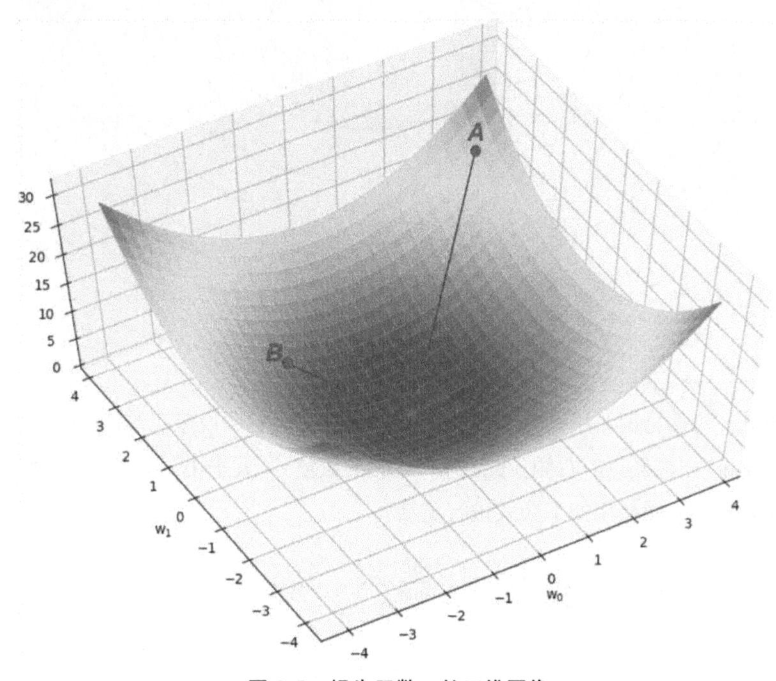

图 3-5 损失函数 L 的三维图像

这里我们采用一种叫作“梯度下降”的方法，这样不论是从图中 A 点还是 B 点，都可以最终抵达谷底。

什么是梯度？从数学上来看，梯度是一个向量，可以用符号 ∇ 表示，是函数对每个自变量的偏微分，L的梯度的具体数学表达如下：

$$\nabla L = \left(\frac{\partial L}{\partial w_1}, \frac{\partial L}{\partial w_0}\right) \tag{3-5}$$

我们现在将函数想象成一座山。梯度向量的方向刚好和等高线垂直。也就是说，这个向量代表着函数增长速度最快的方向。如图 3-6 所示，我们朝着梯度向量的反方向移动，梯度向量的反方向始终朝着下降速度最快的方向，最终到达谷底（最低点），这种方法我们称为“梯度下降”。

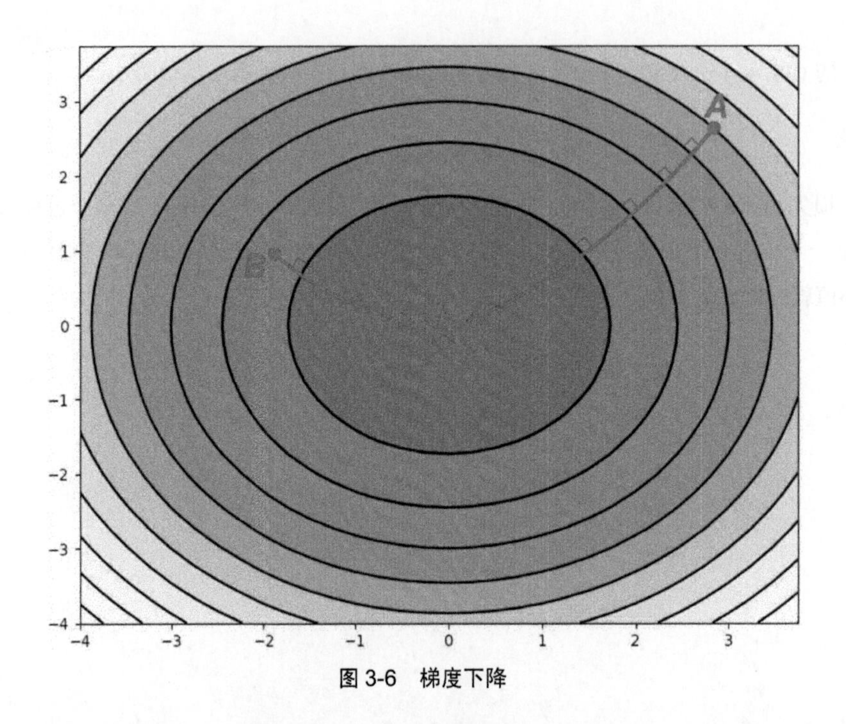

图 3-6 梯度下降

上面讨论的是三维的情况，可能比较抽象。我们现在把问题假设成二维的情况：如图 3-7 所示，假设 t 时刻的参数 w^t 在最低点的右侧，此时 w^t 处的导数值 $\frac{\mathrm{d}L}{\mathrm{d}w}$ 大于 0，w^t 要往数轴左方移动才能让函数值最小。因此我们不妨使用如下公式进行更新：

$$w^{t+1} = w^t - \frac{\mathrm{d}L}{\mathrm{d}w^t} \times \delta \quad (\delta > 0) \tag{3-6}$$

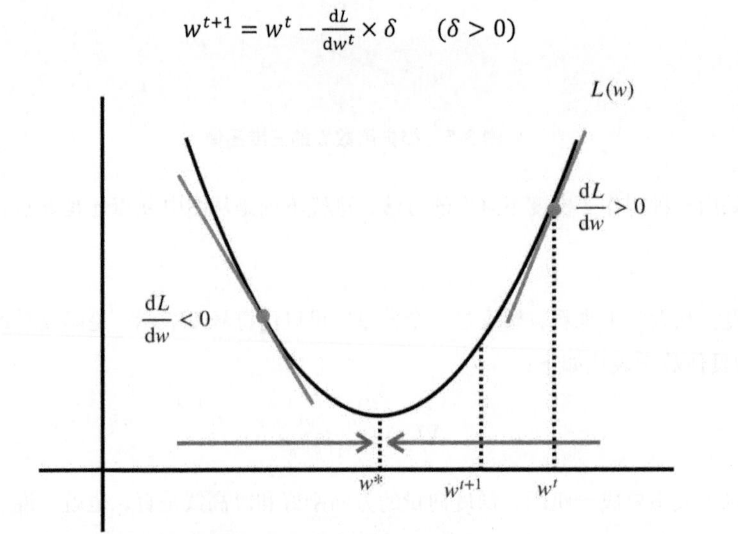

图 3-7 二维下的梯度下降

这里的 δ 是一个预设值，我们令它大于 0，因为 δ 的值越大，$|\frac{dL}{dw^t}\times\delta|$ 就越大，w^t 下降得就越快，因此我们称 δ 为学习率。反过来，如果 w^t 在最小值的左边时，上述公式仍然适用，这就是梯度下降法在二维平面下的情形。因此在三维的情况下，我们可以类比二维的情形。回到 $L(w_1, w_0)$ 的问题，可以得到类似的表达式：

$$w_1^{t+1} = w_1^t - \frac{\partial L}{\partial w_1^t}\times\delta \tag{3-7}$$

$$w_0^{t+1} = w_0^t - \frac{\partial L}{\partial w_0^t}\times\delta \tag{3-8}$$

我们把 (w_1, w_0) 看作向量 $\vec{w}$，则可以把上面两个式子合并为精简的向量形式，具体如下：

$$\vec{w}^{t+1} = \vec{w}^t - \boldsymbol{\nabla} L(\vec{w}^t)\times\delta \tag{3-9}$$

在 PyTorch 中，$\boldsymbol{\nabla} L(\vec{w}^t)$ 的值可以直接由自动微分技术计算得到。

4. 批量输入

我们可以把公式 3-3 写成向量形式，把 w_0 看作 $w_0\times x_0$（其中 $x_0 = 1$），就得到下式：

$$\hat{y} = \vec{x}\cdot\vec{w} \tag{3-10}$$

其中 $\vec{x} = (x_1, x_0)^{\mathrm{T}}$，$\vec{w} = (w_1, w_0)^{\mathrm{T}}$。

上述的表达式是一次只输入一个数据样本的形式。而在实际的优化中，我们还可以采用更加精简的表达式：让多个数据样本同时在一个公式中出现。所以公式中的输入 $\vec{x}$ 和输出 $\hat{y}$ 都要增加一个维度，$\vec{x}$ 升级为矩阵$\boldsymbol{X}$，$\hat{y}$ 升级为向量 $\vec{\hat{y}}$，最终结果如下：

$$\vec{\hat{y}} = \boldsymbol{X}\cdot\vec{w} \tag{3-11}$$

损失函数 L 可以表示为：

$$L(w_1, w_0) = \left|\vec{\hat{y}} - \vec{y}\right|^2 \tag{3-12}$$

5. 训练

训练就是不断地通过前向传播和反向传播，对参数 $\vec{w}$ 进行调优，最终让损失函数的损失值 L 达到最小的过程。如图 3-8 所示，我们将前向传播分为两步：第 1 步是将输入 $\boldsymbol{X}$ 和参数 $\vec{w}$ 按照直线公式计算后得到输出 $\vec{\hat{y}}$；第 2 步是将输出 $\vec{\hat{y}}$ 和 $\vec{y}$ 输入损失函数计算后得到损失值 L。接着进行反向传播，即求出损失值的梯度向量 $\boldsymbol{\nabla} L$，然后使用梯度下降法更新参数 $\vec{w}$。

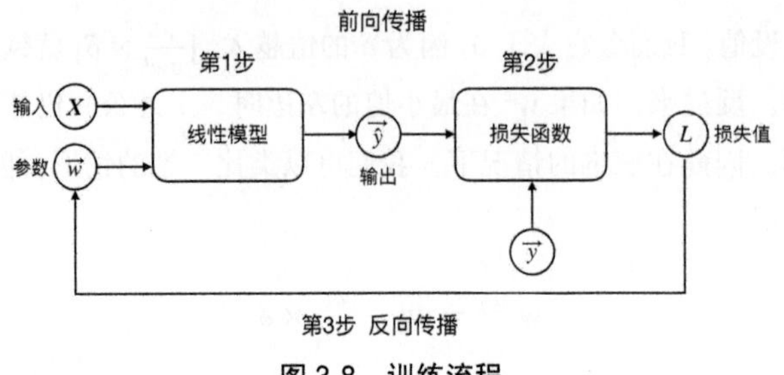

图 3-8 训练流程

6. 代码实践

现在，我们就根据前面所讲的理论，结合 PyTorch 编写我们的第一个机器学习程序[①]吧！

首先我们按照表 3-1 中的数据样本对输入变量和各参数进行初始化：

```
import torch
import matplotlib.pyplot as plt

def Produce_X(x):
    x0 = torch.ones(x.numpy().size)
    X = torch.stack((x,x0),dim=1)
    return X

x=torch.Tensor([1.4,5,11,16,21])
y=torch.Tensor([14.4,29.6,62,85.5,113.4])
X = Produce_X(x)

inputs = X
target = y
w = torch.rand(2,requires_grad=True)
```

构建一个 `Produce_X()` 函数，用来生成矩阵 `X`。`x0` 是根据输入 `x` 的维度生成的各元素为 `1` 的向量，`torch.stack()` 函数将向量 `x` 和 `x0` 合并成一个矩阵 `X`，`X` 的数据类型为 Tensor。在这个例子中，`X` 实际的数据结构如下：

```
tensor([[ 1.4000,  1.0000],
        [ 5.0000,  1.0000],
        [11.0000,  1.0000],
        [16.0000,  1.0000],
        [21.0000,  1.0000]])
```

① 本例代码文件为 2_LR.py，可在本书示例代码 CH3 中找到。

用 rand()函数随机初始化参数向量 w。根据第 2 章的自动微分的原理，参数 w 属于图的叶子结点，需要进行自动微分并利用梯度下降法更新。所以，需要注意设置 w 的 requires_grad 为 True。

接下来我们定义一个 train()函数，用它来不断调整 w 的值。train()函数的参数 epochs 代表的是轮数，即遍历完所有数据的次数；参数 learning_rate 代表公式 3-9 中的学习率 δ。

每一轮的训练分两部分，前向传播和反向传播：

```
def train(epochs=1,learning_rate=0.01):

    for epoch in range(epochs):
        output = inputs.mv(w)
        loss = (output - target).pow(2).sum()

        loss.backward()
        w.data -= learning_rate * w.grad
        w.grad.zero_()
        if epoch % 80 == 0:
            draw(output,loss)

    return w,loss
```

首先进行前向传播。公式 $\vec{\hat{y}} = \boldsymbol{X}\vec{w}$ 可以转换为代码 output=inputs.mv(w)；根据损失函数公式 $L(w_1, w_0) = \sum_{i=1}^{5} (\hat{y}^{(i)} - y^{(i)})^2$，得到代码 loss = (output - target).pow(2).sum()。

然后进行反向传播。使用 backward()函数就能自动求出损失函数关于 w 的梯度向量。接下来根据公式 $\vec{w}^{t+1} = \vec{w}^{t} - \nabla L(\vec{w}^{t}) * \delta$，使用 w.data -= learning_rate * w.grad 对参数 w 进行更新。

值得注意，我们更新完 w 后，必须清空 w 的 grad 值，否则 grad 值会持续累加。所以，这里使用 zero_()函数清空梯度值。

为了能够观察到训练的变化，我们可以让程序每进行 80 次循环更新一次图像。于是定义了一个 draw()函数：

```
def draw(output,loss):
    plt.cla()
    plt.scatter(x.numpy(), y.numpy())
    plt.plot(x.numpy(), output.data.numpy(),'r-', lw=5)
    plt.text(0.5,0,'loss=%s' % (loss.item()),fontdict={'size':20,'color':'red'})
    plt.pause(0.005)
```

每次更新时，先用 plt.cla()函数清空图像画布，然后用 plt.scatter()绘制散点图形式的数据样本点，接着使用 plt.plot()绘制出回归直线，最后使用 plt.text()打印 loss 值。

我们设轮数为 10 000，学习率为 1×10^{-4}，将这两个参数传入 train()进行训练后，返回最终的参数值 w 和损失值 loss：

```
w,loss = train(10000,learning_rate = 1e-4)
```

接着在循环结束后打印最终的损失值和权重：

```
print("final loss:",loss.item())
print("weights:",w.data)
```

如果最后的打印结果与下面的数值接近，那么恭喜你成功通过机器学习找到了这 5 个数据样本的规律：

```
final loss: 8.22459602355957
weights: tensor([5.0825, 5.6085])
```

最终绘制出的直线如图 3-9 所示。

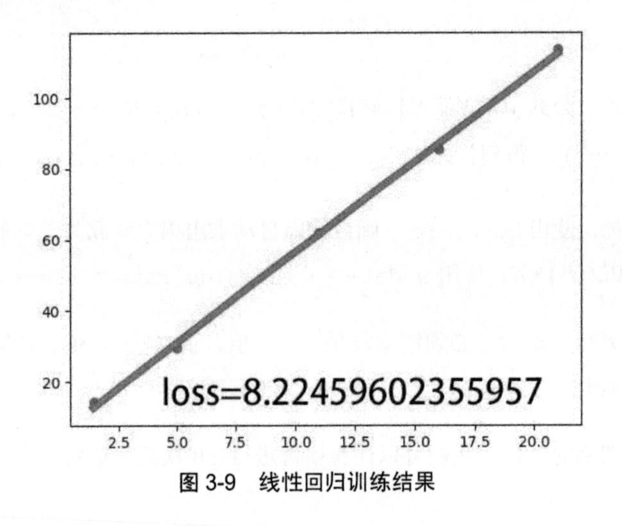

图 3-9 线性回归训练结果

7. 大规模数据实例

上面的例子只有 5 个数据样本。在训练时，我们将这 5 个数据样本同时输入程序，这种方式叫作批输入。到目前为止，这种方法是快速且有效的。现在我们尝试使用自动生成的 100 000 个数据样本，再进行一次线性回归[①]：

---

① 本例代码文件为 3_LR_2.py，可在本书示例代码 CH3 中找到。

```
import torch
import matplotlib.pyplot as plt

def Produce_X(x):
    x0 = torch.ones(x.numpy().size)
    X = torch.stack((x,x0),dim=1)
    return X

x = torch.linspace(-3,3,100000)
X = Produce_X(x)
y = x +1.2*torch.rand(x.size())
w = torch.rand(2)

plt.scatter(x.numpy(),y.numpy(),s=0.001)
plt.show()
```

上述代码中使用 `linspace()` 函数在 (−3, 3) 区间内划分出 100 000 个点。为了使数据符合线性分布且真实，`y` 值在 `x` 值的基础上增加了一些误差。关于误差，我们可以用 `rand()` 函数生成一组在[0, 1) 区间内均匀分布的随机数，随机数的个数为 `x` 的元素个数乘以 1.2。最后，使用 `matplotlib` 包的 `scatter` 函数为我们绘制 `(x, y)` 散点图，如图 3-10 所示。

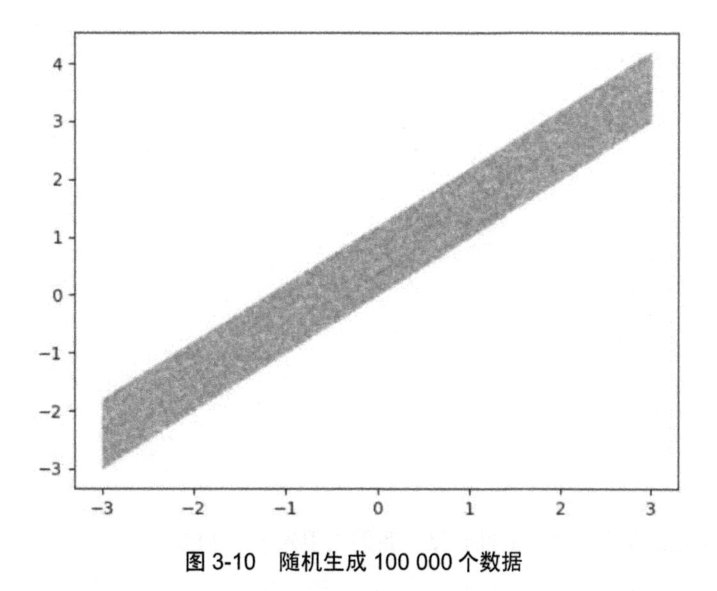

图 3-10　随机生成 100 000 个数据

接下来，我们用 `cuda.is_available()` 函数对运行平台进行 CUDA 检测。如果是支持 CUDA 的平台，则采用 GPU 进行加速运算：

```
CUDA =  torch.cuda.is_available()

if CUDA:
    inputs = X.cuda()
    target = y.cuda()
    w = w.cuda()
    w.requires_grad=True
else:
    inputs = X
    target = y
    w = w
    w.requires_grad=True
```

同样，我们定义 `train()` 函数和 `draw()` 函数。需要注意的是，如果采用了 CUDA 加速，`draw()` 函数的 `output` 需要还原成 CPU 的数据类型才能进行绘图：

```
def draw(output,loss):
    if CUDA:
        output= output.cpu()
    plt.cla()
    plt.scatter(x.numpy(), y.numpy())
    plt.plot(x.numpy(), output.data.numpy(),'r-', lw=5)
    plt.text(0.5,0,'Loss=%s' % (loss.item()),fontdict={'size':20,'color':'red'})
    plt.pause(0.005)

def train(epochs=1,learning_rate=0.01):
    for epoch in range(epochs):
        output = inputs.mv(w)
        loss = (output - target).pow(2).sum()/100000
        loss.backward()
        w.data -= learning_rate * w.grad
        w.grad.zero_()

        if epoch % 80 == 0:
            draw(output,loss)

    return w,loss
```

训练时，为了记录整个训练的时间长度，我们先引入 `time` 包：

```
from time import perf_counter
```

然后开始进行训练：

```
start = perf_counter()
w,loss = train(10000,learning_rate=1e-4)
finish = perf_counter()
time = finish-start

print("计算时间:%s" % time)
print("final loss:",loss.item())
print("weights:",w.data)
```

在训练开始之前设置一个时间点 `start`，训练结束之后再设置时间点 `finish`。为防止绘图的耗时影响，将绘图部分添加为注释后，计算结果如下：

```
计算时间:80.510614248
final loss: 0.12378749996423721
weights: tensor([0.9987, 0.5404])
```

以上结果是使用 CPU 计算得到的，总用时为 80 秒左右。我们使用 GTX 1080 Ti 显卡来加速运算后，得到的结果如下：

```
计算时间:5.688877
final loss: 0.1200
weights: tensor([0.9990, 0.5709])
```

由此可以看出，使用显卡加速后，训练时间会大大缩短！

8. 人工神经元

神经科学家们对大脑进行深入研究后，发现人脑的智能活动离不开脑内的物质基础，包括它的结构以及其中的生物、化学、电学作用。在神经元网络理论和神经系统结构理论中，以神经元作为脑神经系统的基本结构。人工智能研究者们基于对神经元基本结构的掌握，提出了人工神经元模型和人工神经网络。他们发现人工神经网络在理论上可以拟合任何非线性函数。一般情况下，神经元的数目越多，连接数越多，神经网络的复杂度就越高，其所能表达复杂函数的能力就越强。要了解人工神经网络，我们先来学习一下人脑中神经元的结构。如图 3-11 所示，神经元主要由轴突、树突和细胞核组成。树突上末梢非常多，可以接收其他神经元传递过来的神经信号。轴突则负责将该神经元处理过后的神经信号传播到其他神经元的树突。

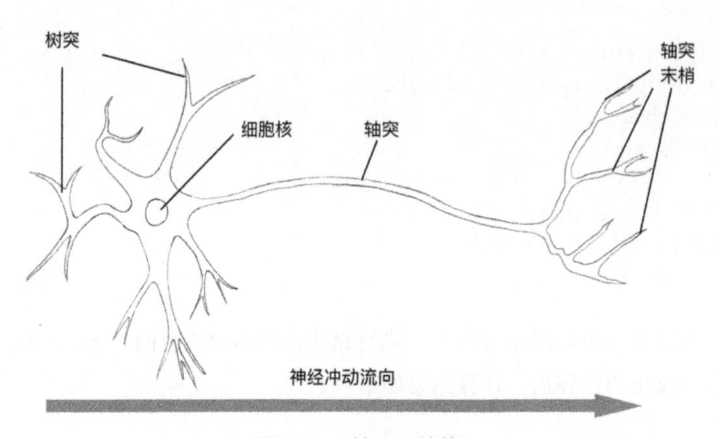

图 3-11 神经元结构

因此，我们可以将神经元进行数学上的抽象，得到人工神经元模型。如图 3-12 所示，我们把神经元树突接收到的不同信号当作不同的 x_i 变量，并为不同的信号赋予不同的传输权重 w_i。每个变量根据权重进行线性累加，然后经过一个激活函数 f 得到一个新值，这个值就是输出 y。

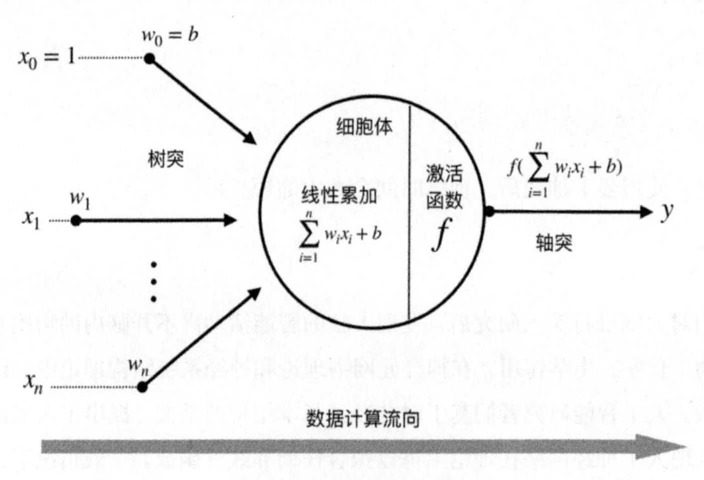

图 3-12 人工神经元模型

下面将使用人工神经元实现线性回归。因为在使用人工神经元进行线性回归时，可以省略激活函数，所以我们可以将模型简化成数学表达式：

$$y = x_0 w_0 + x_1 w_1 + \cdots + x_n w_n = \sum_{i=0}^{n} x_i w_i = \vec{x} \cdot \vec{w} \tag{3-13}$$

在一维输入的情况下，模型被进一步简化：

$$y = x_1 w_1 + b = x_0 w_0 + x_1 w_1 \tag{3-14}$$

实际上，PyTorch 已经预先编写好了我们要用到的损失函数及优化函数。下面我们用神经网络的方式将本节中的代码重新编写一次[①]。

首先，导入需要用到的库：

```
import torch
import matplotlib.pyplot as plt
from torch import nn,optim
from time import perf_counter
```

然后用 linspace()函数产生 (–3, 3) 区间内的 100 000 个点，并使用 unsqueeze()函数在第一维处增加一个维度：

```
x = torch.unsqueeze(torch.linspace(-3,3,100000),dim=1)
y = x +1.2*torch.rand(x.size())
```

下面展示了使用 unsqueeze()函数前后的对比：

```
>>> a = torch.linspace(-3,3,100000)
>>> a.size()
torch.Size([100000])

>>> b = torch.unsqueeze(a,dim=1)
>>> b.size()
torch.Size([100000,1])
```

定义一个线性回归的类 LR，它继承 PyTorch 中 nn 模块的 Module，其中 nn 是 Neural Network 的缩写。我们需要在初始化函数时先执行父类的初始化函数，接着用 nn 中预设好的线性的神经网络模块 nn.Linear()来构造线性模型。nn.Linear()的第一个参数代表输入数据的维度，第二个参数代表输出数据的维度。这里的 x 和 y 都是一维的，因此设置为 nn.Linear(1,1)。接下来，需要在 LR 类中定义 forward()方法，forward()方法用来构造神经网络前向传播时的计算步骤。这里的 out 相当于上一节提到的 out = inputs.mm(w)，代码如下：

```
class LR(nn.Module):
    def __init__(self):
        super(LR,self).__init__()
        self.linear = nn.Linear(1,1)

    def forward(self,x):
```

① 本例代码文件为 4_LR_3.py，可在本书示例代码 CH3 中找到。

```
        out = self.linear(x)
        return out
```

如果平台支持 CUDA，初始化 LR 类的一个实例 LR_model 后需要调用 cuda()函数：

```
CUDA = torch.cuda.is_available()
if CUDA:
    LR_model = LR().cuda()
    inputs = x.cuda()
    target = y.cuda()
else:
    LR_model = LR()
    inputs = x
    target = y
```

nn 模块中预设有均方误差函数 MSELoss()，代码如下：

```
criterion = nn.MSELoss()
```

PyTorch 中 MSELoss()的数学表达式为：

$$L(x,y)=\frac{1}{n}\sum|x_i-y_i|^2 \tag{3-15}$$

我们可以直接将该预设的 MSELoss()函数作为损失函数。除此之外，nn 模块还定义了其他类型的损失函数，我们会在之后的学习中碰到。

下面采用“随机梯度下降”的方法来更新权重。“随机梯度下降法”实际上就是梯度下降法的改良版，不采用梯度下降法中把全部数据拿来计算梯度的方法，而是每次随机挑选一个数据样本计算梯度值，并进行权值更新。这样做的好处是可以避免一次性加载全部数据导致的内存溢出问题，还可以防止优化的时候陷入局部最小值。在这里，我们使用 PyTorch 预设的随机梯度下降函数 SGD()进行更新，SGD()的第一个参数是需要优化的神经网络模型的参数，第二个参数是学习率。代码如下：

```
optimizer = optim.SGD(LR_model.parameters(),lr=1e-4)
```

下面开始编写 train()函数，其参数依次为被训练的神经网络模型、损失函数、优化器和训练轮数：

```
def train(model,criterion,optimizer,epochs):
    for epoch in range(epochs):

        output = model(inputs)
        loss = criterion(output,target)
```

```
        optimizer.zero_grad()
        loss.backward()
        optimizer.step()
        if epoch % 80 == 0:
            draw(output,loss)
    return model,loss
```

在前向传播阶段，我们将 inputs 输入神经网络模型 model，得到 output。接下来，用刚才定义的损失函数 criterion 计算损失值。在反向传播阶段，先用 optimizer.zero_grad()清空权重的 grad 值，随后用 backward()计算梯度，并用优化器 optimizer.step()函数进行权值更新。

接下来，我们定义初始时间 start，并传入模型、损失函数、优化器以及设置训练的轮数为 10 000：

```
start = perf_counter()
LR_model,loss = train(LR_model,criterion,optimizer,10000)
finish = perf_counter()
time = finish-start
print("计算时间:%s" % time)
print("final loss:",loss.item())
print("weights:",list(LR_model.parameters()))
```

代码的运行结果如下：

```
计算时间:71.53997189
final loss: 0.12491066753864288
weights: [Parameter containing:
tensor([[0.9944]], requires_grad=True), Parameter containing:
tensor([0.5301], requires_grad=True)]
```

3.3 非线性回归

上一节我们学习了线性回归，但是在实际中，大多数现象都不是线性的，而是非线性的。非线性就是说我们的拟合函数并非直线或者平面，而是更加复杂的曲线或曲面。在处理非线性回归问题时，人工神经网络模型可以发挥重大的作用。

1. 激活函数

在图 3-12 中，我们的人工神经元后半段具有一个激活函数 f。在上一节中，我们讨论线性回归模型，所以忽略了激活函数。如图 3-13 所示，在没有激活函数的情况下，我们利用多个人工神经元构造人工神经网络，这相当于多个线性模型进行叠加。那么从总体上看，其神经网络的模型也仍然是线性模型。

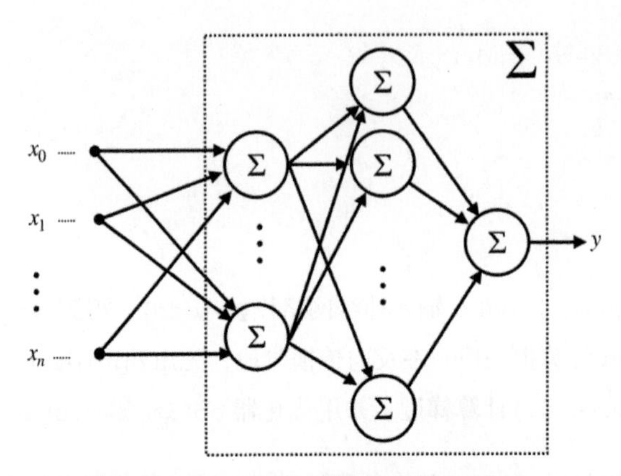

图 3-13 人工神经元的线性叠加示意图

激活函数的出现是为了让神经网络可以拟合复杂的非线性函数。激活函数 f 实际上是一个非常简单的非线性函数，但只要多个带有激活函数的神经元组合在一起，就具有拟合复杂非线性函数的强大能力！我们常用的激活函数有 sigmoid、tanh、ReLU 和 Maxout 等。在这里我们一般使用 ReLU 函数作为激活函数：

$$f(x)=\begin{cases}0, & x\leqslant 0\\ x, & x>0\end{cases} \tag{3-16}$$

ReLU 函数的图像如图 3-14 所示，当自变量小于等于 0 时，函数值为 0：

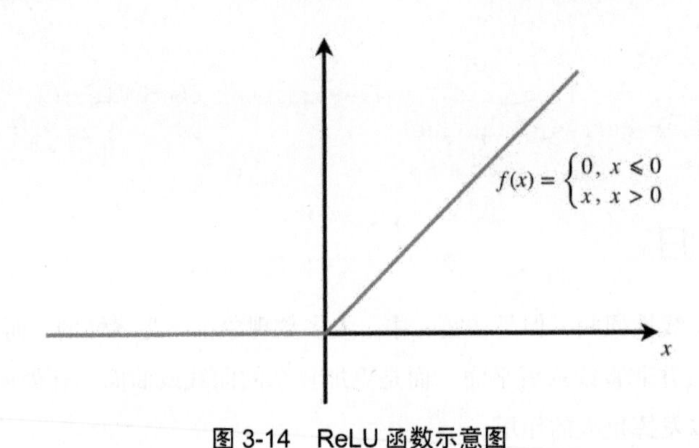

图 3-14 ReLU 函数示意图

因此，整个人工神经元的数据计算过程如下：

$$y=f(\vec{x}\cdot\vec{w}) \tag{3-17}$$

幸运的是，PyTorch 中已经预编写 ReLU 激活函数：`torch.nn.functional.relu()`。接下来，在非线性拟合的任务中，我们将会用到这个函数。

2. 人工神经网络

人工神经网络是由多层人工神经元组成的网络结构。它是一种通过模仿人脑神经网络行为进行分布式并行信息处理的算法。人工神经网络中节点之间有着复杂的连接关系，可以通过机器学习训练调整各节点之间连接的权重关系，从而模拟出复杂的非线性函数。

如图 3-15 所示，为了方便研究，我们将人工神经网络分成三层：作为输入的神经元节点，我们称之为输入层；中间经过的神经元，无论多少层，我们都将它们称为隐含层；最后的一层作为输出的神经元节点，我们称为输出层。隐含层神经元是我们进行大部分计算的区域，隐含层越复杂，所能模拟的非线性函数就越复杂。凡是隐含层的层数大于等于 2 的神经网络，我们都可以称之为深度神经网络。

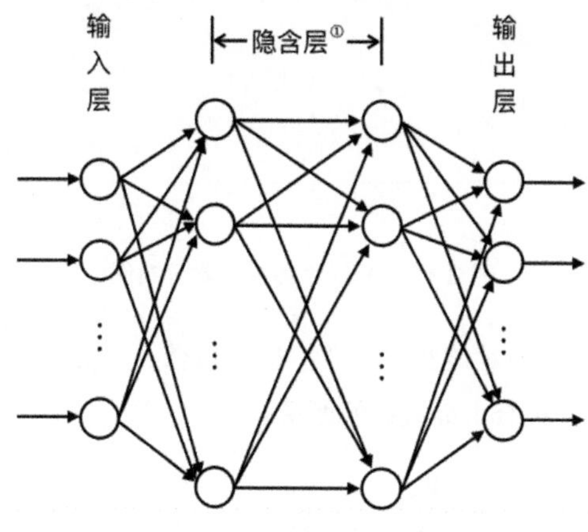

图 3-15 神经网络的三层结构

下面我们就利用 PyTorch 编写神经网络，实现非线性回归。在构造神经网络之前，我们先参考上一节的做法，用 Python 程序根据一元三次方程自动生成一批数据样本，随后利用这些样本来演示神经网络的非线性回归②：

```
import torch
import matplotlib.pyplot as plt

x = torch.unsqueeze(torch.linspace(-3, 3, 10000), dim=1)
y = x.pow(3)+0.3*torch.rand(x.size())

plt.scatter(x.numpy(), y.numpy(),s=0.01)
plt.show()
```

① 这里的隐含层为多层。

② 本例代码文件为 5_NLR.py，可在本书示例代码 CH3 中找到。

上面的代码中，我们让 Python 程序随机生成了 10 000 个样本并绘制出图像，结果如图 3-16 所示，图像总体呈幂函数分布。

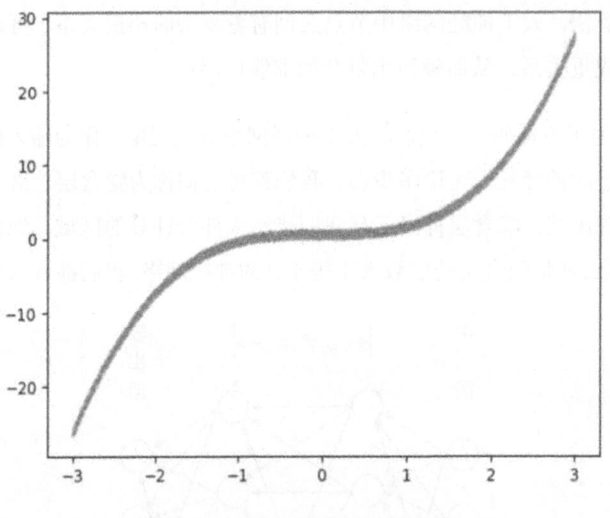

图 3-16　非线性数据样本分布图

下面我们就使用神经网络模型对该非线性数据进行拟合。定义一个只有一层隐含层的神经网络 Net（如图 3-17 所示）足以满足拟合上面数据的要求。

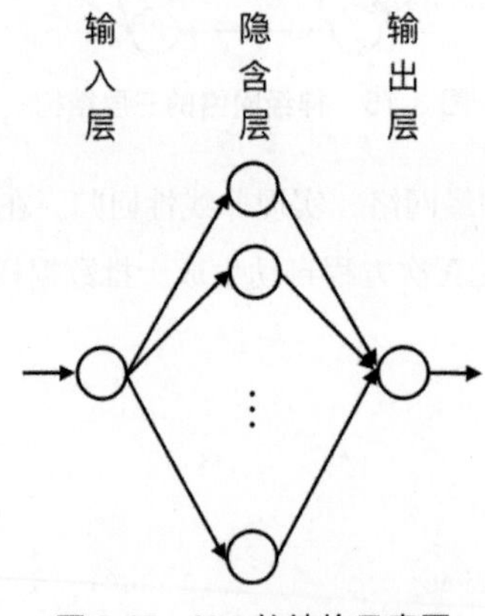

图 3-17　Net 的结构示意图

Net 需要继承 `nn.Module`，里面构造一个隐含层 `self.hidden` 和一个输出层 `self.out`。在前向传播过程中，经过隐含层 `self.hidden` 的数据需要经过 ReLU 激活函数进行非线性处理，最后经过输出层，代码如下：

```
from torch import nn,optim
import torch.nn.functional as F

class Net(nn.Module):
    def __init__(self, input_feature, num_hidden, outputs):
        super(Net, self).__init__()
        self.hidden = nn.Linear(input_feature, num_hidden)
        self.out = nn.Linear(num_hidden, outputs)

    def forward(self, x):
        x = F.relu(self.hidden(x))
        x = self.out(x)
        return x
```

检查设备是否支持 CUDA，如果支持，则采用 GPU 加速。初始化 Net，设置输入为 1 维，隐含层节点数为 20，输出为 1 维：

```
CUDA = torch.cuda.is_available()

if CUDA:
    net = Net(input_feature=1, num_hidden=20, outputs=1).cuda()
    inputs = x.cuda()
    target = y.cuda()
else:
    net = Net(input_feature=1, num_hidden=20, outputs=1)
    inputs = x
    target = y
```

和线性回归一样，将优化器设置为随机梯度下降，损失函数设为均方误差：

```
optimizer = optim.SGD(net.parameters(), lr=0.01)
criterion = nn.MSELoss()
```

训练函数 `train()` 与线性回归时一致，分为前向传播和反向传播两个步骤：

```
def train(model,criterion,optimizer,epochs):

    for epoch in range(epochs):

        output = model(inputs)
        loss = criterion(output,target)

        optimizer.zero_grad()
        loss.backward()
```

```
        optimizer.step()

        if epoch % 80 == 0:
            draw(output,loss)

    return model,loss
```

我们训练 10 000 次循环，并打印最终的损失值：

```
net,loss = train(net,criterion,optimizer,10000)
print("final loss:" ,loss.item())
```

打印结果如下：

```
final loss: 0.1616133749485016
```

拟合图像如图 3-18 所示。

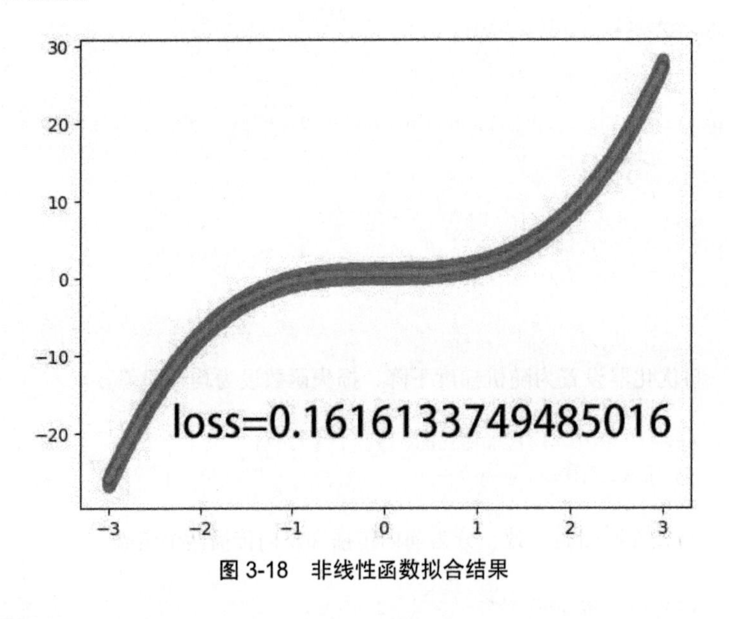

图 3-18 非线性函数拟合结果

3.4 逻辑回归

在 3.2 节和 3.3 节中，我们介绍了线性回归和非线性回归，它们的输出都是连续的。逻辑回归和上述两种回归问题的区别在于其输出是二元离散的，即输出 y 只有两种结果。因此，逻辑回归也常常被当作二元分类问题，也就是将一堆数据样本分为两类。为方便数学表达和计算，我们把这两种分类结果分别记作 0 和 1。

1. sigmoid 函数

如图 3-19 所示，线性神经元的输出为 $\vec{x}\cdot\vec{w}$，随后经过一个非线性的 sigmoid 函数（公式中常把它简写作 sigm），此函数的图像如图 3-20 所示。sigmoid 函数的定义域为 $(-\infty, +\infty)$，值域为 $(0,1)$，表达式为：

$$\mathrm{sigm}(x)=\frac{1}{1+\mathrm{e}^{-x}} \tag{3-18}$$

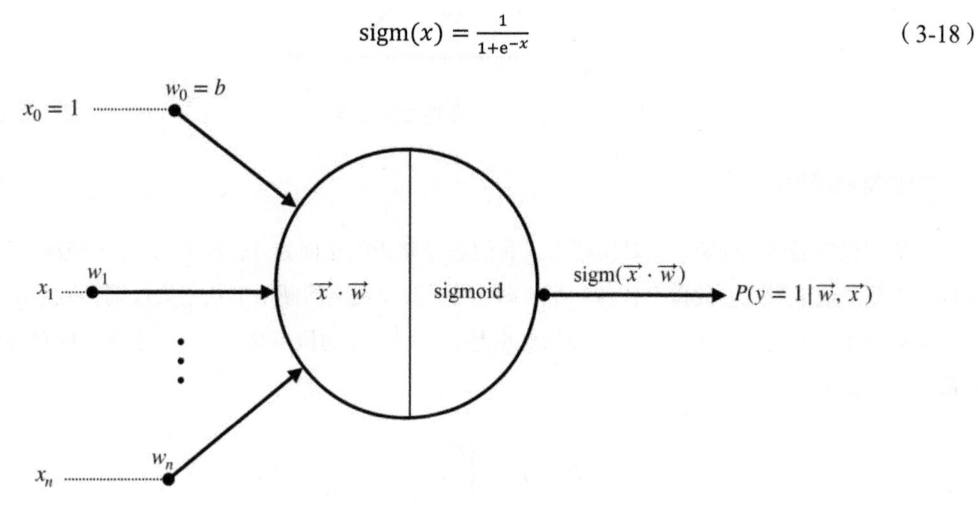

图 3-19 二元分类模型结构

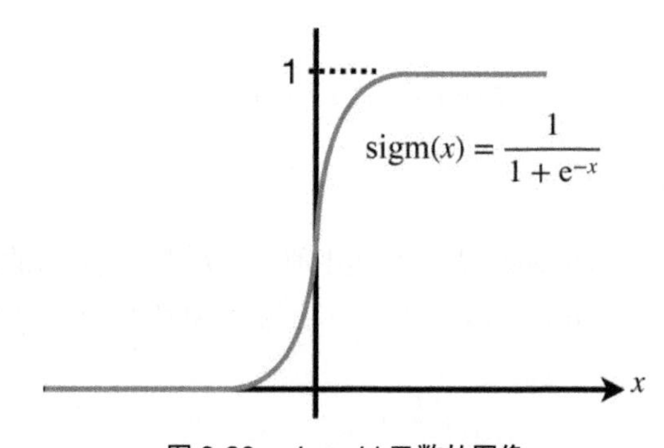

图 3-20 sigmoid 函数的图像

这样一来，输入 $\vec{x}$ 经过神经网络，最后通过 $\mathrm{sigm}(\vec{x}\cdot\vec{w})$ 映射为集合 $(0,1)$ 中的一个实数，即我们可以将最终的输出当作 $y=1$ 的概率 $P(y=1,\vec{w},\ \vec{x})$。

在线性的二元分类问题中，我们的目标是找到一条直线将数据样本分成两类。如图 3-21 所示，上述问题可以简化成求 $P(y=1,\ \vec{w},\ \vec{x})=\frac{1}{2}$ 时的权重 $\vec{w}$。

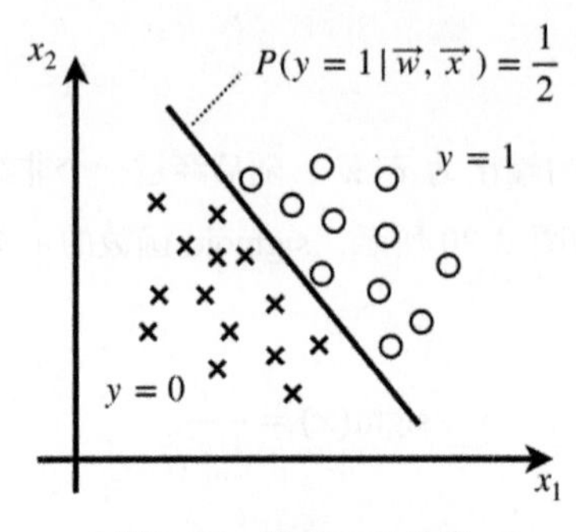

图 3-21 线性二元分类

2. 伯努利概型

伯努利概型最典型的例子就是抛硬币。我们假设硬币的正面为 1，反面为 0。一般情况下，抛一次硬币得到正面或者反面的概率各占一半，即 0.5。假设我们的硬币形状不太规则，抛一次得到正面或反面的概率并非各占一半，假设正面的概率是 θ，则反面的概率是 $1-\theta$。这样，我们得到了伯努利概型的通用公式：

$$P(y|\theta)=\begin{cases}\theta \quad, y=1\\ 1-\theta, y=0\end{cases} \tag{3-19}$$

即：

$$P(y|\theta)=\theta^y(1-\theta)^{1-y} \tag{3-20}$$

3. 最大概似法与交叉熵

最大概似法（Maximum Likelihood）是统计学中的一个方法，该方法的核心原理很简单。假如抛一枚形状不太规则的硬币，得到正面的概率是 θ，反面的概率是 $1-\theta$，即我们上一节说的伯努利概型，分布如图 3-22 所示。

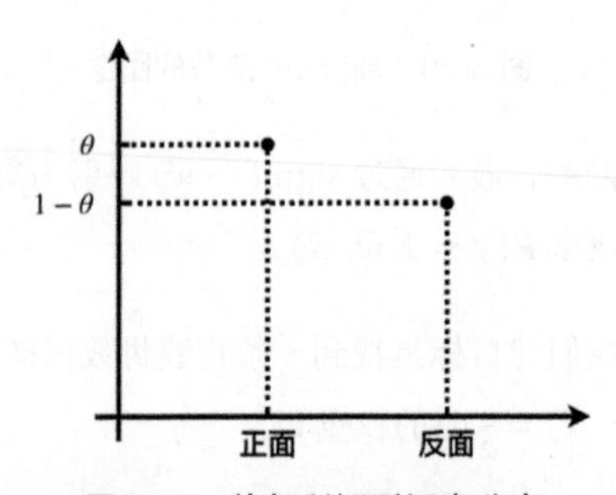

图 3-22 伯努利概型概率分布

我们将每次抛硬币都看作独立的事件，相互不受影响，则每次抛硬币大自然都会给出概率尽可能高的结果，那么将每次抛出的样本结果出现的概率累计起来，应该会趋向最大，这就是最大概似法的核心原理。假设我们抛硬币 100 次，得到包含有 100 个样本的样本集 $\{y^1, y^2, \cdots, y^{100}\}$，定义似然度 Likelihood，即每个样本结果概率的乘积：

$$P(\vec{y}) = P(y^1)P(y^2)\cdots P(y^{100}) = \prod_{i=1}^{100} P(y^i) \quad (3\text{-}21)$$

根据伯努利的概率公式得：

$$P(\vec{y}) = \prod_{i=1}^{100} \theta^{y^i}(1-\theta)^{1-y^i} \quad (3\text{-}22)$$

接着按照世界的运作规律，似然度必然会趋向最大。因此，θ 需要进行调整以达到最大的似然度：

$$\theta = \max_{\theta} P(\vec{y}) = \max_{\theta} \prod_{i=1}^{100} \theta^{y^i}(1-\theta)^{1-y^i} \quad (3\text{-}23)$$

由上一节我们知道：

$$P(y^i) = \mathrm{sigm}(\vec{x}^i \cdot \vec{w}) = \frac{1}{1+\mathrm{e}^{-\vec{x}^i \cdot \vec{w}}} = \theta \quad (3\text{-}24)$$

那么似然度可以写成：

$$P(\vec{y}|\boldsymbol{X},\vec{w}) = \prod_{i=1}^{100} \mathrm{sigm}(\vec{x}^i \cdot \vec{w})^{y^i}(1-\mathrm{sigm}(\vec{x}^i \cdot \vec{w}))^{1-y^i} \quad (3\text{-}25)$$

我们的目的是得到一种新的损失函数，帮助我们训练神经网络。因为我们优化的过程实际上就是最小化损失函数的过程。因此，我们需要将上面的似然度公式进行改造。添加一个负号，让最大化似然度的过程变成最小化。为了更容易计算，我们在似然度的等式两边同时取对数，将乘法变成了加法：

$$-\log P(\vec{y}|\boldsymbol{X},\vec{w}) = -\sum_{i=1}^{100}[\, y^i \log \mathrm{sigm}(\vec{x}^i \cdot \vec{w}) + (1-y^i)\log(1-\mathrm{sigm}(\vec{x}^i \cdot \vec{w}))] \quad (3\text{-}26)$$

令 $L(\vec{w}) = -\log P(\vec{y}|\boldsymbol{X},\vec{w})$，则 $L(\vec{w})$ 就是我们的损失函数。实际上，我们让似然度 $P(\vec{y}|\boldsymbol{X},\vec{w})$ 最大就是让损失函数 $L(\vec{w})$ 最小。这样一来，通过梯度下降法，我们就能训练出合适的 $\vec{w}$。像这样利用最大概似法得到的损失函数，我们称为交叉熵。交叉熵损失函数是分类问题中常用的损失函数。幸运的是，我们不需要自己去编写复杂的交叉熵损失函数，因为 PyTorch 已经为我们预置了交叉熵损失函数 `nn.CrossEntropyLoss()`，我们将在下节的例子中使用它。

4. 逻辑回归示例

本节我们用 PyTorch 编写一个逻辑回归的程序[①]。首先，用程序自动生成一批数据样本，并分为两类，每一类 500 个数据样本：先使用 ones()函数生成 500×2 的元素为 1 的样本；然后使用 normal()函数分别以 4 和 –4 为期望值、2 为标准差生成两批随机数据，共 1000 个数据样本；接着使用 zeros()和 ones()函数，分别生成两个类对应的类别标签 label0 和 label1；最后使用 cat()函数将两类数据合并在一起，并用 scatter()函数绘制散点图。两个类呈正态分布后结果如图 3-23 所示，红色的标签为 0，绿色的标签为 1：

```
import torch
import matplotlib.pyplot as plt

cluster = torch.ones(500, 2)
data0 = torch.normal(4*cluster, 2)
data1 = torch.normal(-4*cluster, 2)
label0 = torch.zeros(500)
label1 = torch.ones(500)

x = torch.cat((data0, data1), ).type(torch.FloatTensor)
y = torch.cat((label0, label1), ).type(torch.LongTensor)

plt.scatter(x.numpy()[:, 0], x.numpy()[:, 1], c=y.numpy(), s=10, lw=0, cmap='RdYlGn')
plt.show()
```

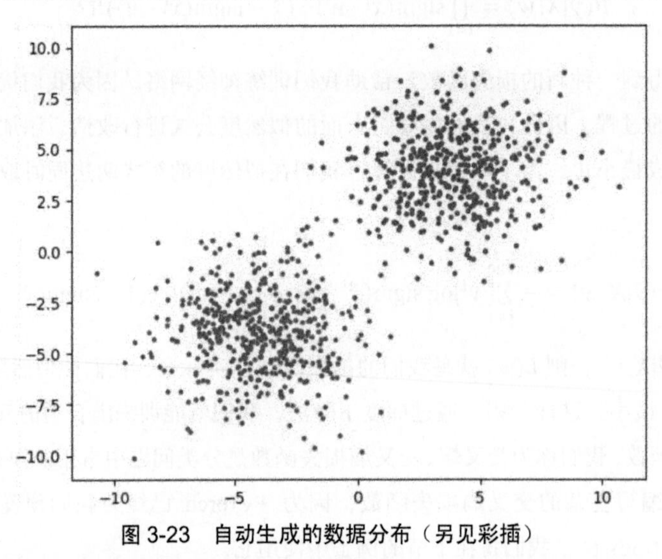

图 3-23 自动生成的数据分布（另见彩插）

① 本例代码文件为 6_LoR.py，可在本书示例代码 CH3 中找到。

接下来，我们定义神经网络的类 Net：

```
class Net(nn.Module):
    def __init__(self):
        super(Net, self).__init__()
        self.linear = nn.Linear(2,2)

    def forward(self, x):
        x = self.linear(x)
        x = torch.sigmoid(x)
        return x

CUDA = torch.cuda.is_available()

if CUDA:
    net = Net().cuda()
    inputs = x.cuda()
    target = y.cuda()
else:
    net = Net()
    inputs = x
    target = y
```

由于例子很简单，所以可以直接使用线性模型。如图 3-24 所示，nn.Linear(2,2)的输入包括两个特征的 $\vec{x}=(x_1,x_2)$，x_1 和 x_2 分别代表横轴和纵轴。输出的是两个类的“得分”情况，我们假设哪一类“分数”高，就属于那一类。可以使用 sigmoid 函数来生成两个类的概率，“分数”高的类所得到的概率就高，且两个类的概率之和为 1。

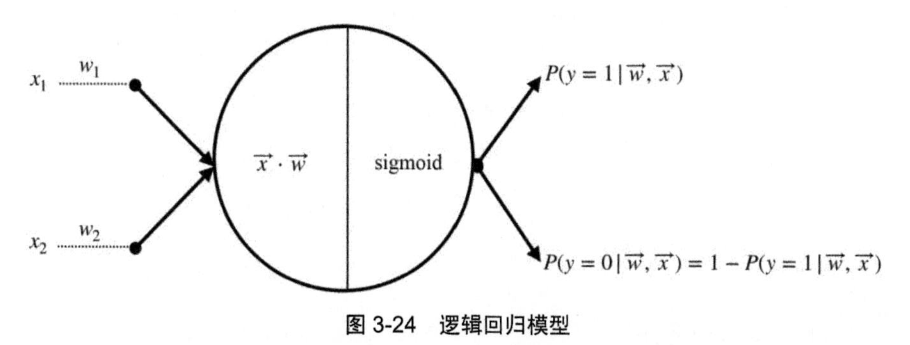

图 3-24 逻辑回归模型

这里我们先学习一下 torch.sigmoid()函数。从下面代码可以看到，torch.sigmoid()函数可以将输入的 Tensor 输出成 (0, 1) 之间的数，且和为 1：

```
>>> import torch
>>> a = torch.randn(2)
>>> a
tensor([-0.1436, -1.6030])

>>> torch.sigmoid(a)
tensor([0.4642, 0.1676])
```

我们这里采用的优化器为随机梯度下降（Stochastic Gradient Descent，SGD），其中的学习率设置为 0.02。随机梯度下降算法每次只随机选择一个数据样本来计算梯度并更新模型参数，因此不会占用过多的内存，且每次的学习速度非常快。由于这是一个分类问题，所以使用交叉熵作为损失函数，PyTorch 预设好了交叉熵函数 `CrossEntropyLoss()`：

```
optimizer = optim.SGD(net.parameters(), lr=0.02)
criterion = nn.CrossEntropyLoss()
```

下面定义 `draw()`函数和 `train()`函数：

```
def draw(output):
    if CUDA:
        output=output.cpu()
    plt.cla()
    output = torch.max((output), 1)[1]
    pred_y = output.data.numpy().squeeze()
    target_y = y.numpy()
    plt.scatter(x.numpy()[:, 0], x.numpy()[:, 1], c=pred_y, s=10, lw=0, cmap='RdYlGn')
    accuracy = sum(pred_y == target_y)/1000.0
    plt.text(1.5, -4, 'Accuracy=%s' % (accuracy), fontdict={'size': 20, 'color':  'red'})
    plt.pause(0.1)

def train(model,criterion,optimizer,epochs):

    for epoch in range(epochs):

        output = model(inputs)
        loss = criterion(output,target)

        optimizer.zero_grad()
        loss.backward()
        optimizer.step()

        if epoch % 40 == 0:
            draw(output)
```

我们的 criterion 就是交叉熵，CrossEntropyLoss()函数要求同时输入模型计算输出的 output 和目标值 target，它们两者的 Tensor 形状均为“样本数×n”，其中 n 为分类的种数，在这个例子中 n 等于 2，即样本对应这两类的概率。

随后，每循环 40 次打印一次图像。这里使用了 torch.max()函数。如下面的代码所示，该函数会返回选定维度中的最大值和序列号。例如 torch.max(b, 1)，返回第一维的最大值和序列号：

```
>>> b = torch.randn(5,2)
>>> b
tensor([[-0.2658, -0.4383],
        [ 0.1273, -0.1704],
        [ 0.0044,  0.1670],
        [-0.3141,  1.3129],
        [ 2.8978,  0.1010]])

>>> torch.max(b, 1)
(tensor([-0.2658,  0.1273,  0.1670,  1.3129,  2.8978]), tensor([0, 0, 1, 1, 0]))
```

torch.max()函数会返回 output 中概率最大的一组数值与该类别的标签，我们从 output 中提取出类别标签的列表并将其与目标类别标签进行比对，累计相同的部分并将其除以总数据量，求得正确率 Accuracy。

对该神经网络进行 1000 次循环训练，分类结果及正确率如图 3-25 所示：

```
train(net,criterion,optimizer,1000)
```

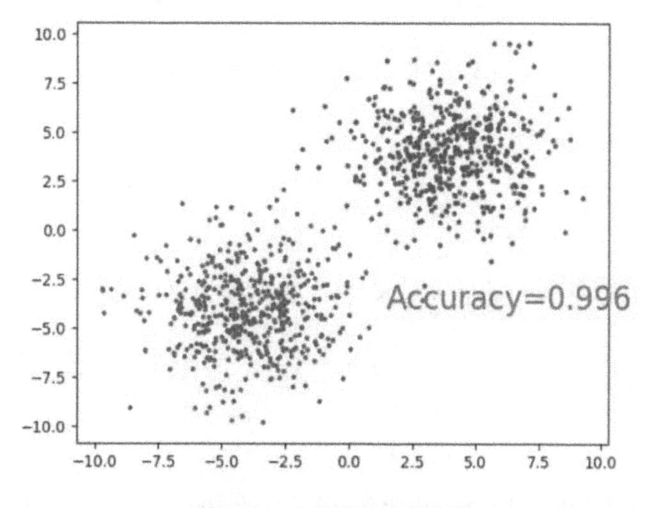

图 3-25 分类结果及正确率

3.5 多元分类

逻辑回归是二元分类，属于多元分类的一种特殊情况。在生活中，多元分类问题十分常见。无论是看完一部电影，给电影评星，还是将一本书归到某一类的书架上，都属于多元分类的问题。这一节，我们就详细介绍如何用神经网络进行多元分类。

1. softmax 函数

多元分类问题与二元分类问题类似，区别在于用 softmax 函数替代 sigmoid 函数。多元分类的神经网络要求输出层的神经元数目与所需分类的类别数保持一致。图 3-26 展示了多元分类的模型结构。假设分类的类别数为 k，那么 softmax 函数需要输入 k 个值 $(\eta_1,\eta_2,\cdots,\eta_k)$，然后输出 k 个概率 $(\pi_1,\pi_2,\cdots,\pi_k)$。softmax 函数实际上是 sigmoid 函数的推广。softmax 函数将所有分类的分数值 $(\eta_1,\eta_2,\cdots,\eta_k)$ 转化为概率 $(\pi_1,\pi_2,\cdots,\pi_k)$，且各概率的和为 1。

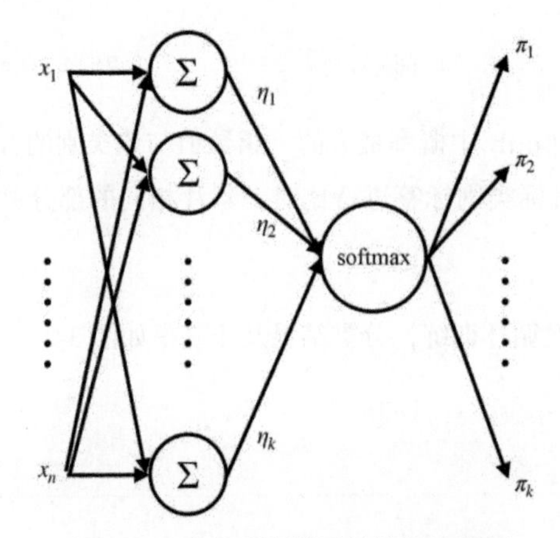

图 3-26 多元分类模型的结构示意图

softmax 函数的数学公式如下：

$$\pi_l = \frac{e^{\eta_l}}{\sum_{j=1}^{k} e^{\eta_l}} \tag{3-27}$$

softmax 函数可以巧妙地将多个分类的分数转化为 $(0,1)$ 的值并且和为 1：

$$\sum_{i=1}^{k} \pi_i = 1 \tag{3-28}$$

2. 多元分类示例

我们按照惯例，自动生成 3 种数据。先定义一个形状为 500×2、各元素值为 1 的 `cluster` 数据。

使用 normal()函数，以 4 为均值、2 为标准差，生成正态分布的 500 个数据点 data0；以–4 为均值、1 为标准差生成数据簇 data1；以 –8 为均值、1 为标准差生成数据簇 data2。3 种数据对应的标签 label0、label1、label2 分别使用 0、1、2 表示。随后将数据合并，绘制结果如图 3-27 所示[①]：

```
import torch
import matplotlib.pyplot as plt

cluster = torch.ones(500, 2)
data0 = torch.normal(4*cluster, 2)
data1 = torch.normal(-4*cluster, 1)
data2 = torch.normal(-8*cluster, 1)
label0 = torch.zeros(500)
label1 = torch.ones(500)
label2 = label1*2

x = torch.cat((data0, data1, data2), ).type(torch.FloatTensor)
y = torch.cat((label0, label1, label2), ).type(torch.LongTensor)

plt.scatter(x.numpy()[:, 0], x.numpy()[:, 1], c=y.numpy(), s=10, lw=0, cmap='RdYlGn')
plt.show()
```

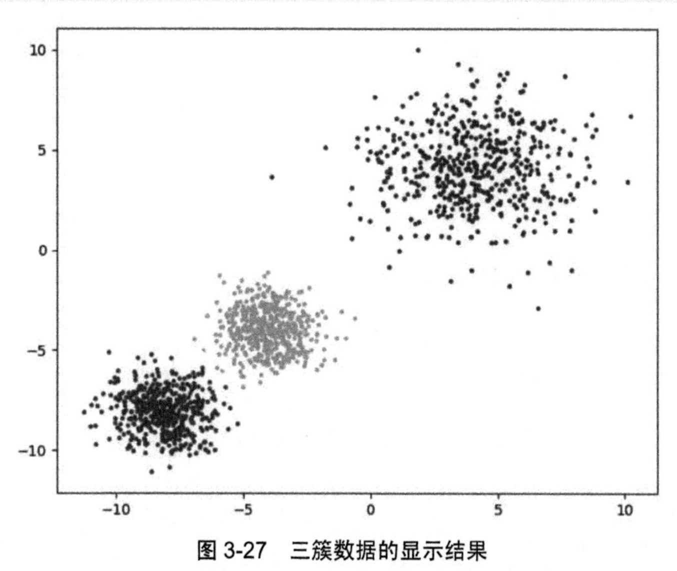

图 3-27 三簇数据的显示结果

因为后面会用到激活函数 relu()和分类的 softmax()函数，所以导入 nn.functional 库：

```
import torch.nn.functional as F
```

① 本例代码文件为 7_MultiClass.py，可在本书示例代码 CH3 中找到。

接下来，我们定义一个神经网络 Net，其中包括了输入层、隐含层和输出层。在这里我们根据 x 的维度设置输入层的维度为 2，并且设置隐含层的神经元数为 20，由于我们分 3 类，所以输出层的维度为 3。在 forward()函数中，我们添加激活函数，让神经网络增加非线性的功能，并且在最后使用 softmax()函数将 3 个类的分数输出为概率的形式：

```
class Net(nn.Module):
    def __init__(self, input_feature, num_hidden,outputs):
        super(Net, self).__init__()
        self.hidden = nn.Linear(input_feature, num_hidden)
        self.out = nn.Linear(num_hidden, outputs)

    def forward(self, x):
        x = F.relu(self.hidden(x))
        x = self.out(x)
        x = F.softmax(x)
        return x

CUDA = torch.cuda.is_available()

if CUDA:
    net = Net(input_feature=2, num_hidden=20,outputs=3).cuda()
    inputs = x.cuda()
    target = y.cuda()
else:
    net = Net(input_feature=2, num_hidden=20,outputs=3)
    inputs = x
    target = y
```

与逻辑回归相同，定义优化函数和目标函数：

```
optimizer = optim.SGD(net.parameters(), lr=0.02)
criterion = nn.CrossEntropyLoss()
```

接下来，按照上一节的方法定义 draw()函数和 train()函数：

```
def draw(output):
    if CUDA:
        output=output.cpu()
    plt.cla()
    output = torch.max((output), 1)[1]
    pred_y = output.data.numpy().squeeze()
    target_y = y.numpy()
    plt.scatter(x.numpy()[:, 0], x.numpy()[:, 1], c=pred_y, s=10, lw=0, cmap='RdYlGn')
```

```
    accuracy = sum(pred_y == target_y)/1500.0
    plt.text(1.5, -4, 'Accuracy=%s' % (accuracy), fontdict={'size': 20, 'color': 'red'})
    plt.pause(0.1)

def train(model,criterion,optimizer,epochs):
    for epoch in range(epochs):

        output = model(inputs)
        loss = criterion(output,target)

        optimizer.zero_grad()
        loss.backward()
        optimizer.step()

        if epoch % 40 == 0:
            draw(output)
```

调用 train()函数，传入模型、损失函数、优化器并设置训练轮数为 10 000：

```
train(net,criterion,optimizer,10000)
```

训练结果如图 3-28 所示。

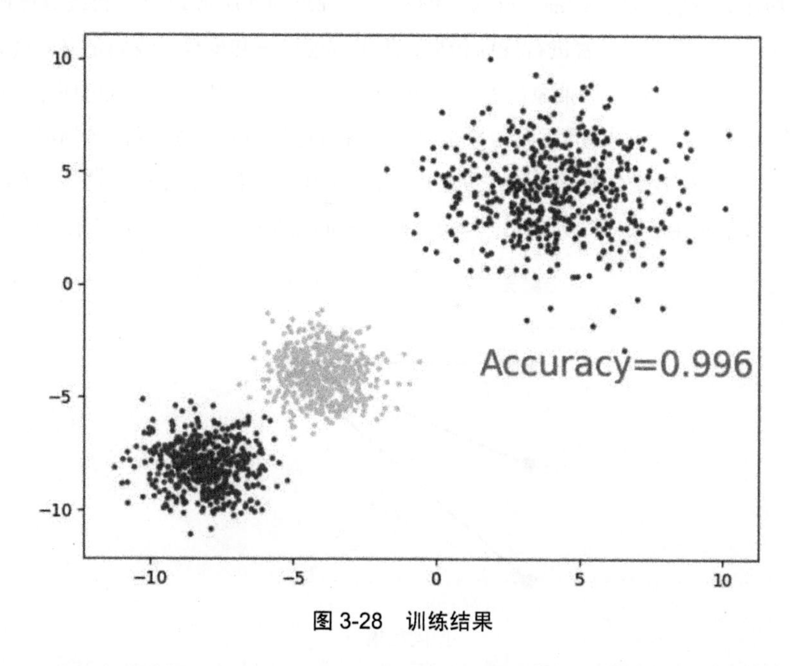

图 3-28 训练结果

3.6 反向传播

反向传播算法（Backpropagation Algorithm），又被业界称为 BP 算法，是深度神经网络取得成功的奠基石。深度神经网络实际上是多隐含层神经网络，在早期就已经被提出，但是当时没有找到很好的训练方法，使得深度神经网络的强大实力得不到发挥。直到反向传播算法的出现，深度神经网络才得以崭露头角。如今，反向传播是深度神经网络最重要的训练方法。

在前面的训练神经网络的例子中，我们均使用了反向传播，整个过程就隐藏在这一行代码之中：

```
loss.backward()
```

虽然只有一行代码，但这个黑箱子中的原理值得我们深入了解。简单地说，反向传播算法就是带有链式法则的梯度下降法，其目的是求出损失函数 L 对每一层权重的梯度值 $\frac{\partial L}{\partial W}$。利用这个梯度值，我们就可以对各层的权重进行迭代更新。

1. 总体观

现在，我们先讨论一个最简单的例子：隐含层的层数为 1 的神经网络的前向传播及反向传播的过程。如图 3-29 所示，我们的前向传播过程为：输入 $\vec{z}^1$，经过隐含层得到 $\vec{z}^2$，再经过输出层得到 $\vec{z}^3$，经过损失函数得到损失值 z^4。接着进行反向传播，为了方便计算和推导，我们定义 $\vec{\delta}$ 变量，暂时不去考虑 $\vec{\delta}$ 代表什么。我们可以用一种抽象的方式去审视反向传播的过程，如图 3-30 所示。这个过程首先将$\delta^4=\frac{\mathrm{d}L}{\mathrm{d}L}=1$作为输入，然后由 δ^4 反向传播至第 3 层各节点得到 $\vec{\delta}^3$。$\vec{\delta}^3$ 反向传播经过第 2 层各节点得到 $\vec{\delta}^2$，利用 $\vec{z}^3$、$\vec{\delta}^3$ 及第 2 层到第 3 层之间的权重矩阵 $\boldsymbol{W}^{(2,3)}$ 求得梯度值 $\frac{\partial L}{\partial \boldsymbol{W}^{(2,3)}}$。接着，$\vec{\delta}^2$ 继续反向传播得到 $\vec{\delta}^1$，我们利用 $\vec{z}^2$、$\vec{\delta}^2$ 及第 1 层到第 2 层之间的权重矩阵 $\boldsymbol{W}^{(1,2)}$ 可以求得梯度值 $\frac{\partial L}{\partial \boldsymbol{W}^{(1,2)}}$。

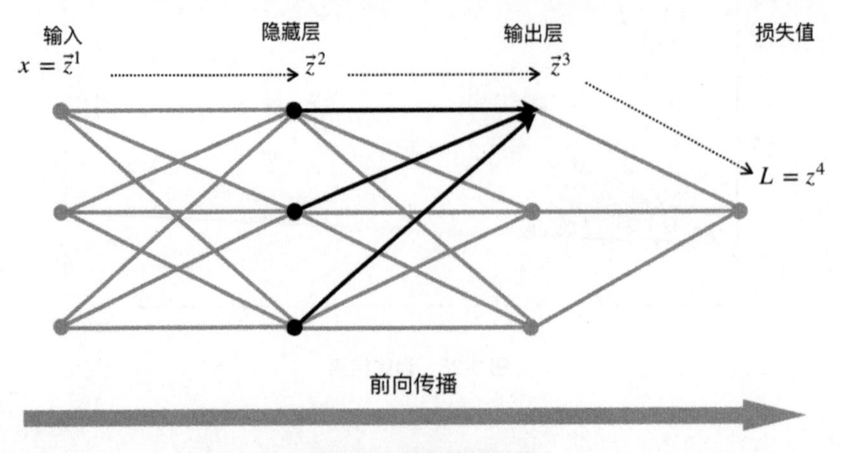

图 3-29　前向传播过程

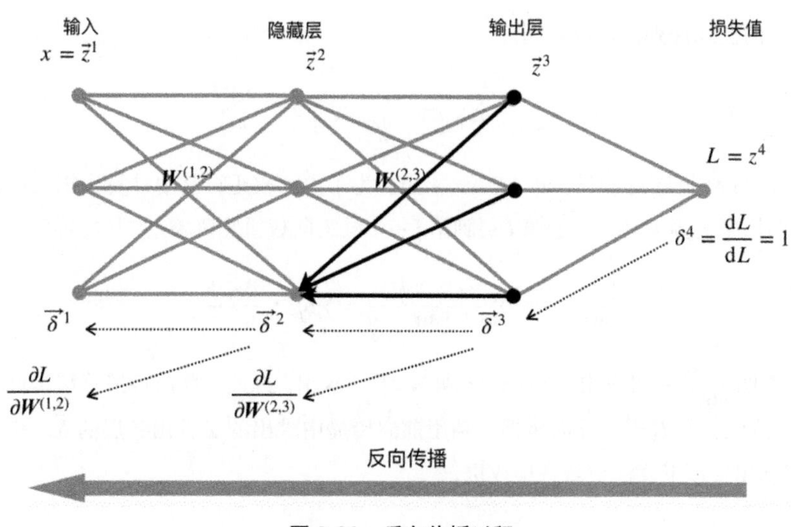

图 3-30　反向传播过程

2. 逐层观

图 3-30 为我们展示了反向传播的总体过程，如果你还没有完全理解也没关系，下面我们要探讨每一层的细节。如图 3-31 所示，我们将神经网络的第 l 层作为代表进行观察，第 l 层的输入是 $\vec{z}^l$，设第 l 层到第 $l+1$ 层之间的权重矩阵为 $\boldsymbol{W}^{(l,l+1)}$，于是可以将数据经过该层的变换看作函数 f^l 的运算。

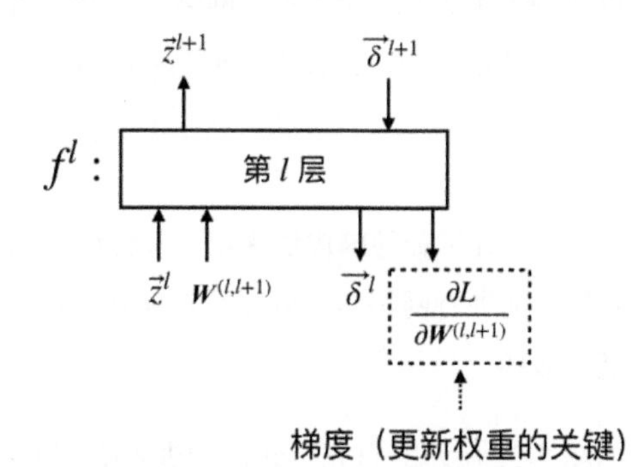

图 3-31　第l层的前向与反向传播过程

前向传播的数学表达式如下：

$$\vec{z}^{l+1} = f^l(\vec{z}^l, W^{(l,l+1)}) \tag{3-29}$$

为了方便描述反向传播的过程，我们定义 δ_j^l，数学表达如下：

$$\delta_j^l = \frac{\partial L}{\partial z_j^l} \tag{3-30}$$

根据微积分的链式法则，可以得到：

$$\delta_j^l = \frac{\partial L}{\partial z_j^l} = \sum_k \frac{\partial L}{\partial z_k^{l+1}} \cdot \frac{\partial z_k^{l+1}}{\partial z_j^l} = \sum_k \delta_k^{l+1} \frac{\partial z_k^{l+1}}{\partial z_j^l} \tag{3-31}$$

公式 3-31 表明 $\vec{\delta}^l$ 可以由 $\vec{\delta}^{l+1}$、$\vec{z}^{l+1}$ 和 $\vec{z}^l$ 求出。为了更新权重，需要计算出损失函数关于神经网络内每个权重的梯度，损失函数关于第 l 层到第 $l+1$ 层之间权重矩阵 $\boldsymbol{W}^{(l,l+1)}$ 的梯度为：

$$\frac{\partial L}{\partial \boldsymbol{W}^{(l,l+1)}} = \sum_j \frac{\partial L}{\partial z_j^{l+1}} \frac{\partial z_j^{l+1}}{\partial \boldsymbol{W}^{(l,l+1)}} = \sum_j \delta_j^{l+1} \frac{\partial z_j^{l+1}}{\partial \boldsymbol{W}^{(l,l+1)}} \tag{3-32}$$

公式 3-32 表明 $\frac{\partial L}{\partial \boldsymbol{W}^{(l,l+1)}}$ 可以由 $\vec{\delta}^{l+1}$、$\vec{z}^{l+1}$ 和 $\boldsymbol{W}^{(l,l+1)}$ 求出。因此，反向传播算法是首先进行前向传播，计算出各层的 $\vec{z}$。接着进行反向传播，利用前向传播中求出的 $\vec{z}$ 算出各层的 $\vec{\delta}$，并计算出各层的梯度 $\frac{\partial L}{\partial \boldsymbol{W}}$，最后利用梯度下降法更新各层权重。

3.7 卷积神经网络

互联网发展至今，已经存储了海量的网络图片，但是这些图片被形象地称为互联网的“暗物质”，因为现在的计算机还难以分类或识别这些非结构性的图片数据。在早期的图像识别研究中，使用人工提取的特征造成识别效果不佳。卷积神经网络的出现给图像识别领域带来了崭新的风气，如今，CNN 图像识别技术的正确率已经可以达到人类水平。卷积神经网络的兴起大大促进了深度学习研究的发展。本节将带领大家学习卷积神经网络的基本原理，为接下来编写手写体图片识别代码打好基础。

1. 仿生模型

20 世纪 60 年代，神经科学家们研究了猫的脑皮层中用于局部敏感和方向选择的神经元，在这个过程中，他们发现猫的脑皮层所具有的独特网络结构可以有效地降低反馈神经网络的复杂性，研究结果显示：视觉系统的信息处理是分级的。

大脑分层处理的视觉原理如图 3-32 所示：首先，光信号进入瞳孔（视网膜），接着大脑皮层的初级视觉细胞（即 V1 区）对信号进行初步处理，发现图像的边缘和方向；然后进入下一层视觉细胞（即 V2 区）进行抽象，发现物体的形状；最后在 V4 区进一步抽象出物体的概念。

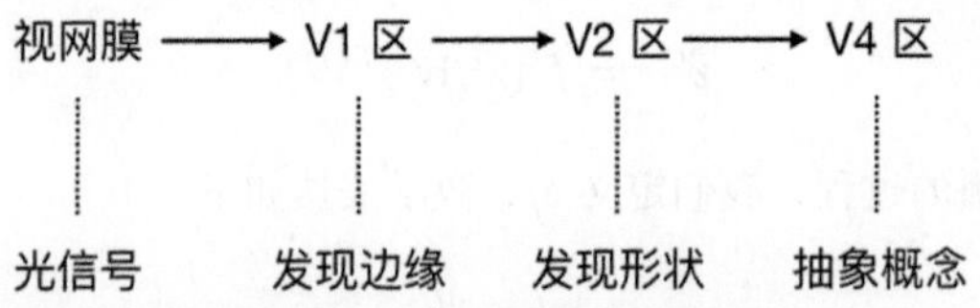

视网膜 ——→ V1 区 ——→ V2 区 ——→ V4 区

光信号　　发现边缘　　发现形状　　抽象概念

图 3-32 人脑视觉处理机制

卷积神经网络模型的物体识别模仿了人脑的视觉处理机制，采用分级提取特征的原理，每一级的特征均由网络学习提取，识别效果优于人工选取特征的算法。例如在人脸识别过程中，最底层特征基本上是各方向上的边缘，越往上的神经层越能提取出人脸的局部特征（比如眼睛、嘴巴、鼻子等），最上层由不同的高级特征组合成人脸的图像。该模型最早在 1998 年由 Yann LeCun 提出并应用在手写字体识别上（MINST），LeCun 提出的网络称为 LeNet，其网络结构如图 3-33 所示，输入的手写字体图片经过两次卷积和池化，进入全连接层后分类输出 10 种结果。

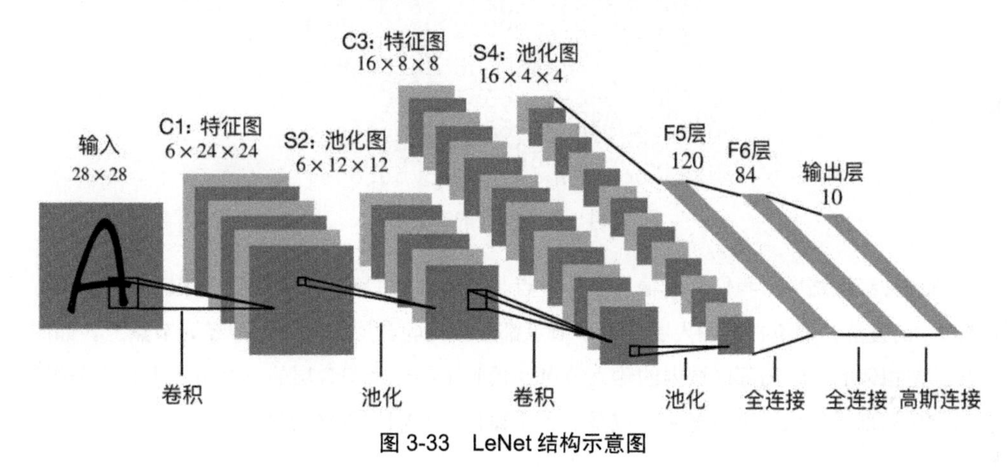

图 3-33　LeNet 结构示意图

LeNet 结构简单却完美地诠释了卷积神经网络的结构和其惊人的识别成效，被称为深度神经网络的“果蝇”。囿于当时计算硬件的落后和网络图片数量的不足，卷积神经网络无法在分辨率较大的图片上展示它的巨大潜力，当时并没有引起广泛关注。在 2012 年的 ImageNet 计算机视觉识别比赛中，卷积神经网络 AlexNet 以准确率领先第二名 10% 的显著差距获得了第一名。从此，大批计算机视觉科学家纷纷加入了卷积神经网络的研究当中，深度学习的热潮开始兴起。

2. 卷积

在我们前面所介绍的神经网络中，输入层被描述为一列神经元。而在卷积神经网络里，我们把输入层看作二维的神经元。如果输入是像素大小为 28×28 的图片[①]，则可以看作 28×28 的二维神经元，它的每一个节点对应图片在这个像素点的灰度值，如图 3-34 所示。

---

① PX（Picture Element）就是我们常说的像素，它是构成影像的最小单位。像素是一个相对的单位，当图片尺寸以像素为单位时，我们需要指定其固定的分辨率，才能将图片尺寸与现实中的实际尺寸相转换，因此经常会省略 PX 和像素，如本句表达为“像素大小为 28 × 28 的图片”或“大小为 28 × 28 的图片”。

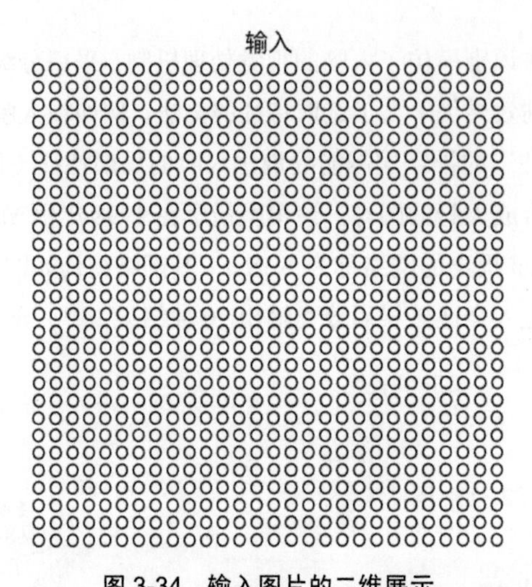

图 3-34 输入图片的二维展示

在传统的神经网络中，我们会把输入层的节点与隐含层的所有节点相连。卷积神经网络中，采用“局部感知”的方法，即不再把输入层的每个节点都连接到隐含层的每一个神经元节点上。如图 3-35 所示，我们把相邻的 5×5 局部区域内的输入节点连接到了第一个隐含层的一个节点上。这个相邻的区域，我们称为局部感知域，可以把它看成是一个小窗口，我们也称之为过滤器。

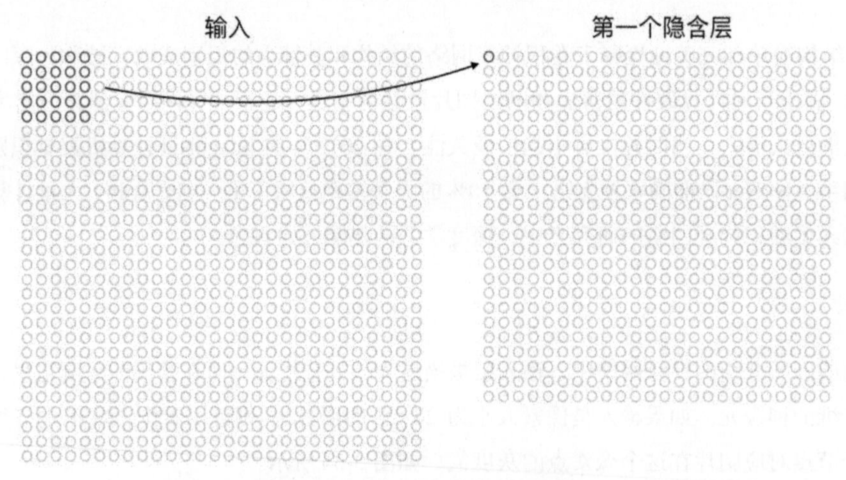

图 3-35 输入层与隐含层的连接

如图 3-36 所示，我们可以在整个输入图像上滑动这个过滤器。对于每一个过滤器，都有一个隐含层的神经元与之对应。将过滤器向右滑动一个单位后对应一个隐含层的神经元节点。以此类推，我们构建出了第一个隐含层。在这个例子中，输入是 28×28，并且使用 5×5 的过滤器，那么第一个隐含层的大小为 24×24。因为过滤器的小窗口只能向右和向下移动 23 像素，再往下或者往右移动就会移出图像的边界。在这个图中，过滤器使用的滑动单位为 1 像素，实际上，我们也可以让滑动单位不止 1 像素，这个滑动值的英文叫 stride，我们也称它为步长。在卷积神经网络中，这种隐含层被称为“特征图”。

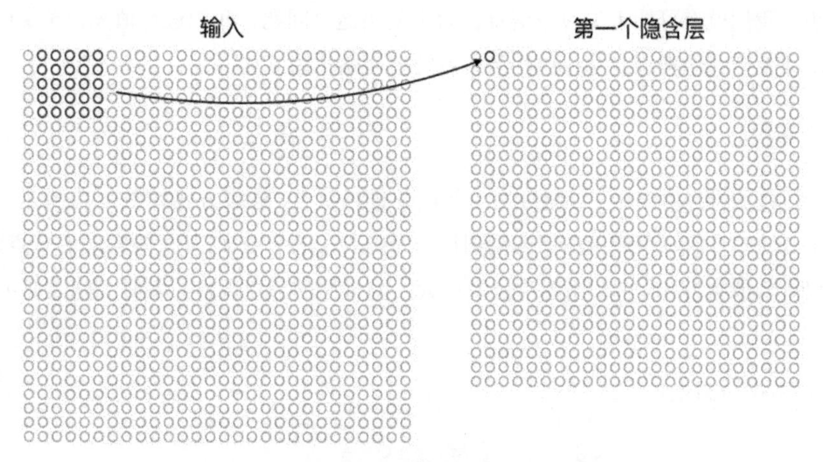

图 3-36 过滤器的移动

在进行卷积操作之前，需要定义一个过滤器，其中的每一格都有一个权重值。卷积的过程是将每个格子中的权重值与图片对应的像素值相乘并累加，所得到的值就是特征图中的一个像素值。如图 3-37 所示，我们对过滤器和卷积进行一个比较具体而详细的说明。假设我们输入的是 5×5 的图片，过滤器可以看作一个小窗口，这个小窗口大小是 3×3，里面包含了 9 个权重值，我们将 9 个权重值分别与输入的一部分像素值相乘后进行累加，这个过程被称为“卷积”。图中小窗口覆盖的输入区域卷积结果是隐含层的灰色部分，结果为 2。隐含层的结果就是我们通过卷积生成的特征图。

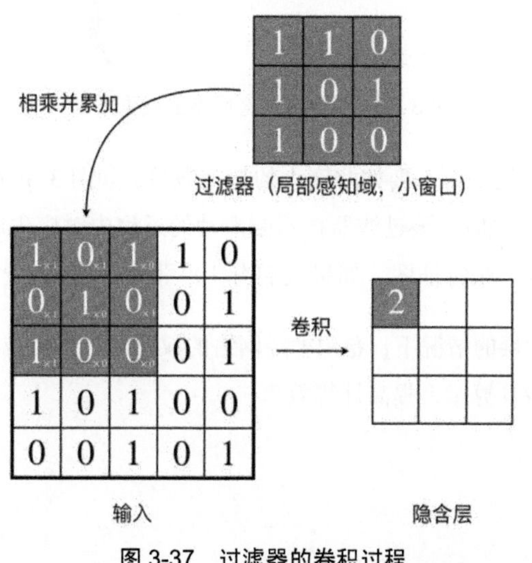

图 3-37 过滤器的卷积过程

此外，我们发现，即便步长为 1，经过卷积之后的特征图尺寸也会缩小。由于过滤器在移动到边缘的时候就结束了，中间的像素点比边缘的像素点参与计算的次数要多。因此越是边缘的点，对输出的影响就越小，我们就有可能丢失边缘信息。为了解决这个问题，我们进行填充，英文叫 padding，即在图片外围补充一些像素点，并将这些像素点的值初始化为 0。

3. 为什么卷积

在传统全连接的神经网络中，如果要对一张图片进行分类，连接方式如图 3-38 所示。我们把一张大小为 100×100 的图片的每个像素点都连接到每一个隐含层的节点上，如果隐含层的节点数为 10 000，那么连接的权重总数则为 10^8 个。当图片像素更大，隐含层的节点数目更多时，则需要更加庞大的权重数目。

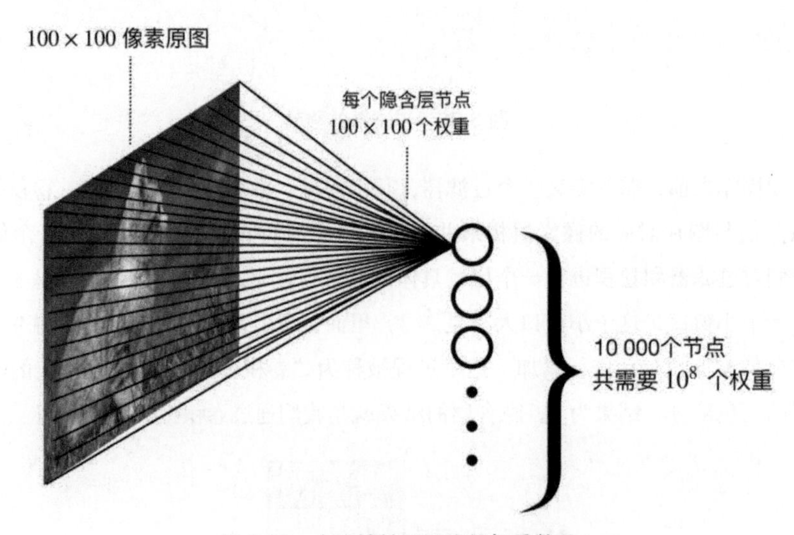

图 3-38 全连接神经网络的权重数目

在卷积神经网络中，我们不再需要如此庞大的权重数目。如图 3-39 所示，在利用 10×10 的过滤器对 100×100 的原图进行卷积时，该过滤器在不断滑动的过程中对应生成一张特征图，即一个过滤器（100 个权重值）可对应一张特征图。如果我们有 100 张特征图，则一共只需要 10^4 个权重值。

如此一来，在一个隐含层的情况下，卷积神经网络的权重数目可以减小至全连接神经网络权重数目的一万分之一，大大减少计算量，提高计算效率。

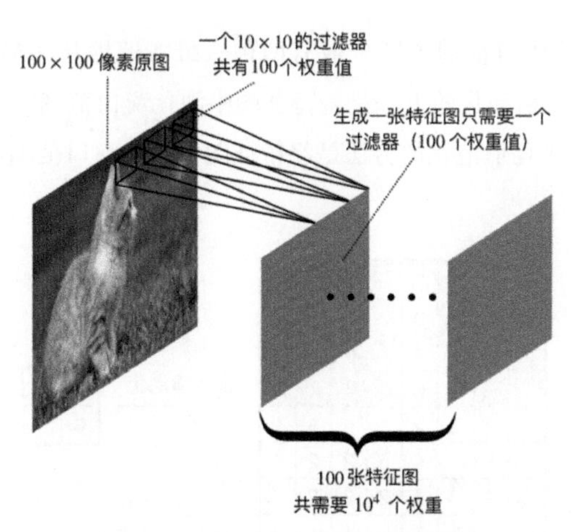

图 3-39 卷积神经网络的权重数目

在实际训练的过程中，第一层的每一个过滤器的权重值会不断地被更新优化，最终形成如图 3-40 所示的结果，每个过滤器的可视化纹理模式基本上反映了各个方向上的边缘特征。图 3-40 为我们展示了 24 个过滤器的纹理模式，这 24 种边缘可以描绘出我们的原图。

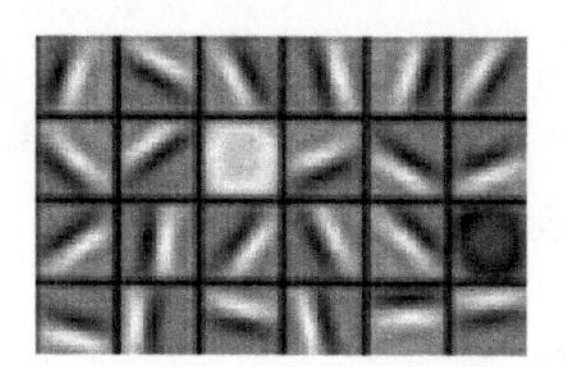

图 3-40 过滤器的可视化

4. 池化

池化的目的是降低数据的维度，过程很简单，实际上就是下采样。具体过程如图 3-41 所示，假如特征图的尺寸是 8×8，池化的窗口为 4×4，则对特征图按照每 4×4 进行一次采样，生成一个池化特征值。这样一来，8×8 的特征图可以生成一个 2×2 的池化特征图。

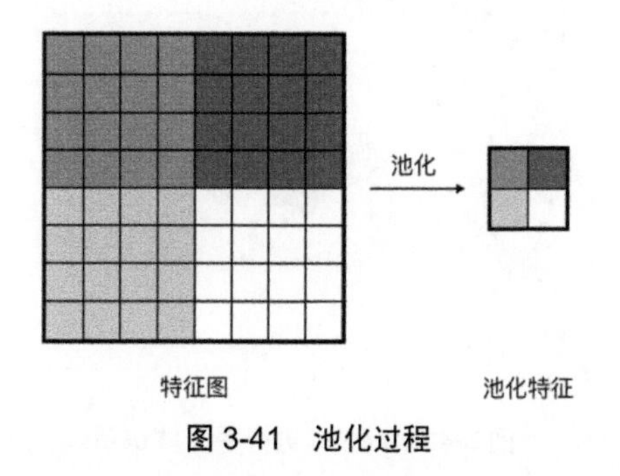

图 3-41 池化过程

在实际应用中，生成池化特征的方式一般有两种：最大值池化（Max-Pooling）与平均值池化（Mean-Pooling）。其中，最大值池化的方法是将特征图中池化窗口范围内的最大值作为池化结果的特征值，过程如图 3-42 所示；平均值池化的方法是将特征图中池化窗口范围内的所有值进行平均后作为池化的特征值。

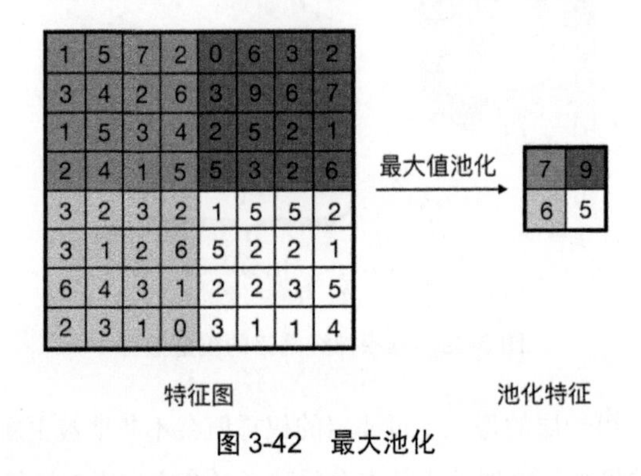

图 3-42 最大池化

3.8 手写字体识别

这一节中，我们尝试利用 PyTorch 构建卷积神经网络。这里以 LeNet 网络为例，利用 MINST 手写字体库进行训练，实现一个手写体的自动识别器。

1. LeNet——深度学习界的“果蝇”

LeNet 是 1998 年由 Yann LeCun 提出的一种卷积神经网络，当时已经被美国大多数银行用于识别支票上的手写数字。详细资料可以浏览 LeNet-5 官网 http://yann.lecun.com/exdb/lenet/，图 3-43 是 LeNet 进行手写体识别时，输入图片、各层特征图的可视化形式及其最终的识别结果。

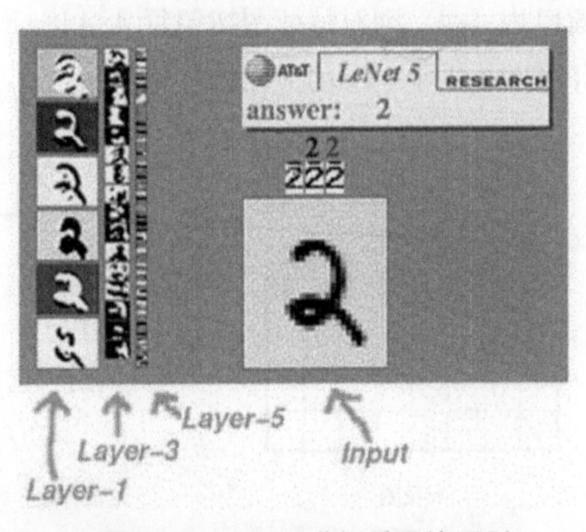

图 3-43 LeNet 进行手写体识别

LeNet-5 的结构如图 3-33 所示，其网络结构比较简单，如果不包括输入，它一共有 7 层，输入图像的大小为 28×28。通过上一节的学习，我们可以分辨出 C1 层为 6 张特征图，由 6 个大小为 5×5 的卷积核过滤生成，特征图的尺寸为 24×24。S2 是池化层，采用最大池化法，池化窗口大小为 2×2。因此，6 张 24×24 的特征图池化后会生成 6 张 12×12 的池化特征图。C3 层是卷积层，一共有 16 个过滤器，生成 16 张 8×8 大小的特征图，卷积核大小为 5×5。这里，S2 与 C3 的连接组合方式并不是固定的，C3 层的每一张特征图可以连接 S2 层中的全部或者部分特征图。一般情况下，为了更好地降低总连接数，并不使用全部特征图的全连接方式。S4 是池化层，它是由 16 张 8×8 的特征图最大池化生成的 16 张 4×4 的特征图，其池化核大小为 2×2。F5 是全连接层，一共有 120 个神经元节点，每个节点与 S4 层的 16 张池化特征图进行连接。因此，F5 层与 S4 层是全连接。F6 层有 84 个神经元节点，与 F5 进行全连接。最后一层为输出层，把输出的神经元节点数设为 10，代表 0 到 9 的分值。

2. 准备数据集

MNIST 是一个手写数字数据库（官网地址：http://yann.lecun.com/exdb/mnist/）。如图 3-44 所示，该数据库有 60 000 张训练样本和 10 000 张测试样本，每张图的像素尺寸为 28×28。其中 train-images-idx3-ubyte.gz 为训练样本集，train-labels-idx1-ubyte.gz 为训练样本的标签集，t10k-images-idx3-ubyte.gz 为测试样本集，t10k-labels-idx1-ubyte.gz 为测试样本的标签集。这些图片文件均被保存为二进制格式。

THE MNIST DATABASE

of handwritten digits

Yann LeCun, Courant Institute, NYU
Corinna Cortes, Google Labs, New York
Christopher J.C. Burges, Microsoft Research, Redmond

The MNIST database of handwritten digits, available from this page, has a training set of 60,000 examples, and a test set of 10,000 examples. It is a subset of a larger set available from NIST. The digits have been size-normalized and centered in a fixed-size image.

It is a good database for people who want to try learning techniques and pattern recognition methods on real-world data while spending minimal efforts on preprocessing and formatting.

Four files are available on this site:

```
train-images-idx3-ubyte.gz:  training set images (9912422 bytes)
train-labels-idx1-ubyte.gz:  training set labels (28881 bytes)
t10k-images-idx3-ubyte.gz:   test set images (1648877 bytes)
t10k-labels-idx1-ubyte.gz:   test set labels (4542 bytes)
```

图 3-44 MNIST 官网

我们现在需要用到上述这些数据集。幸运的是，PyTorch 为我们编写了快速下载并加载 MNIST 数据集的方法。为了方便图像的运用开发，PyTorch 团队为我们专门编写了处理图像的工具包：`torchvision`。

torchvision 里面包含了图像的预处理、加载等方法，还包括了数种经过预训练的经典卷积神经网络模型。

下面用一个例子给大家介绍[①]。首先我们从 torchvision 库中导入 datasets 和 transforms，datasets 是加载图像数据的方法，transforms 是图像数据预处理的方法：

```
from torchvision import datasets, transforms
```

然后我们使用 transforms.Compose()函数设置预处理的方式：

```
transform = transforms.Compose([
                      transforms.ToTensor(),
                      transforms.Normalize((0.1307,), (0.3081,))
                  ])
```

这里可依次填写需要进行数据预处理的方法。这个例子中，我们只用了两种方法，其中 transforms.ToTensor()是将数据转化为 Tensor 对象，transforms.Normalize()是将数据进行归一化处理。

接下来我们使用 datasets.MNIST()函数分别下载训练数据集和测试数据集：

```
trainset = datasets.MNIST('data', train=True, download=True, transform=transform)
testset = datasets.MNIST('data', train=False, download=True, transform=transform)
```

data.MNIST 的第一个参数指定了数据集下载并存储的目标文件夹；train=True 表示加载训练数据集，train=False 表示加载测试数据集；这里我们令 download=True，代表使用这个函数帮助我们自动下载 MNIST 数据集；transform 的设置代表我们使用刚才定义的数据预处理方法。

接下来，运行上述的代码，程序就会自动下载 MNIST 数据集：

```
Downloading http://yann.lecun.com/exdb/mnist/train-images-idx3-ubyte.gz
Downloading http://yann.lecun.com/exdb/mnist/train-labels-idx1-ubyte.gz
Downloading http://yann.lecun.com/exdb/mnist/t10k-images-idx3-ubyte.gz
Downloading http://yann.lecun.com/exdb/mnist/t10k-labels-idx1-ubyte.gz
Processing...
Done!
```

显示以上信息后，如图 3-45 所示，我们会发现代码所在目录下新增了一个 data 文件夹，里面包含了 processed 和 raw 文件夹，其中 raw 文件夹里面包含了 MNIST 数据集的训练和测试的数据与标签。

① 本例代码文件为 8_LeNet.py，可在本书示例代码 CH3 中找到。

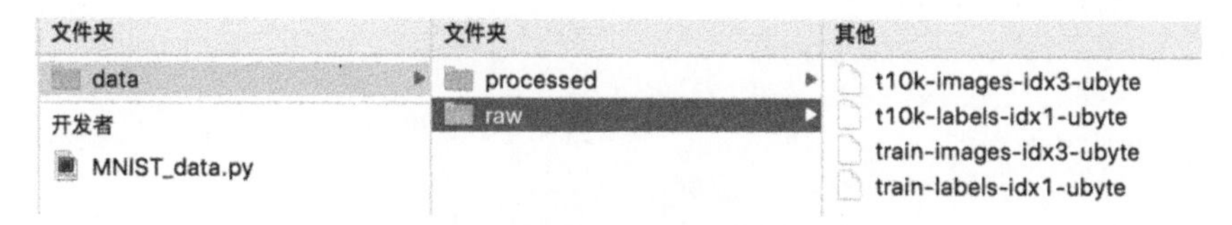

图 3-45 自动下载 MNIST 数据集

3. 构建 LeNet

准备好数据之后，我们可以开始构建 LeNet 模型。我们知道，初始化函数需要先运行父类的初始化函数。先定义 C1 卷积层，PyTorch 中的 `nn.Conv2d()`函数为我们简化了卷积层的构建。在 C1 层的定义中，第一个参数为 1，代表输入 1 张灰度图；第二个参数为 6，代表输出 6 张特征图；第三个参数是一个元组 (5, 5)，也可以简化成 5，代表大小为 5×5 的卷积核过滤器。然后定义 C3 卷积层，C3 输入 6 张特征图，输出 16 张特征图，过滤器大小仍为 5×5。接着定义全连接层，其中 fc1 是由池化层 S4 中的所有特征点（共 16×4×4 个）全连接到 120 个点，fc2 是由 120 个点全连接到 84 个点，fc3 是由 84 个点全连接到输出层中的 10 个输出节点。

定义完初始函数之后，我们开始定义 `foward()`函数。`c1` 卷积之后，使用 `relu()`函数增加了网络的非线性拟合能力，接着使用 `F.max_pool2d()`函数对 `c1` 的特征图进行池化，池化核大小为 2×2，也可以简化参数为 2。经过两轮卷积和池化之后，使用 `view` 函数将 `x` 的形状转化成 1 维的向量，其中我们自定义了 `num_flat_features()`函数来计算 `x` 的特征点的总数。在自定义的 `num_flat_features()`函数中，由于 PyTorch 只接受批数据输入的方式（即同时输入好几张图片进行处理），所以我们在经过 `view()`函数之前的 `x` 是 4 个维度的。假设我们批量输入 4 张图片，则 `x.size()`的结果为`(4,16,4,4)`。我们使用 `x.size()[1:]`返回 `x` 的第二维以后的形状，即`(16,4,4)`。因此，按照 `num_flat_features()`函数返回的数值为 16×4×4，即 256，随后进行全连接 fc1、fc2 和 fc3：

```
class LeNet(nn.Module):
    def __init__(self):
        super(LeNet,self).__init__()
        self.c1 = nn.Conv2d(1,6,(5,5))
        self.c3 = nn.Conv2d(6,16,5)
        self.fc1 = nn.Linear(16*4*4,120)
        self.fc2 = nn.Linear(120,84)
        self.fc3 = nn.Linear(84,10)
    def forward(self,x):
        x = F.max_pool2d(F.relu(self.c1(x)),2)
        x = F.max_pool2d(F.relu(self.c3(x)),2)
        x = x.view(-1,self.num_flat_features(x))
        x = F.relu(self.fc1(x))
```

```
        x = F.relu(self.fc2(x))
        x = self.fc3(x)
        return x

    def num_flat_features(self,x):
        size = x.size()[1:]
        num_features = 1
        for s in size:
            num_features *= s
        return num_features
```

接下来我们初始化 LeNet，并定义损失函数为交叉熵函数，优化器为随机梯度下降：

```
CUDA = torch.cuda.is_available()
if CUDA:
    lenet = LeNet().cuda()
else:
    lenet = LeNet()

criterion=nn.CrossEntropyLoss()
optimizer = optim.SGD(lenet.parameters(),lr=0.001,momentum=0.9)
```

随后，用 PyTorch 的数据加载工具 DataLoader 来加载训练数据：

```
trainloader = torch.utils.data.DataLoader(trainset,batch_size=4, shuffle=True,
    num_workers=2)
```

上面 `DataLoader()` 的参数中，`batch_size` 表示一次性加载的数据量，`shuffle=True` 表示遍历不同批次的数据时打乱顺序，`num_workers=2` 表示使用两个子进程加载数据。

4. 训练

现在开始训练 LeNet，我们将完全遍历训练数据 2 次。为了方便观察训练过程中损失值 `loss` 的变化情况，定义变量 `running_loss`。一开始，我们将 `running_loss` 设为 0.0，随后对输入每一个训练数据后的 `loss` 值进行累加，每训练 1000 次打印一次 `loss` 均值，并清零。`enumerate(trainloader,0)` 表示从第 0 项开始对 `trainloader` 中的数据进行枚举，返回的 `i` 是序号，`data` 是我们需要的数据，其中包含了训练数据和标签。随后我们进行前向传播和反向传播。代码如下：

```
def train(model,criterion,optimizer,epochs=1):
    for epoch in range(epochs):
        running_loss = 0.0
        for i, data in enumerate(trainloader,0):
```

```
            inputs,labels = data
            if CUDA:
                inputs,labels = inputs.cuda(),labels.cuda()
            optimizer.zero_grad()
            outputs = model(inputs)
            loss = criterion(outputs,labels)
            loss.backward()
            optimizer.step()

            running_loss += loss.item()
            if i%1000==999:
                print('[Epoch:%d, Batch:%5d] Loss: %.3f' % (epoch+1, i+1,
                    running_loss / 1000))
                running_loss = 0.0

    print('Finished Training')

train(lenet,criterion,optimizer,epochs=2)
```

运行结果如下：

```
[Epoch:1, Batch: 1000] loss: 1.336
[Epoch:1, Batch: 2000] loss: 0.293
[Epoch:1, Batch: 3000] loss: 0.213
[Epoch:1, Batch: 4000] loss: 0.157
[Epoch:1, Batch: 5000] loss: 0.144
[Epoch:1, Batch: 6000] loss: 0.120
[Epoch:1, Batch: 7000] loss: 0.109
[Epoch:1, Batch: 8000] loss: 0.106
[Epoch:1, Batch: 9000] loss: 0.117
[Epoch:1, Batch:10000] loss: 0.098
[Epoch:1, Batch:11000] loss: 0.072
[Epoch:1, Batch:12000] loss: 0.095
[Epoch:1, Batch:13000] loss: 0.084
[Epoch:1, Batch:14000] loss: 0.073
[Epoch:1, Batch:15000] loss: 0.079
[Epoch:2, Batch: 1000] loss: 0.065
[Epoch:2, Batch: 2000] loss: 0.065
[Epoch:2, Batch: 3000] loss: 0.072
[Epoch:2, Batch: 4000] loss: 0.070
[Epoch:2, Batch: 5000] loss: 0.055
[Epoch:2, Batch: 6000] loss: 0.047
[Epoch:2, Batch: 7000] loss: 0.058
[Epoch:2, Batch: 8000] loss: 0.051
[Epoch:2, Batch: 9000] loss: 0.066
```

```
[Epoch:2, Batch:10000] loss: 0.047
[Epoch:2, Batch:11000] loss: 0.066
[Epoch:2, Batch:12000] loss: 0.059
[Epoch:2, Batch:13000] loss: 0.054
[Epoch:2, Batch:14000] loss: 0.058
[Epoch:2, Batch:15000] loss: 0.062
Finished Training
```

从结果中可以发现，我们的训练是有效的，损失值 `loss` 的平均值从 1.336 逐渐优化并下降为 0.062。

5. 存储与加载

我们训练完神经网络之后，需要存储训练好的参数，以方便以后使用。存储的方式有两种。

(1) 存储和加载模型

存储：

```
torch.save(lenet, 'model.pkl')
```

加载：

```
lenet = torch.load('model.pkl')
```

利用 `torch.save()` 函数直接传入整个网络模型 `lenet`，并设置存储的路径。这种方法虽然简洁，但在神经网络比较复杂的时候，会占用较大的存储空间。

(2) 存储和加载模型参数

存储：

```
torch.save(lenet.state_dict(),'model.pkl')
```

加载：

```
lenet.load_state_dict(torch.load('model.pkl'))
```

这种方法直接保存模型参数，节省了空间，但是它不存储模型的结构，所以在加载时需要先构造好模型结构。

在这个例子中，我们倾向于使用第二种方法，利用 `os` 包的 `exists()` 方法检查是否存在模型参数文件。构造 `load_param()` 和 `save_param()` 函数方便随时调用：

```
def load_param(model,path):
    if os.path.exists(path):
        model.load_state_dict(torch.load(path))

def save_param(model,path):
    torch.save(model.state_dict(),path)
```

6. 测试

神经网络模型经过长时间的训练之后，能在训练集的数据上表现得很好，并不一定代表它在训练集以外的数据上同样表现优异。为了更加客观地衡量神经网络模型的识别率，我们通常需要另外一批数据进行测试。为此，设置 `train=False` 准备测试集，并设置 `testloader` 对测试集进行加载：

```
testset = datasets.MNIST('data', train=False, download=True, transform=transform)
testloader = torch.utils.data.DataLoader(testset, batch_size=4, shuffle=False,
num_workers=2)
```

下面我们对训练完成的神经网络添加测试模块：

```
def test(testloader,model):
    correct = 0
    total = 0
    for data in testloader:
        images, labels = data
        if CUDA:
            images = images.cuda()
            labels = labels.cuda()
        outputs = model(images)
        _, predicted = torch.max(outputs.data, 1)
        total += labels.size(0)
        correct += (predicted == labels).sum()
    print('Accuracy on the test set: %d %%' % (100 * correct / total))
```

我们创建一个 `test()` 函数，传入 `testloader` 和 `model` 对象，让 `testloader` 中的测试数据经过神经网络，得到 `outputs`，再使用 `torch.max(outputs.data,1)` 找出每一组 10 个输出值中最大的那个值，并将该值所在的序号保存在 `predicted` 变量中。`total` 用于累计 `labels` 的总数，`correct` 用于累计正确的结果总数：

```
load_param(lenet,'model.pkl')
train(lenet,criterion,optimizer,epochs=2)
save_param(lenet,'model.pkl')
test(testloader,lenet)
```

可以在训练前加载之前训练完成的参数，训练后对参数进行保存，接着进行测试，测试结果如下：

```
Accuracy on the test set: 98 %
```

3.9 fastai 手写字体识别

PyTorch 的生态圈非常丰富，AllenNLP、ELP、fastai、Glow、GPyTorch、Horovod、ParlAI、Pyro、TensorLy 等库都是基于 PyTorch 开发的 AI 工具，可以帮助我们更加快速地开发 AI 产品。fastai 库（https://www.fast.ai）致力于使用当前最先进的实践方法去简化传统的神经网络训练方法，提高训练速度。fastai 可以帮助程序员更加高效地训练神经网络，用它来实现 MNIST 手写字体识别只需要短短 7 行代码。如果系统安装的 PyTorch 版本在 1.0 以上，那么可以直接安装并使用 fastai 1.0 版本。

1. 安装

使用 conda 命令进行安装：

```
conda install -c fastai fastai
```

我们也可以使用 pip 命令进行安装：

```
pip install fastai
```

2. 代码实践

导入 fastai 中的 vision 包：

```
from fastai.vision import *
```

使用 untar_data() 函数，传入参数 URLs.MNIST_SAMPLE，下载并解压 MNIST 数据包：

```
path = untar_data(URLs.MNIST_SAMPLE)
```

创建一个 DataBunch：

```
data = ImageDataBunch.from_folder(path)
```

初始化一个 Learner，传入数据 data，设置模型为 resnet18。调用 fit() 函数开始训练，fit() 函数的参数为训练次数，这里仅训练 1 次：

```
learner = create_cnn(data, models.resnet18, metrics=accuracy)
learner.fit(1)
```

训练和测试完成后，打印如下：

```
epoch          train loss          valid loss          accuracy
0              0.078617            0.041789            0.984789
```

除了图片识别之外，fastai 还提供了自然语言处理、协同过滤以及结构数据处理等应用，由于篇幅有限，本书不再细致讲解。

第二部分

实 战 篇

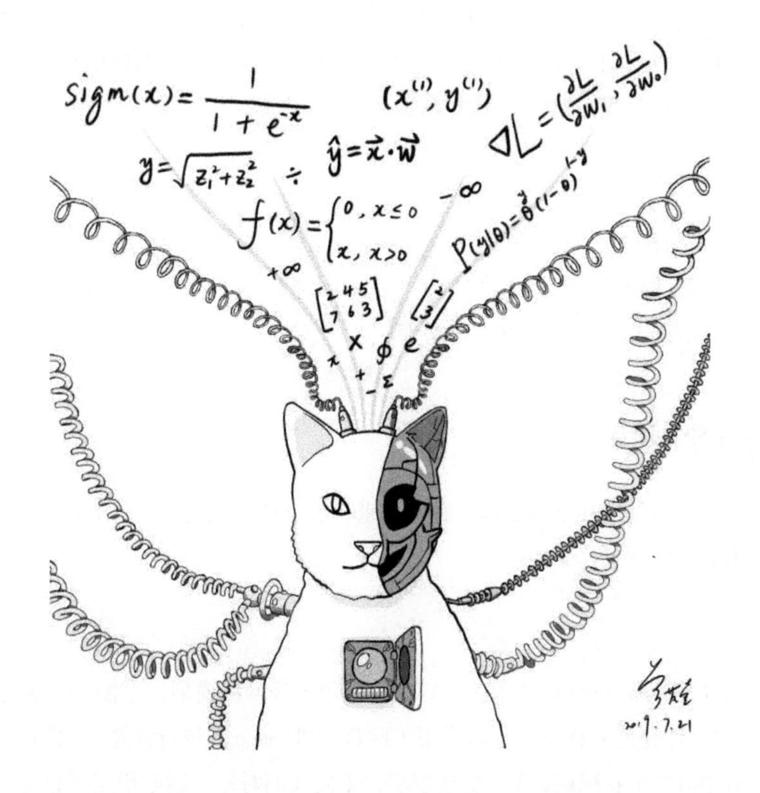

sigm(x) = 1/(1+e^-x)
(x^(1), y^(1))
∇L = (∂L/∂w1, ∂L/∂w0)
y = √(z1²+z2²)
ŷ = x⃗·w⃗
f(x) = { 0, x≤0 ; x, x>0
P(y|θ) = θ^y (1-θ)^(1-y)
2019.7.21

第 4 章

迁移学习

人类在生活中会不断利用事先拥有的知识去学习新知识。比如，如果我们之前学过骑自行车，那么学骑摩托车时就会变得更加简单，这是因为我们在不知不觉中利用了之前骑自行车的背景知识。同样，如果我们有一个已经训练好参数的卷积神经网络，该神经网络能识别特定物品，而现在需要完成另外一个相似物品的识别任务，那么只要利用少量的相关数据微调一下该神经网络，即可训练出能够识别相似物品的神经网络模型。类似这种使用一些跟任务没有直接相关的数据来帮助我们更好地完成特定任务的机器学习方式，我们就称为迁移学习。

本章主要给大家介绍：

- ❑ 经典的图像识别模型
- ❑ 迁移学习的基本原理
- ❑ 用 PyTorch 构造你的第一个迁移学习实例

4.1 经典图像模型

在介绍图片识别方面的迁移学习之前，我们先来认识一些比较成功的、出名的图片识别模型。4.2 节会利用这些经典模型实现迁移学习。

1. AlexNet

AlexNet 是 2012 年 ImageNet 竞赛中获得冠军的卷积神经网络模型，其准确率领先第二名 ISI 模型 10%。由于当时 GPU 计算速度有限，所以采用了两台 GPU 服务器进行计算。如图 4-1 所示，该模型一共分为 8 层，其中有 5 个卷积层，3 个全连接层。下面我们对每一层卷积层进行分析。

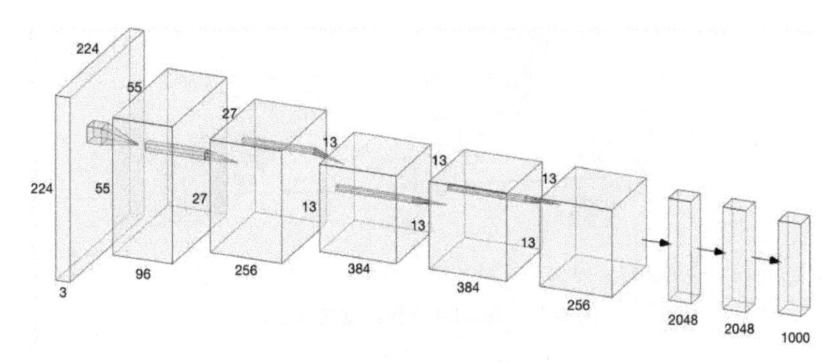

图 4-1　AlexNet 神经网络结构

- 第一层卷积和池化过程。如图 4-2 所示，在第一层卷积层中，我们采用 11×11 的过滤器对尺寸为 224×224 的图片进行卷积，产生 96 张 55×55 的特征图（由于是彩色图片，所以第三个维度是 3，下面对此不再进行特别说明）。然后使用 ReLU 函数，使特征图内的数值保持在合理的范围内。接着使用 3×3 的核进行池化，最终生成 96 张 27×27 的特征图。

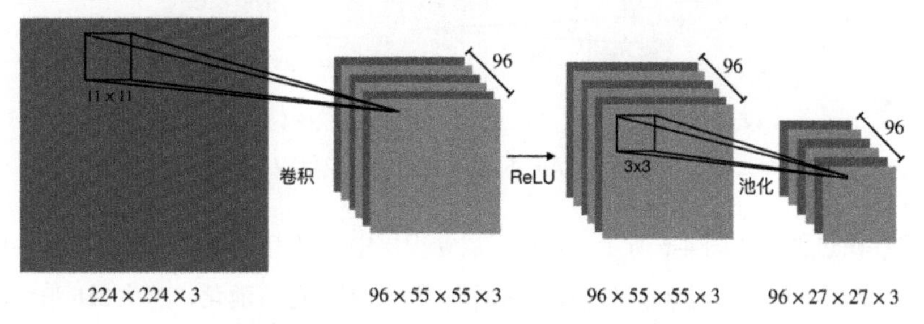

图 4-2　AlexNet 的第一层卷积和池化过程

- 第二层卷积和池化过程。如图 4-3 所示，在第二层卷积层中，采用 5×5 的过滤器进行卷积，产生 256 张 27×27 的特征图。再经过 ReLU 函数后，使用 3×3 的核进行池化，得到 256 张 13×13 的特征图。

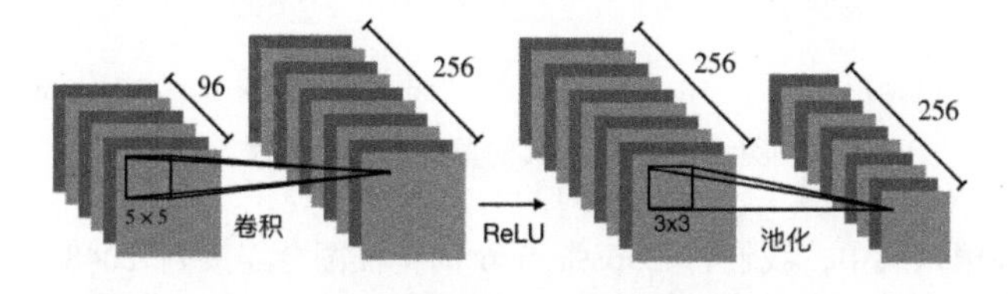

图 4-3　AlexNet 的第二层卷积和池化过程

- 第三层卷积过程。如图 4-4 所示，在第三层卷积层中没有池化，采用 3×3 的过滤器进行卷积，产生 384 张 13×13 的特征图，然后经过 ReLU 函数。

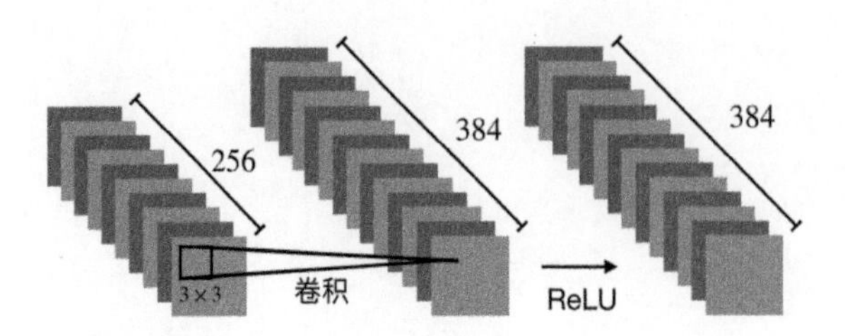

图 4-4 AlexNet 的第三层卷积过程

- **第四层卷积过程**。如图 4-5 所示，在第四层卷积层中也没有池化，采用 3×3 的过滤器进行卷积，产生 384 张 13×13 的特征图，然后经过 ReLU 函数。

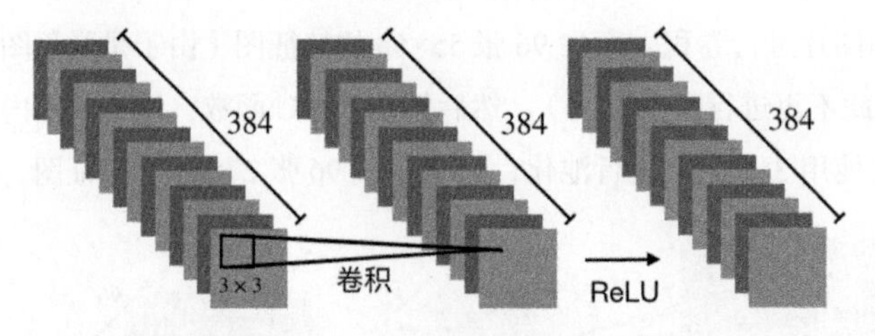

图 4-5 AlexNet 的第四层卷积过程

- **第五层卷积过程**。如图 4-6 所示，在第五层卷积层中，采用 3×3 的过滤器进行卷积，产生 256 张 13×13 的特征图，经过 ReLU 函数，然后使用 3×3 的核进行池化，产生 256 张 6×6 的特征图。

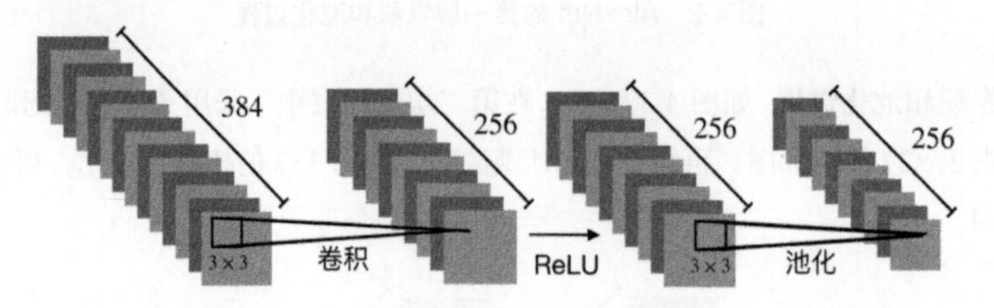

图 4-6 AlexNet 的第五层卷积过程

- **全连接层**。在第六层中，我们将 256 张 6×6 的特征图全连接到 2048 个神经元节点上，经过 ReLU 激活层，再进行 Dropout。Dropout 是前向传播过程中随机丢弃的一些神经网络层节点，这种方法可以有效避免模型过拟合。在第七层中，将 2048 个神经元节点全连接到 2048 个神经元上，经过 ReLU 激活层，进行 Dropout。在第八层中，将 2048 个神经元全连接到 1000 个神经元输出节点，因为我们进行的是 1000 个分类的任务。

2. VGGNet

VGGNet是牛津大学计算机视觉组和Google DeepMind公司研究员一起研发的深度卷积神经网络，在 2014 年的 ImageNet ILSVRC 中取得了亚军。VGGNet 探索了卷积神经网络的深度和性能之间的关系，通过多次堆叠 3×3 的过滤器和 2×2 的最大池化层，使得网络层数总体变多，达到了 16 层 ~ 19 层。与只有 8 层的 AlexNet 相比，VGGNet 具有参数的神经网络层数翻了一倍多。

VGGNet 采用了多个 3×3 的卷积核来代替 AlexNet 中 11×11 和 5×5 的卷积核，这样做的目的是减少参数的数量。具体是如何做到的呢？如图 4-7 所示，两个 3×3 的卷积核效果相当于一个 5×5 的卷积核效果。倘若被卷积的特征图数为 N，卷积之后得到的特征图数为 M，则使用两次 3×3 卷积核的总参数为 $18NM$，使用一次 5×5 卷积核的总参数为 $25NM$。类似地，3 个 3×3 的卷积核相当于 1 个 7×7 的卷积核，而 1 个 7×7 的卷积核的总参数为 $49NM$，而 3 个 3×3 卷积核的总参数量仅为 $27NM$。

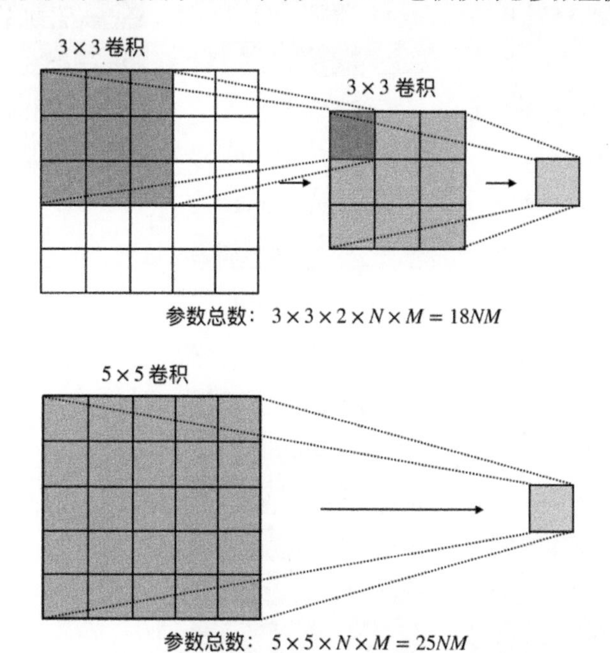

图 4-7 5×5 卷积核与两个 3×3 卷积核的参数对比

如图 4-8 所示，VGGNet 有 5 段卷积，每一段卷积由 2 ~ 4 个 3×3 的卷积核与 1 个池化层构成，取大小为 3×3 的卷积是因为 3×3 可以同时获取上下左右像素信息的最小卷积核。所有卷积的步长均为 1，padding 也为 1。这种利用多个小卷积核代替一个大卷积核的方式有两个好处：一是减少了训练的参数量，减少资源占用率；二是增加了非线性变换的次数，提高网络对特征的学习能力。该网络也同时证明：在一定条件下，网络结构越深，网络的学习能力就越好，分类能力就越强。

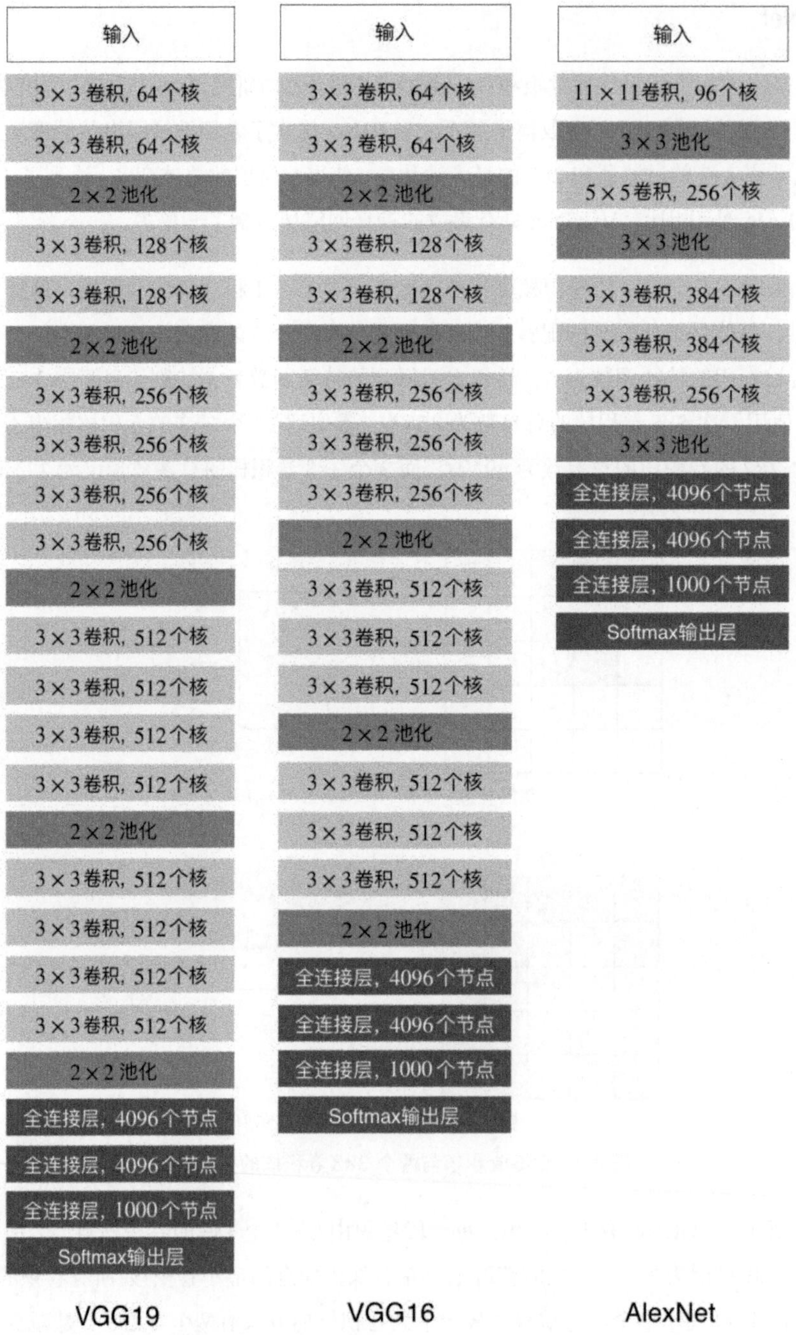

VGG19

- 输入
- 3×3卷积，64个核
- 3×3卷积，64个核
- 2×2池化
- 3×3卷积，128个核
- 3×3卷积，128个核
- 2×2池化
- 3×3卷积，256个核
- 3×3卷积，256个核
- 3×3卷积，256个核
- 3×3卷积，256个核
- 2×2池化
- 3×3卷积，512个核
- 3×3卷积，512个核
- 3×3卷积，512个核
- 3×3卷积，512个核
- 2×2池化
- 3×3卷积，512个核
- 3×3卷积，512个核
- 3×3卷积，512个核
- 3×3卷积，512个核
- 2×2池化
- 全连接层，4096个节点
- 全连接层，4096个节点
- 全连接层，1000个节点
- Softmax输出层

VGG16

- 输入
- 3×3卷积，64个核
- 3×3卷积，64个核
- 2×2池化
- 3×3卷积，128个核
- 3×3卷积，128个核
- 2×2池化
- 3×3卷积，256个核
- 3×3卷积，256个核
- 3×3卷积，256个核
- 2×2池化
- 3×3卷积，512个核
- 3×3卷积，512个核
- 3×3卷积，512个核
- 2×2池化
- 3×3卷积，512个核
- 3×3卷积，512个核
- 3×3卷积，512个核
- 2×2池化
- 全连接层，4096个节点
- 全连接层，4096个节点
- 全连接层，1000个节点
- Softmax输出层

AlexNet

- 输入
- 11×11卷积，96个核
- 3×3池化
- 5×5卷积，256个核
- 3×3池化
- 3×3卷积，384个核
- 3×3卷积，384个核
- 3×3卷积，256个核
- 3×3池化
- 全连接层，4096个节点
- 全连接层，4096个节点
- 全连接层，1000个节点
- Softmax输出层

图4-8 VGGNet与AlexNet的对比图

3. ResNet

我们刚才在 VGGNet 里受到了启发，觉得网络结构越深越好，但是事实上却不是那么容易。如图 4-9 所示，20 层的卷积神经网络无论是在训练集还是在测试集，其误差都比 56 层的要小。也就是说，如果在不进行任何特殊处理的情况下增加层数，较深的网络会有更大的误差。其中的原因之一是网络越深，梯度消失的现象就越来越明显，网络的训练效果也不会很好，我们把该问题称为“退化”。但是现在，浅层的网络又无法明显提升网络的识别效果，所以要解决的问题就是怎样在加深网络的情况下解决“退化”的问题。

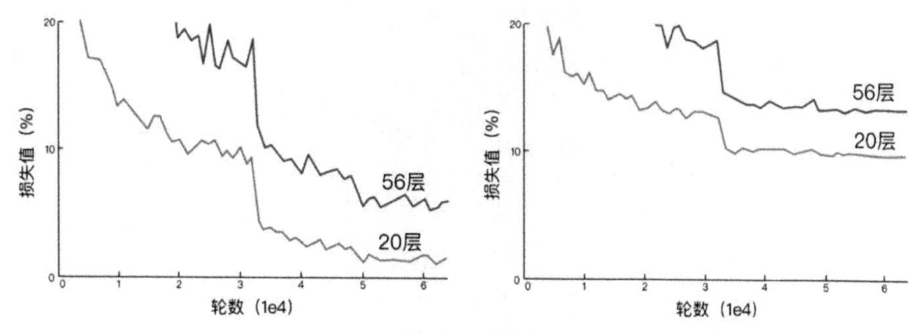

图 4-9　20 层与 56 层的卷积神经网络的训练与测试误差对比

针对这个问题，微软研究团队提出了 ResNet 模型，成功地解决了上述难题，并获得了 2015 年的 ImageNet 比赛的冠军。ResNet 模型引入残差网络结构，可以成功地训练层数高达 152 层的神经网络。该残差网络结构如图 4-10 所示，在两层或两层以上的节点两端添加了一条“捷径”，这样一来，原来的输出 $F(x)$ 就变成了 $F(x)+x$。就是这一点点的小改动，我们就可以直接使用传统的反向传播训练法对非常深的神经网络进行训练，并且收敛速度快，误差小。

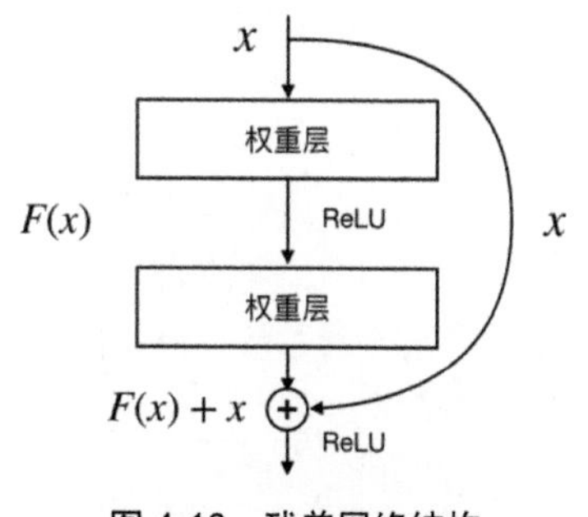

图 4-10　残差网络结构

图 4-11 给我们展示了 2015 年时赢得 ImageNet 比赛冠军的 ResNet 模型，我们可以看到该网络的特别之处在于每隔两层就设置了一个“捷径”。

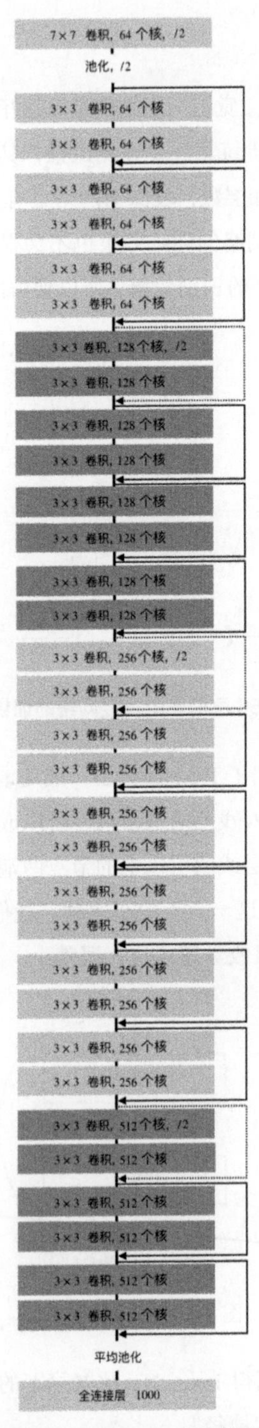

图 4-11 ResNet 网络结构

为何 ResNet 的这种连接方式可以“解决”之前的“退化”问题呢？我们先来观察一下图 4-12，可以发现，左边我们熟悉的残差网络模块可以看成右边的串联关系。可以把右边的图联想为串联的电路，把数据经过的神经网络层看成是电阻元件。我们知道在串联电路中，电阻越小的支路，电流就越大，对总输出电流的贡献比例就越大。再回到残差网络模块，梯度进行反向传播时，会因为所遇层数的增多而不断变小。如果我们把梯度传播时遇到的神经网络层看成是一种“阻力”的话，那么这些“捷径”就会因为“阻力”小而把梯度顺利地反传回来，不至于“消失”，如此一来，“退化”的问题就被顺利解决了。有了残差网络模块，我们可以疯狂地叠加神经网络层，甚至到达 1000 层以上。

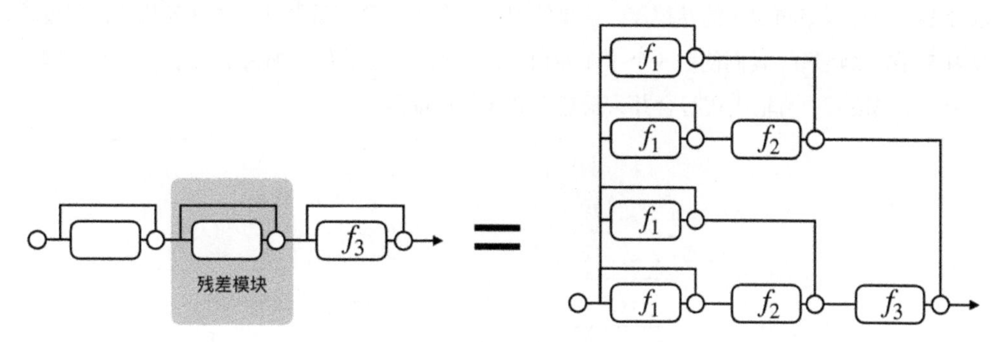

图 4-12 残差网络模块结构展开

4. SqueezeNet

在很多实际的运用中，我们希望神经网络模型在尽量小的情况下保持足够的精度。例如，在自动驾驶汽车这一应用中，我们并不希望把输入上传到服务器进行识别，如果这么做会产生延迟，很可能发生车祸。这时候，我们希望自动驾驶汽车能够从网络上下载神经网络模型，直接在本地进行实时的识别。除此之外，移动手机上的人工智能产品也同样希望直接在本地进行识别，避免网络传输所带来的长时间等待。

我们以前一直在关注如何通过提高模型的复杂度来提高模型识别的正确率。在相同的正确率下，更小的神经网络模型有如下 3 个优势：

- 在分布式的训练中，模型越小，各计算节点的通信需求就越小，从而训练得更快；
- 模型越小，从云端下载的数据量就越小；
- 更小的神经网络模型更适合在内存和硬盘资源有限的设备上部署。

为了解决模型太大的问题，UC Berkeley 和 Stanford 研究人员提出了 SqueezeNet 模型，其识别精度与 AlexNet 相同，但模型大小却只有 AlexNet 的 1/50，如果再加上其他的模型压缩技术，可以缩小至 0.5MB，即仅为 AlexNet 模型大小的 1/510。

SqueezeNet 采用以下 3 种策略来优化模型：

- 使用 1×1 卷积来代替 3×3 卷积，减少模型参数；
- 减少输入的通道数，减少模型参数；
- 延后池化操作，可以保留更多信息，提高准确率。

具体来说，SqueezeNet 设计了一个叫 Fire Module 的模块，其结构如图 4-13 所示，该模块分为压缩和扩展两个部分。首先压缩部分是由若干 1×1 的卷积核构成，图中示例使用了 3 个卷积核。而扩展部分包含 1×1 的卷积核和 3×3 的卷积核，这里使用了 4 个 1×1 卷积核及 4 个 3×3 卷积核。假设输入的通道数为 5，在压缩部分，我们使用 3 个 1×1 卷积核，将输入的通道数压缩为 3，然后分别经过 4 个 1×1 和 4 个 3×3 卷积核后，将输出进行合并，最后得到 8 张特征图。

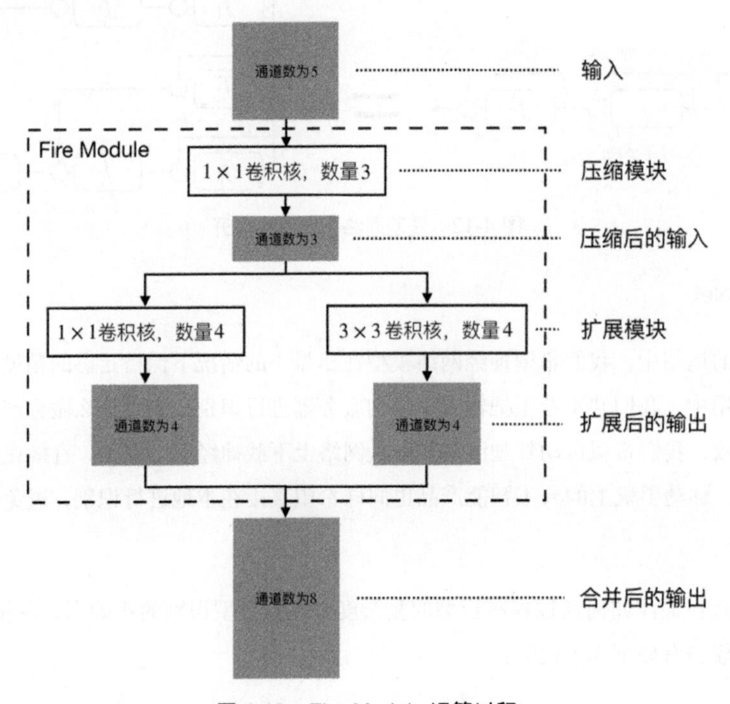

图 4-13 Fire Module 运算过程

随着卷积神经网络的发展，我们经常搭配一些固定的卷积核，构造成一个微结构进行使用，从而方便网络设计。SqueezeNet 的 Fire Module 也是一个微结构，如图 4-14 所示。在 Fire Module 这个微结构中，分为压缩和扩展两部分卷积核，压缩模块采用了 3 个 1×1 卷积核，因此 $s_{1\times1}=3$；扩展模块中我们采用了 4 个 1×1 卷积核和 4 个 3×3 卷积核，因此 $e_{1\times1}=4$，$e_{3\times3}=4$。在每个卷积之后，都经过了非线性函数 ReLU 的处理，我们要求 $s_{1\times1}<e_{1\times1}+e_{3\times3}$ 以限制输入通道数。

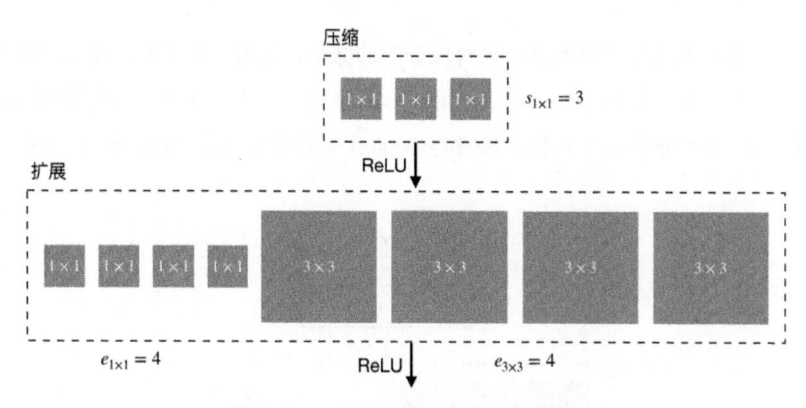

图 4-14　Fire Module 微结构示意图

整个 SqueezeNet 结构如图 4-15 所示，左边是原始的 SqueezeNet，我们分别在 conv1、fire4、fire8、conv10 之后加池化层，这样做推迟了池化而保留了更多的信息，提高识别精度。中间和右边借鉴了 ResNet 的做法，在各层之间加入了许多“捷径”，化解“退化”问题，提高识别正确率。在最后的池化层里，使用全局平均池化（Global Average Pooling，GAP）来代替以往的全连接层，节省了大量参数。

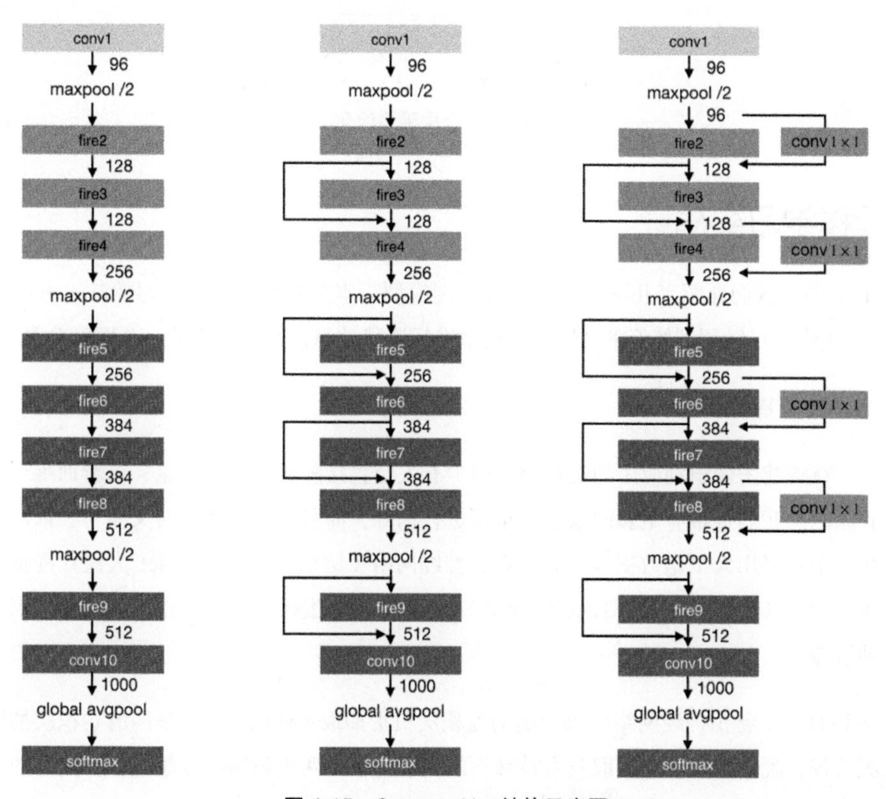

图 4-15　SqueezeNet 结构示意图

全局平均池化是直接利用特征图来计算对应分类的概率相关值。如图4-16所示，以上面的任务为例，我们需要对1000个类进行分类。那么在最后一层卷积层的输出部分，我们设置输出为1000张特征图，然后对每一张特征图求平均值。接着将1000个平均值输入softmax函数，得到1000个类的概率。

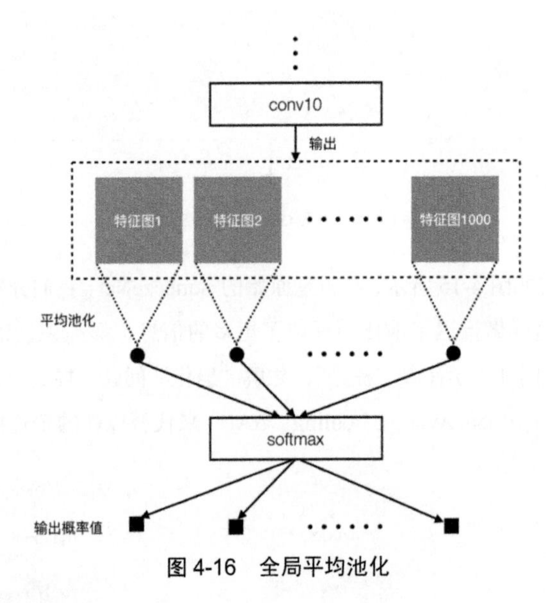

图4-16　全局平均池化

4.2　迁移学习实战

在4.1节中，我们介绍了几种经典的图像识别模型，本节将介绍迁移学习的基本方法，并利用`torchvision`库中已经预训练好的AlexNet模型进行迁移学习，实现你的第一个图像分类器。

1. 迁移学习的基本原理

实际上，在构建图像识别应用的过程中，很少有人会直接随机初始化权重，重新训练一个卷积神经网络。其原因是我们很难有足够的数据来重新进行训练，而且这么做既费时又费力。取而代之，我们可以使用一个已经用大批量数据训练好的卷积神经网络（例如，在ImageNet大尺寸视觉识别挑战赛数据库中，包含120万张图片，1000个分类），使用该网络进行初始化或作为其他图片识别任务的固定特征抽取器。

如图4-17所示，卷积神经网络中每一层的卷积层负责抽取不同的特征，早期的卷积层抽取具有一般性的低级特征，晚期的卷积层抽取具有特殊性的高级特征。两个识别任务越相似，两者的高级特征就越相似。这意味着只要根据任务的相似度适当微调卷积层范围，就可以实现两者之间的任务迁移。

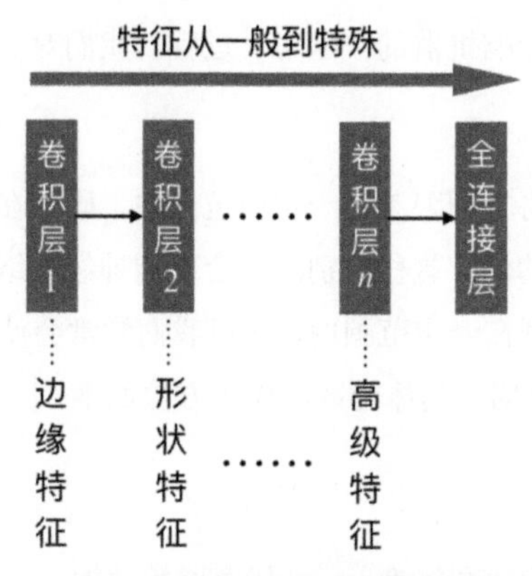

图 4-17 卷积神经网络的特征分布

如图 4-18 所示，假如我们想做一个小猫识别系统，但是只拥有少量的“小猫标注图片数据”和大量的“小狗标注图片数据”。通常，可以先利用大量的小狗图片对我们的卷积神经网络进行训练。由于猫和狗非常相似，所以只要拿少量的小猫图片对该卷积神经网络的全连接层进行微调，就可以得到一个非常好用的小猫识别系统。

图 4-18 猫狗迁移学习模型

迁移学习的实际应用非常广泛，例如，在语音识别中，我们可以使用网络中大量的普通话或英语等已标注语音数据来帮助训练粤语语音识别系统，也可以在已训练完成的语音识别系统的基础上，利用少量特定说话人的语音数据来进一步提高特定说话人的语音识别正确率。

2. 数据预处理

我们在第 3 章中进行手写字体识别的时候就采用了数据预处理，在接下来的迁移学习中，我们要再次用到数据预处理。为此，这里先讨论一下数据预处理的目的和方法。

通常，我们所掌握的原始数据不利于机器快速且高效地学习，原因是可能存在某些数据，其特征的数值特别大，这些特征值会极大地影响机器的“学习”过程，而有些特征数值特别小，很难产生影响。为了让数据特征尽量平等地影响机器的“学习”过程，我们对数据进行清洗和归一化，这就是所谓的数据预处理。

归一化就是处理这些数据，将它们限制在一定的范围内，比如在区间 [−1, 1] 内。我们的原始数据通常存在一些非常大或者非常小的值，这些特别的值会影响神经网络学习的效率。所以为了让数据更容易被学习，我们会先把它们限制在一定范围内。这里我们常常会使用“0 均值归一化”，就是将原数据转化为均值为 0、方差为 1 的数据。具体的数学操作方法如下：

$$x' = \frac{x-\mu}{\sigma} \tag{4-1}$$

其中，μ 和 σ 分别为原始数据的均值和标准差，x 代表原始数据，x' 代表归一化之后的数据。举个例子，假设有一组数据样本，如表 4-1 所示。

表 4-1 数据样本

	原始数据值	归一化后的数据值
数据 1	16	−0.5441
数据 2	48	−0.2105
数据 3	27	−0.4294
数据 4	238	1.7698
数据 5	12	−0.5858

根据已有的 5 个数据，我们可以计算出数据的均值：

```
>>>import torch
>>>mean = torch.Tensor([16,48,27,238,12]).mean()
>>>mean
68.2
```

因此，均值 $\mu = 68.2$，通过下面的代码可以得到标准差的无偏估计 $\sigma \approx 95.94$：

```
>>> std = torch.Tensor([16,48,27,238,12]).std()
>>> std
95.9437335108448
```

根据公式 4-1，我们可以计算出 5 个数据在经过 0 均值归一化之后的数值：

```
>>>normalized=torch.Tensor([16,48,27,238,12]).add(-68.2).div(95.9437335108448)
>>> normalized
```

```
-0.5441
-0.2105
-0.4294
 1.7698
-0.5858
[torch.FloatTensor of size 5]
```

现在反过来，计算一下经过 0 均值归一化之后的数据的均值和标准差：

```
>>>normalized.mean()
2.6822090148925782e-08

>>> normalized.std()
0.9999999973159812
```

结果说明经过公式 4-1 的处理，数据的均值降为 0，并且标准差压缩为 1，实现了数据预处理的目标。

3. 准备数据集

在 4.1 节中，我们学习了许多图像模型，现在要利用已有的已训练好的模型进行迁移学习。这里我们将要做一个能够识别羊驼和熊猫的分类模型。首先，我们从网络上挑选出 200 张羊驼和熊猫的图片作为训练集，并且对每个类另外收集 100 张图片作为测试集。如图 4-19 所示，我们创建 data 文件夹来存放训练集和测试集的图片。

图 4-19 手工准备数据

4. ImageFolder 与预处理

在第 3 章的手写字体识别中，我们使用了 `datasets.MNIST` 工具自动下载并加载数据。这里我们将使用另外一个工具 `datasets.ImageFolder` 对我们手动整理的数据进行管理和加载。我们创建 TransferLearning.py 文件[①]，并导入 `torchvision` 库：

① 本例代码文件为 TransferLearning.py，可在本书示例代码 CH4 中找到。

```
import torch
import torchvision
from torchvision import datasets,transforms
import matplotlib.pyplot as plt
import os
```

然后设置数据预处理的方法，其中 transfroms.Compose()函数可以包含多个数据预处理的方法，我们把需要进行处理的方法逐一写入 Compose 列表中。例如，我们让训练集的图片自适应缩小到最大边长为 230 的大小，并使用居中裁切的方式把图片切割成大小为 224×224 的小图。为了增加训练集的多样性，我们再进行随机水平翻转，接着将图像转化成 Tensor 格式，并使用均值为 0.5、标准差为 0.5 的方式进行归一化：

```
data_transforms = {
    'train': transforms.Compose([
        transforms.Scale(230),
        transforms.CenterCrop(224),
        transforms.RandomHorizontalFlip(),
        transforms.ToTensor(),
        transforms.Normalize([0.5, 0.5, 0.5], [0.5, 0.5, 0.5])
    ]),
    'test': transforms.Compose([
        transforms.Scale(256),
        transforms.CenterCrop(224),
        transforms.ToTensor(),
        transforms.Normalize([0.5, 0.5, 0.5], [0.5, 0.5, 0.5])
    ]),
}
```

表 4-2 列举了比较常用的 6 种关于图像的数据预处理方法。

表 4-2 torchvision.transforms 的常用数据预处理方法

transforms 方法	简要描述
CenterCrop(size)	对图像进行中心切割
RandomCrop(size)	对图像进行随机位置切割
RandomHorizontalFlip()	对图像进行水平翻转
Normalize(mean,std)	对图像进行归一化处理
ToTensor()	将 PIL 图像或形状为(H, W, C)的 numpy.ndarray 转换成 Tensor 对象
ToPILImage()	将形状为(H, W, C)的 numpy.ndarray 或 Tensor 对象转换成 PIL 图像

完成预处理的设置后，我们使用 datasets.ImageFolder()对数据进行关联。先设置好数据集的

文件夹路径变量 data_directroy。这是与代码文件同目录下的 data 文件夹。ImageFolder()的第一个参数是数据集的文件夹路径，第二个参数是相应的数据预处理方式。接着使用 data.ImageFolder()函数来准备训练集和测试集，该函数的第一个参数是训练集的路径，第二个参数是数据预处理方式。接着我们使用 DataLoader 对数据进行加载，其中该函数的第一个参数是数据集，第二个参数是批处理的大小，第三个参数 shffule=True 表示遍历不同批次的数据时打乱顺序，第四个参数表示使用 4 个子进程来加载数据。代码如下：

```
data_directory = 'data'

trainset = datasets.ImageFolder(os.path.join(data_directory, 'train'),
data_transforms['train'])
testset = datasets.ImageFolder(os.path.join(data_directory, 'test'),
data_transforms['test'])

trainloader = torch.utils.data.DataLoader(trainset, batch_size=5,shuffle=True,
num_workers=4)
testloader = torch.utils.data.DataLoader(testset, batch_size=5,shuffle=True,
num_workers=4)
```

下面我们使用 matplotlib 展示随机加载的训练样本：

```
import matplotlib.pyplot as plt

def imshow(inputs):

    inputs = inputs / 2 + 0.5
    inputs = inputs.numpy().transpose((1, 2, 0))
    plt.imshow(inputs)
    plt.show()

inputs, classes = next(iter(trainloader))
imshow(torchvision.utils.make_grid(inputs))
```

执行代码后，得到的图片如图 4-20 所示。

图 4-20 随机加载训练集数据的结果

5. 加载预训练模型

数据准备好之后，我们就可以挑选合适的预训练模型来帮助我们进行迁移学习。torchvision 包中的 models 包括了前面提到的 AlexNet、VGG、ResNet 和 SqueezeNet 等，我们只要利用这些已经预训练好的模型即可轻松完成迁移学习。

这里使用经典的 AlexNet 模型，导入 torchvision 库中的 models，并利用 models.alexnet() 函数加载预设的模型，其中参数 pretrained=True 代表加载经过了 ImageNet 数据集训练之后的模型参数：

```
from torchvision import models
alexnet= models.alexnet(pretrained=True)
print alexnet
```

最后打印出 AlexNet 模型结构，如图 4-21 所示。

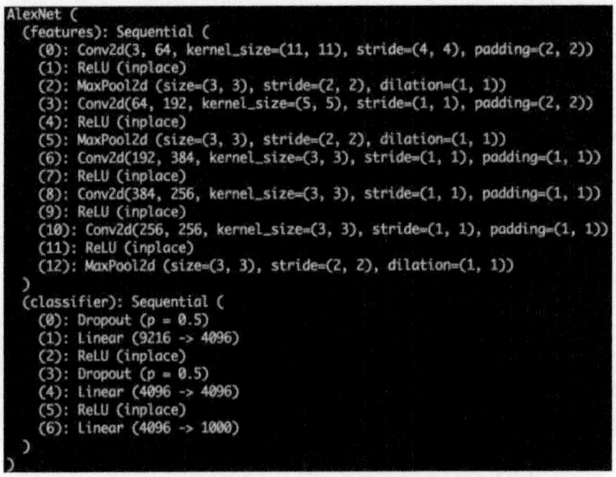

```
AlexNet (
  (features): Sequential (
    (0): Conv2d(3, 64, kernel_size=(11, 11), stride=(4, 4), padding=(2, 2))
    (1): ReLU (inplace)
    (2): MaxPool2d (size=(3, 3), stride=(2, 2), dilation=(1, 1))
    (3): Conv2d(64, 192, kernel_size=(5, 5), stride=(1, 1), padding=(2, 2))
    (4): ReLU (inplace)
    (5): MaxPool2d (size=(3, 3), stride=(2, 2), dilation=(1, 1))
    (6): Conv2d(192, 384, kernel_size=(3, 3), stride=(1, 1), padding=(1, 1))
    (7): ReLU (inplace)
    (8): Conv2d(384, 256, kernel_size=(3, 3), stride=(1, 1), padding=(1, 1))
    (9): ReLU (inplace)
    (10): Conv2d(256, 256, kernel_size=(3, 3), stride=(1, 1), padding=(1, 1))
    (11): ReLU (inplace)
    (12): MaxPool2d (size=(3, 3), stride=(2, 2), dilation=(1, 1))
  )
  (classifier): Sequential (
    (0): Dropout (p = 0.5)
    (1): Linear (9216 -> 4096)
    (2): ReLU (inplace)
    (3): Dropout (p = 0.5)
    (4): Linear (4096 -> 4096)
    (5): ReLU (inplace)
    (6): Linear (4096 -> 1000)
  )
)
```

图 4-21　AlexNet 模型结构

AlexNet 的具体模型结构已经在 4.1 节中介绍过，模型的基本结构相同，个别的卷积核数有所变化。从图 4-21 中可以看出，AlexNet 分成了 features 和 classifier 两大块。其中 features 模块负责提取特征，以卷积层为主；classifier 模块负责实现分类，以全连接层为主。

为了构造一个二元分类器，我们需要重新定义 AlexNet 的 classifier 模块。前两个全连接层的参数可以保持不变，最后一层的输出改为 2：

```
import torch.nn as nn

for param in alexnet.parameters():
```

```
    param.requires_grad = False

alexnet.classifier=nn.Sequential(
    nn.Dropout(),
    nn.Linear(256*6*6,4096),
    nn.ReLU(inplace =True),
    nn.Dropout(),
    nn.Linear(4096,4096),
    nn.ReLU(inplace=True),
    nn.Linear(4096,2),)
```

循环遍历 AlexNet 中的所有参数，并将参数的 `requires_grad` 设置为 `False`，这样做可以限制这些参数的更新，而重新定义的 classifier 模块（全连接层）的参数则默认保持 `requires_grad` 为 `True` 的设置。这就可以保证在之后的迁移学习的过程中，只更新全连接层的参数，而不更新特征提取层的参数。

6. 定义训练与测试函数

判断是否支持 CUDA 加速：

```
CUDA = torch.cuda.is_available()
if CUDA:
    alexnet = alexnet.cuda()
```

由于是分类问题，我们采用了交叉熵作为损失函数，并且只须在优化器内传入 AlexNet 的全连接层的参数就可以优化更新：

```
criterion = nn.CrossEntropyLoss()
optimizer = optim.SGD(alexnet.classifier.parameters(), lr=0.001, momentum=0.9)
```

接下来，我们参考第 3 章的 3.8 节中训练和测试 LeNet 的方法，定义训练函数和测试函数：

```
def train(model,criterion,optimizer,epochs=1):
    for epoch in range(epochs):
        running_loss = 0.0
        for i, data in enumerate(trainloader,0):
            inputs,labels = data
            if CUDA:
                inputs,labels = inputs.cuda(),labels.cuda()
            optimizer.zero_grad()
            outputs = model(inputs)
            loss = criterion(outputs,labels)
            loss.backward()
```

```
            optimizer.step()

            running_loss += loss.item()
            if i%10==9:
                print('[Epoch:%d, Batch:%5d] loss: %.3f' % (epoch+1, i+1,
                    running_loss / 100))
                running_loss = 0.0

    print('Finished Training')

def test(testloader,model):
    correct = 0
    total = 0
    for data in testloader:
        images, labels = data
        if CUDA:
            images = images.cuda()
            labels = labels.cuda()
        outputs = model(images)
        _, predicted = torch.max(outputs.data, 1)
        total += labels.size(0)
        correct += (predicted == labels).sum()
    print('Accuracy on the test set: %d %%' % (100 * correct / total))
```

7. 训练与测试结果

在训练之前，我们先定义存储与加载参数的函数，方便存储接下来训练好的模型参数，以及避免重复训练：

```
def load_param(model,path):
    if os.path.exists(path):
        model.load_state_dict(torch.load(path))

def save_param(model,path):
    torch.save(model.state_dict(),path)
```

训练前，加载硬盘上的模型参数。训练完之后，将模型参数保存起来并开始进行测试。具体代码如下：

```
load_param(alexnet,'tl_model.pkl')
train(alexnet,criterion,optimizer,epochs=2)
save_param(alexnet,'tl_model.pkl')
test(testloader,alexnet)
```

运行结果如下：

```
[Epoch:1, Batch:   10] Loss: 0.066
[Epoch:1, Batch:   20] Loss: 0.051
[Epoch:1, Batch:   30] Loss: 0.039
[Epoch:1, Batch:   40] Loss: 0.042
[Epoch:1, Batch:   50] Loss: 0.024
[Epoch:1, Batch:   60] Loss: 0.005
[Epoch:1, Batch:   70] Loss: 0.008
[Epoch:1, Batch:   80] Loss: 0.010
[Epoch:2, Batch:   10] Loss: 0.003
[Epoch:2, Batch:   20] Loss: 0.008
[Epoch:2, Batch:   30] Loss: 0.001
[Epoch:2, Batch:   40] Loss: 0.002
[Epoch:2, Batch:   50] Loss: 0.003
[Epoch:2, Batch:   60] Loss: 0.040
[Epoch:2, Batch:   70] Loss: 0.001
[Epoch:2, Batch:   80] Loss: 0.014
Finished Training
Accuracy on the test set: 92 %
```

经过两轮的遍历训练，模型在测试集中的正确率达到了 92%，这说明迁移学习可以让神经网络“举一反三”，用小数据集便可以训练出高正确率的识别模型。

4.3 使用 fastai 实现迁移学习

下面我们使用 fastai 去实现迁移学习[①]。我们仍然使用之前准备好的数据集，把 data 文件夹下的 test 文件夹重命名为 valid。新建一个文件 fastai_transfer.py，利用 fastai 库对数据进行加载和预处理，代码如下：

```
from fastai.vision import *
PATH = "data"
data = ImageDataBunch.from_folder(PATH,ds_tfms=get_transforms(do_flip=True),size=24)
```

在上述代码中，我们给 `ImageDataBunch.from_folder()`函数传入数据路径 `PATH`、数据预处理方式 `ds_tfms` 及目标大小 `size`，最后返回 `DataBunch`。这里的数据预处理方式采用随机水平翻转。`create_cnn()`函数是专门用于图像处理的学习器，其代码如下：

```
learner = create_cnn(data,models.resnet18,pretrained=True,metrics = accuracy)
```

① 本例代码文件为 fastai_transfer.py，可在本书示例代码 CH4 中找到。

将经过预处理后的 data 传入 create_cnn()函数中，models.resnet18 表示采用 torchvision.model 中的 ResNet-18 模型。默认情况下 pretrained 为 False，即模型没有进行预训练。我们现在进行迁移学习，将 pretrained 设置成 True。然后，使用 freeze_to()函数将模型的参数固定到特定层数：

```
learner.freeze_to(-9)
learner.fit(10)
```

这里我们传入参数 -9，将从第 1 层至倒数第 9 层的参数进行固定，即 requires_grad=False。最后，使用 fit(10)训练 10 遍。打印结果如下：

```
epoch   train loss   valid loss   accuracy
1       0.597979     0.683909     0.714976
2       0.517707     0.505116     0.816425
3       0.469101     1.070915     0.811594
4       0.422860     0.471701     0.903382
5       0.418589     0.280885     0.927536
6       0.376709     0.176893     0.951691
7       0.352989     0.119850     0.961353
8       0.334442     0.195856     0.922705
9       0.316853     0.142117     0.956522
10      0.296872     0.128184     0.961353
```

第 5 章

序列转序列模型

我们已经学习了如何让神经网络区分各式各样的图片以及如何拟合数据分布。在这一章中，我们将学习如何使用神经网络将输入的一串序列输出成另外一串序列。比如，在英语与法语的文本翻译中，我们将输入的英文句子看成一串序列，将翻译的法语句子看成另外一串序列。又比如在语音识别中，输入的是音频数据序列，输出的则是文本序列。类似这样的模型，我们称为序列转序列模型。

本章主要给大家介绍：

- 循环神经网络模型的基本原理
- 序列转序列模型的原理
- 使用 OpenNMT 实现文本翻译
- 使用 PyTorch 构造神经翻译机

5.1 循环神经网络模型

之前学习的卷积神经网络受到了生物视觉细胞的启发，相似地，循环神经网络受到了生物记忆能力的启发。循环神经网络是具有循环结构的一类神经网络，我们又称之为 RNN（Recurrent Neural Network），此外还有 RNN 的加强版 LSTM 和 GRU，它们都拥有更强的“记忆力”。接下来，我们分别对 RNN 和 LSTM 进行讲解。

1. RNN 模型

如图 5-1 所示，普通神经网络的数据是单向传递的，而循环神经网络的数据是循环传递的，输入层 $\boldsymbol{x}$ 经过隐含层之后输出 $\boldsymbol{y}$，而隐含层输出的结果 $\boldsymbol{h}$ 需要作为下一次输入的一部分，循环传递。

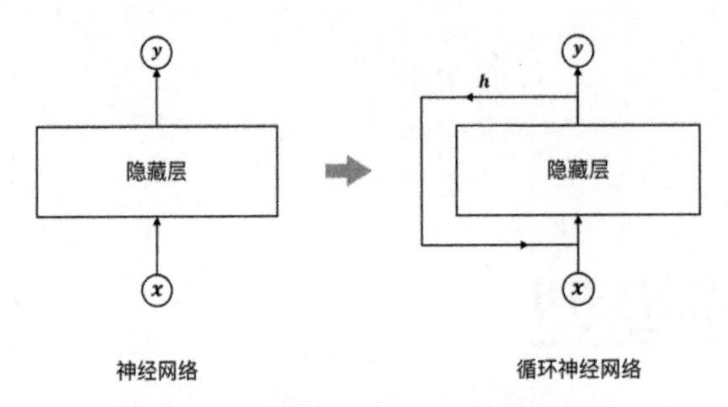

图 5-1 普通神经网络与循环神经网络

循环神经网络可以展开成一连串相互连接的前向网络，如图 5-2 中的等式右侧所示。假如我们要输入的序列是 $(\boldsymbol{x}_0, \boldsymbol{x}_1, \cdots, \boldsymbol{x}_t)$，$\boldsymbol{x}_0$ 输入隐含层后输出结果 $\boldsymbol{y}_0$ 和隐藏向量 $\boldsymbol{h}_0$，接着将 $\boldsymbol{h}_0$ 当作第二次输入的一部分与 $\boldsymbol{x}_1$ 一起输入隐含层，得到输出结果 $\boldsymbol{y}_1$ 和隐藏向量 $\boldsymbol{h}_1$，以此类推。这么做的目的是将前面时刻的输入信息通过隐藏向量传递到后面时刻，这样网络就有了一定的“记忆力”。隐藏向量不断循环传递信息，所以被称为循环神经网络。

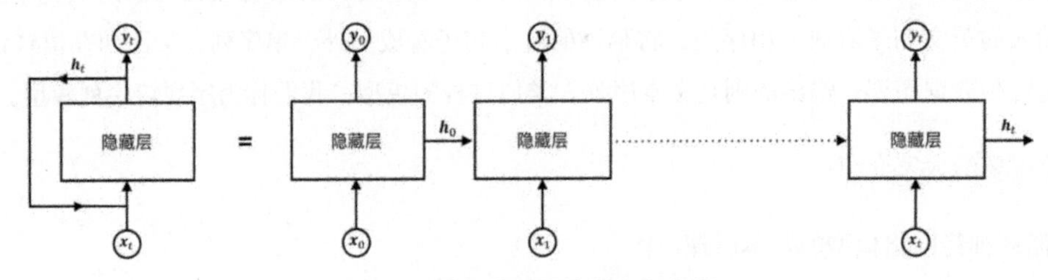

图 5-2 循环神经网络展开示意图

例如，我们可以将循环神经网络运用到句子预测上面。我们输入“我会讲中”来让计算机自动预测出“文”字。如图 5-3 所示，“我”“会”“讲”“中”被当作一个输入序列依次输入循环神经网络，“我”“会”“讲” 3 个字的历史信息通过隐藏向量 $\boldsymbol{h}_0$、$\boldsymbol{h}_1$ 和 $\boldsymbol{h}_2$ 依次传递到最后，由 $\boldsymbol{h}_2$ 和“中”作为最后的输入值，并输出预测的“文”字。

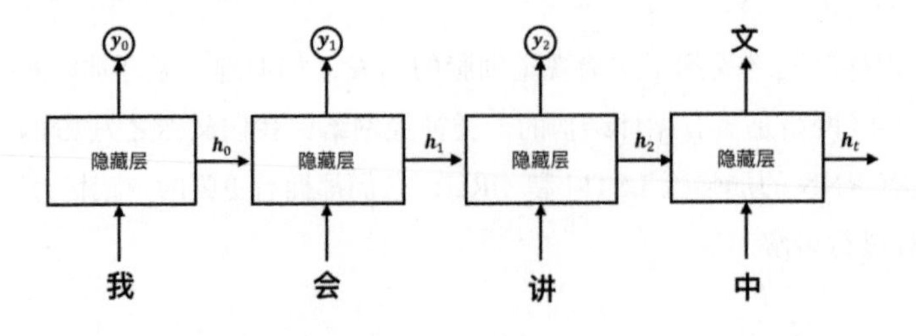

图 5-3 循环神经网络示例

下面我们利用 PyTorch 的 nn.RNN 模块去感性认识一下循环神经网络。我们先通过以下代码初始化一个 RNN 单元，该单元的输入特征维度为 5，隐藏向量的特征维度为 7，结构如图 5-4 所示：

```
>>>from torch import nn
>>>rnn_cell = nn.RNNCell(input_size=5,hidden_size=7)
>>>rnn_cell
RNNCell(5, 7)
```

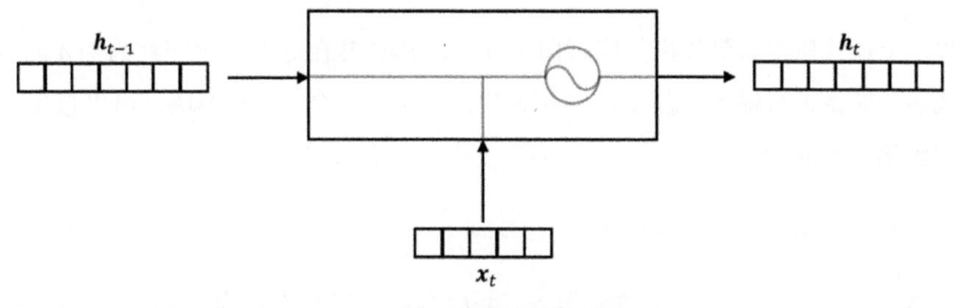

图 5-4　RNN 单元结构

为了更好地理解，下面给出 RNN 的数学表达：

$$\boldsymbol{h}_t = \tanh(w_{ih} \times \boldsymbol{x}_t + b_{ih} + w_{hh} \times \boldsymbol{h}_{t-1} + b_{hh}) \quad (5\text{-}1)$$

其中，$\boldsymbol{h}_{t-1}$ 为前一时刻输出的隐藏向量，$\boldsymbol{x}_t$ 为该时刻的输入向量。我们从公式中可以看出，RNN 的数学本质是将 $\boldsymbol{x}_t$ 和 $\boldsymbol{h}_{t-1}$ 分别进行线性变换并相加，随后经过非线性层，如 tanh 函数，得到该时刻的隐藏向量 $\boldsymbol{h}_t$。

我们可以通过 RNNCell 的权值属性 weight_ih、weight_hh、bias_ih 和 bias_hh 来访问公式中的 w_{ih}、w_{hh}、b_{ih} 和 b_{hh} 值：

```
>>>rnn_cell.weight_ih
Parameter containing:
tensor([[ 0.1526, -0.1066, -0.3574, -0.0670,  0.0109],
        [-0.3173, -0.2870,  0.1339,  0.2015, -0.0266],
        [-0.2728,  0.0063, -0.0505,  0.1171, -0.0854],
        [-0.2550, -0.2034,  0.1033, -0.0472, -0.3729],
        [ 0.1802,  0.3213,  0.2352,  0.0888,  0.0622],
        [ 0.1864, -0.1627,  0.2772, -0.3708,  0.1491],
        [-0.2886,  0.0814, -0.3464, -0.1963,  0.2434]], requires_grad=True)
```

RNNCell 需要两个输入：一是输入向量 $\boldsymbol{x}_t$，它是格式为(batch,input_size)的 Tensor，我们假设批量数为 1，输入向量的维度为 5，随机初始化一个输入向量；二是上一个时刻的隐藏向量 $\boldsymbol{h}_{t-1}$，其格式是(batch,hidden_size)，我们假设批量数为 1，隐藏向量维度为 7，随机初始化一个隐藏向量。相关代码如下：

```
>>> import torch
>>> input = torch.randn(1,5)
>>> hidden = torch.randn(1,7)
>>> rnn_cell(input,hidden)
tensor([[ 0.8155, -0.8916, -0.6266, 0.2773, 0.3404, -0.4251, 0.2033]],
       grad_fn=<TanhBackward>)
```

我们可以从上述代码中看到输出的隐藏向量 $\boldsymbol{h}_t$。RNNCell 在处理一个序列的输入向量时，必须采用循环的方式逐个向量进行输入。而 PyTorch 为我们定义了一个 RNN 模块，可以直接将序列当成输入。我们先初始化一个 RNN：

```
>>>rnn = nn.RNN(input_size=5,hidden_size=7)
```

RNN 也需要两个输入：一是输入向量序列 $\boldsymbol{x}$，默认情况下，它是格式为(seq, batch, input_size)的 Tensor；二是上一个时刻的隐藏向量 $\boldsymbol{h}_{t-1}$，其格式为(layers * direction,batch, hidden_size)。layers 表示 RNN 的隐藏节点的层数，direction 表示 RNN 的方向，默认情况下两者均为 1。下面我们初始化一个批量数为 2、序列长度为 3、特征维度数为 5 的输入以及一个批量数为 2、维度为 7 的隐藏向量：

```
>>> input = torch.randn(3,2,5)
>>> hidden = torch.randn(1,2,7)
>>> rnn(input,hidden)
(tensor([[[-0.7531  0.8056 -0.7902  0.5012 -0.3012 -0.3268  0.5238],
          [-0.1590 -0.9819  0.3839 -0.5943 -0.2796  0.0836 -0.7269]],
          [[-0.1744 -0.2781 -0.5017  0.5405 -0.7213  0.5077 -0.6183],
          [0.0857  0.8493 -0.3993  0.8634 -0.0605  0.6526  0.5974]],
          [[-0.7840  0.7237 -0.5774 -0.3338  0.5831 -0.8066  0.3809],
          [-0.5348 -0.7800  0.5916 -0.6612  0.4679 -0.7519 -0.2214]]],
grad_fn=<StackBackward>),
tensor([[[ -0.7840  0.7237 -0.5774 -0.3338  0.5831 -0.8066  0.3809],
         [-0.5348 -0.7800  0.5916 -0.6612  0.4679 -0.7519 -0.2214]]],
grad_fn=<StackBackward>))
```

从上面的代码可以看出，RNN 和 RNNCell 的不同在于它可以同时处理一串序列，并且同时返回输出向量序列和隐藏向量。在实际使用的过程中，可以根据需要和习惯选择其中一种。

2. LSTM 模型

LSTM 是 Long-Short Term Memory 的缩写，中文名叫长短期记忆网络，可以将它看作 RNN 的改进版本。传统的 RNN 模型在处理长序列时常常出现“梯度消失”的问题，为了让网络能够更好地“记住”以前的信息，Hochreiter 和 Schmidhuber 提出了 LSTM 模型，经过改良的 LSTM 在很多方面取得了相当巨大的成功。LSTM 的结构如图 5-5 所示。

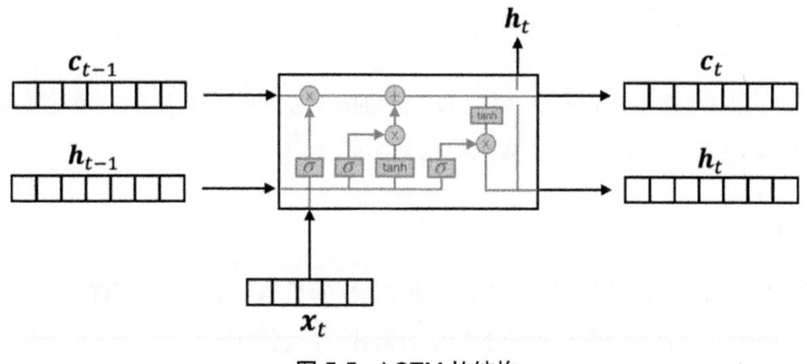

图 5-5 LSTM 的结构

如图 5-5 所示，从表面上看，LSTM 与 RNN 模块的不同在于 LSTM 的输入有 3 个：$\boldsymbol{h}_{t-1}$、$\boldsymbol{c}_{t-1}$ 和 $\boldsymbol{x}_t$，输出为 $(\boldsymbol{h}_t, \boldsymbol{c}_t)$。我们先不研究 LSTM 的内部结构，看一下这段代码：

```
>>> lstm_cell = nn.LSTMCell(input_size=5,hidden_size=7)
>>> lstm_cell
LSTMCell(5, 7)

>>> input = torch.randn(1,5)
>>> h0 = torch.randn(1,7)
>>> c0 = torch.randn(1,7)
>>> lstm_cell(input,(h0,c0))
(tensor([[ 0.0113 -0.1554  0.0278 -0.1720 -0.4819 -0.3456  0.2450]],
grad_fn=<MulBackward0>),
tensor([[ 0.0194 -0.3750  0.0786 -0.5706 -1.5944 -0.6425  0.5783]],
grad_fn=<AddBackward0>))
```

同样，PyTorch 为我们定义了一个 LSTM 模块，可以直接将序列当成输入。我们先初始化一个 LSTM：

```
>>> lstm = nn.LSTM(input_size=5,hidden_size=7)
```

与 RNN 的数据维度一样，初始化一个批量数为 2、序列数为 3 的输入和对应的隐藏向量 $(\boldsymbol{h}_0, \boldsymbol{c}_0)$：

```
>>> input = torch.randn(3,2,5)
>>> h0 = torch.randn(1,2,7)
>>> c0 = torch.randn(1,2,7)
```

将 3 个变量输入 `lstm` 后，将返回一个输出值和隐藏向量 $(\boldsymbol{h}_1, \boldsymbol{c}_1)$。

```
>>> output,(h1,c1)=lstm(input,(h0,c0))
>>> output.size()
torch.Size([3, 2, 7])
>>> h1.size()
torch.Size([1, 2, 7])
>>> c1.size()
torch.Size([1, 2, 7])
```

如图 5-5 所示，LSTM 细胞里面有 3 个门（即图中的σ），这些门可以更加有效地控制信息的去留。σ取 0～1 的数值，0 表示信息不通过，1 表示信息全部通过。

3. RNN 实例

本节中，我们将通过一个简单的例子熟悉一下 RNN 的具体功能[①]。我们将要利用 RNN 让三角函数 sin 去预测 cos 的值。下面我们先熟悉一下数据的格式，我们生成 0～2π 的 100 个数据，接着使用这 100 个数据生成相应的 sin 和 cos 图像，如图 5-6 所示：

```
import numpy as np
import matplotlib.pyplot as plt

steps = np.linspace(0, np.pi*2, 100, dtype=np.float32)
input_x = np.sin(steps)
target_y = np.cos(steps)
plt.plot(steps, input_x, 'b-', label='input:sin')
plt.plot(steps, target_y, 'r-', label='target:cos')
plt.legend(loc='best')
plt.show()
```

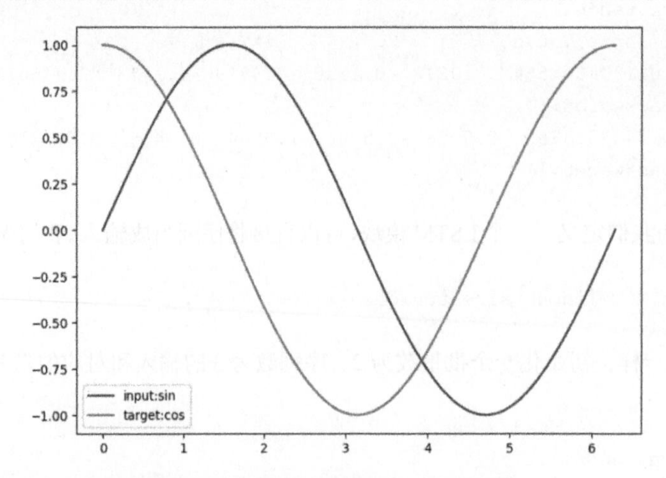

图 5-6 sin 和 cos 函数分布（另见彩插）

① 本例代码文件为 SinCos.py，可在本书示例代码 CH5 中找到。

下面我们定义一个LSTM，其中隐含层的维数为20，其输入与输出的格式为(批量数,序列数,维数)：

```
class LSTM(nn.Module):
    def __init__(self,INPUT_SIZE):
        super(LSTM, self).__init__()

        self.lstm = nn.LSTM(
            input_size=INPUT_SIZE,
            hidden_size=20,
            batch_first=True,
        )
        self.out = nn.Linear(20, 1)

    def forward(self, x, h_state,c_state):
        r_out,(h_state,c_state) = self.lstm(x,(h_state,c_state))
        outputs = self.out(r_out[0,:]).unsqueeze(0)
        return outputs,h_state,c_state

    def InitHidden(self):
        h_state = torch.randn(1,1,20)
        c_state = torch.randn(1,1,20)
        return h_state,c_state
```

首先，我们在初始化函数`__init__()`中，利用`nn.LSTM()`初始化LSTM神经网络。分别传入3个参数：`input_size`、`hidden_size`和`batch_first`。`input_size`是输入向量的维数，`hidden_size`是输出的隐藏向量的维数，`batch_first`为`True`时表示代表输入和输出的第一维为`batch_size`。

在`forward()`函数中，`self.lstm()`传入输入`x`和隐藏向量(`h_state,c_state`)后，得到输出向量`r_out`，并将`r_out`输入线性神经网络层`self.out()`得到`outputs`。

下面我们初始化LSTM神经网络，并且定义好相应的优化器和损失函数：

```
lstm = LSTM(INPUT_SIZE=1)
optimizer = torch.optim.Adam(lstm.parameters(), lr= 0.001)
loss_func = nn.MSELoss()
```

接着，初始化隐含层的输入值，然后循环训练600次，每次将长度为π的x轴线段平均切分成100份，从而得到100个值，并将生成对应的sin值作为输入`x`，cos值作为目标输出`y`。训练的方式与之前的例子相同，训练结果如图5-7所示，其预测值逐渐与目标值吻合：

```
h_state,c_state = lstm.InitHidden()

plt.figure(1, figsize=(12, 5))
plt.ion()

for step in range(600):
    start, end = step * np.pi, (step+1)*np.pi
    steps = np.linspace(start, end, 100, dtype=np.float32)
    x_np = np.sin(steps)
    y_np = np.cos(steps)
    x = torch.from_numpy(x_np).unsqueeze(0).unsqueeze(-1)
    y = torch.from_numpy(y_np).unsqueeze(0).unsqueeze(-1)
    prediction, h_state,c_state = lstm(x, h_state,c_state)
    h_state = h_state.data
    c_state = c_state.data
    loss = loss_func(prediction, y)
    optimizer.zero_grad()
    loss.backward()
    optimizer.step()

    plt.plot(steps, y_np.flatten(), 'r-')
    plt.plot(steps, prediction.data.numpy().flatten(), 'b-')
    plt.draw(); plt.pause(0.05)

plt.ioff()
plt.show()
```

在启动 LSTM 时，需要先用 `InitHidden()` 函数初始化隐藏向量（`h_state,c_state`），然后经过前期的数据预处理后，我们将 `sin` 值作为输入 `x`，`cos` 值作为目标输出 `y`。每次经过循环神经网络 LSTM 时，都会产生一个输出预测值 `prediction` 和一对新的隐藏向量（`h_state, c_state`）。为了防止程序自动计算隐藏向量的梯度值，令 `h_state = h_state.data` 和 `c_state = c_state.data`。计算预测值 `prediction` 与目标输出 `y` 之间的损失值 `loss`，然后反向传播并更新。

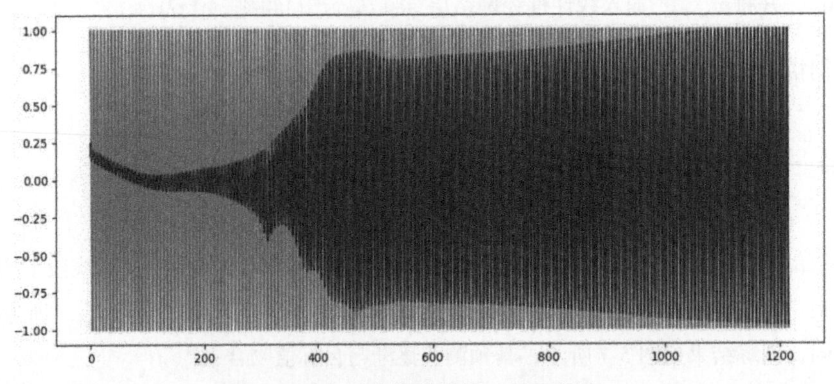

图 5-7 RNN 实例训练结果（另见彩插）

5.2 神经翻译机简介

2014 年出现了第一篇关于将神经网络用于机器翻译的论文。此后，以 Google 为首的互联网公司开始着力研究神经网络在文本翻译中的运用，他们又将其称为神经翻译机。神经翻译机由两个网络构成，其中一个神经网络将句子编码成一段特征，另外一个神经网络将该特征解码回文本。像这样，将一串序列进行编码后解码成另外一串序列的模型，我们称为序列转序列模型，英文缩写为 Seq2Seq。

1. 序列转序列模型的基本原理

序列转序列模型是一个编码器–解码器结构模型，它的输入和输出都是一串可变长度的序列。序列转序列模型的运用范围很广，比如机器翻译、语音识别、文本摘要和阅读理解等。序列转序列模型在形式上很简单，以 RNN 为基础构建编码器和解码器的大体架构如图 5-8 所示，RNN 编码器将输入序列编码成语义向量 $\boldsymbol{h}$，然后经过 RNN 解码器生成输出序列。

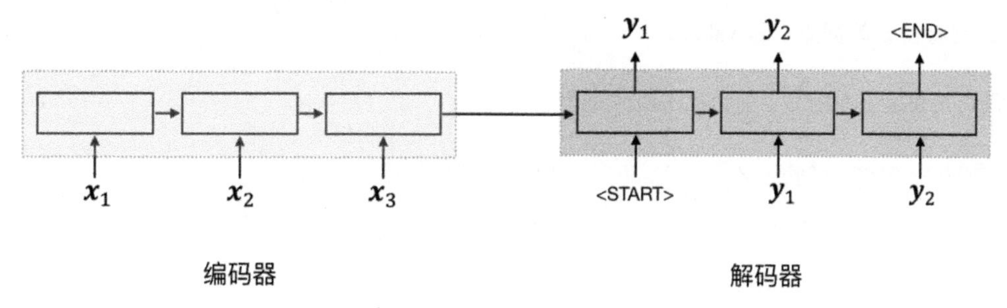

图 5-8 RNN 端对端模型

编码器和解码器都不是固定不变的。除了 RNN 以外，我们还可以选择 CNN、BiRNN、GRU、LSTM 等中的一种或者它们的自由组合。在 RNN 编码的过程中，当前时间的隐藏状态是由上一个时间的状态和当前时间的输入决定的，编码器最后输出的隐藏向量 $\boldsymbol{h}$ 包含了前面所有输入序列的信息，因此我们又称 $\boldsymbol{h}$ 为语义向量。接着，我们将 $\boldsymbol{h}$ 当作解码器的隐藏向量输入，把句子开始的标识符<START>当作序列的第一个输入，把解码器输出的 $\boldsymbol{y_1}$ 当作第二个输入，周而复始，直到输出<END>标识符。

2. OpenNMT 文本翻译实例

在本节中，我们尝试构建一个简单的神经翻译机，这里使用的是基于 PyTorch 的 OpenNMT 库。OpenNMT 是哈佛大学自然语言处理研究组（Harvard NLP）研发并开源的神经机器翻译系统，该系统简单易用，易于扩展，同时也能维持和当前最佳实践一样的翻译准确度。我们可以登录 OpenNMT 官网去了解更多内容（http://opennmt.net）。目前，OpenNMT 开发了 PyTorch 和 TensorFlow 两种版本。下面我们就开始安装 OpenNMT 的 PyTorch 版本：OpenNMT-py。

首先，我们从 GitHub 上面找到 OpenNMT-py 的下载地址 https://github.com/OpenNMT/OpenNMT-py 并将其下载到本地。下载完成后，使用 pip 命令安装 requirements.txt 文件中的依赖包：

```
$pip install -r requirements.txt
```

接着运行包内的 setup.py 文件：

```
$python setup.py install
```

如果没有报错，则安装已经顺利完成。data 文件夹用于存放训练和测试所需的数据。OpenNMT 为我们准备了一个示例，data 文件夹中已经存放了下面 4 个数据文件。

- 源训练数据集：src-train.txt。
- 目标训练数据集：tgt-train.txt。
- 源验证数据集：src-val.txt。
- 目标验证数据集：tgt-val.txt。

我们先利用下面的命令对数据进行预处理：

```
$python preprocess.py -train_src data/src-train.txt /
                      -train_tgt data/tgt-train.txt /
                      -valid_src data/src-val.txt /
                      -valid_tgt data/tgt-val.txt /
                      -save_data data/demo
```

其中 -train_src、-train_tgt、-valid_src、-valid_tgt 指定了相应数据集的路径，-save_data 指定了预处理结果的存放文件夹。运行上述命令进行预处理后，会生成预处理文件 demo.train.1.pt、demo.valid.1.pt 和 demo.vocab.pt，这些文件分别是训练集、验证集和词典。

接下来，我们对模型进行训练，此时只须指定数据集的路径和保存数据的文件名即可。默认情况下，编码器和解码器均为 2 层的 LSTM，每层的隐藏节点数为 500。下面我们运行训练代码：

```
$python train.py -data data/demo -save_model demo-model
```

运行后，我们将得到下面的打印信息：

```
[INFO] Loading train dataset from data/demo.train.1.pt, number of examples: 10000
[INFO]  * vocabulary size. source = 24997; target = 35820
[INFO] Building model...
[INFO] NMTModel(
  (encoder): RNNEncoder(
```

```
    (embeddings): Embeddings(
      (make_embedding): Sequential(
        (emb_luts): Elementwise(
          (0): Embedding(24997, 500, padding_idx=1)
        )
      )
    )
    (rnn): LSTM(500, 500, num_layers=2, dropout=0.3)
  )
  (decoder): InputFeedRNNDecoder(
    (embeddings): Embeddings(
      (make_embedding): Sequential(
        (emb_luts): Elementwise(
          (0): Embedding(35820, 500, padding_idx=1)
        )
      )
    )
    (dropout): Dropout(p=0.3)
    (rnn): StackedLSTM(
      (dropout): Dropout(p=0.3)
      (layers): ModuleList(
        (0): LSTMCell(1000, 500)
        (1): LSTMCell(500, 500)
      )
    )
    (attn): GlobalAttention(
      (linear_in): Linear(in_features=500, out_features=500, bias=False)
      (linear_out): Linear(in_features=1000, out_features=500, bias=False)
      (softmax): Softmax()
      (tanh): Tanh()
    )
  )
  (generator): Sequential(
    (0): Linear(in_features=500, out_features=35820, bias=True)
    (1): LogSoftmax()
  )
)
[INFO] encoder: 16506500
[INFO] decoder: 41613820
[INFO] * number of parameters: 58120320
[INFO] Start training...
[INFO] Loading train dataset from data/demo.train.1.pt, number of examples: 10000
[INFO] Step 50/100000; acc:   4.36; ppl: 1810401399.30; xent: 21.32; lr: 1.00000;
233/198 tok/s;    419 sec
```

```
[INFO] Step 100/100000; acc:   3.38; ppl: 6379.54; xent: 8.76; lr: 1.00000; 147/
182 tok/s;    861 sec
......
```

从信息中我们可以看出源语言的词汇量为 24 997，目标语言的词汇量为 35 820。在默认模型中，编码器使用词嵌入方法将源句子的词汇转换成 500 维的词向量，解码器同样也把目标句子的词汇转换成 500 维的词向量。由于编码器中 LSTM 的隐含层是两层，节点数为 500，因此在解码器中，LSTM 的第一层隐含层的输入维度是 1000。

我们从上面运行的信息还可以知道，编码器的参数量为 16 506 500，解码器的参数量为 41 613 820。训练集中共包含了 10 000 组句子。我们也可以在上述命令中加入 `-gpuid 1` 来指定使用 GPU 1 进行训练。训练完成后，会得到保存模型参数的文件 demo-model_XYZ.pt。接下来进行测试，测试的时候需要加载参数文件 demo-model_XYZ.pt，并指定测试集路径 data/src-test.txt，输出结果的文件路径 pred.txt，命令如下：

```
$python translate.py -model demo-model_XYZ.pt -src data/src-test.txt -output pred.txt
-replace_unk -verbose
```

5.3 利用 PyTorch 构造神经翻译机

上一节中，我们简单介绍了神经翻译机的原理，并利用 OpenNMT 库快速实现了神经翻译机。本节将深入神经翻译机的细节，用 PyTorch 从零开始构造神经翻译机[①]。

1. 准备文本数据

我们先准备数据 eng-fra.txt。如图 5-9 所示，里面每一行都有一个英文句子和它意思相同的法语句子。我们需要将里面的每种语言构造出一个序列号与单词对应关系的词典，即构造两个词典。如图 5-10 所示，在英文词典中，我们用序列号 0 和 1 分别代表句子的开始（Start of Sentence，SOS）和句子的结束（End of Sentence，EOS），随后我们将每个序列号对应一个英文单词，构造出一个序列号与单词对应的词典，这样做纯粹就是为了更加简便地表示单词。

---

① 本例代码文件为 NMT.py，可在本书示例代码 CH5 中找到。

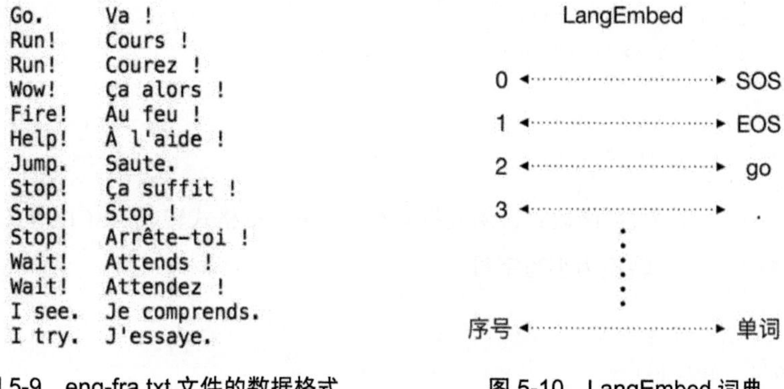

图 5-9　eng-fra.txt 文件的数据格式

图 5-10　LangEmbed 词典

接下来，定义 `LangEmbed` 类。首先定义序列 0 和 1 分别对应 SOS 和 EOS，并记录总词数 `n_words` 为 2。之后我们通过 `addSentence()` 函数利用大量文本中的单词对词典进行扩充：

```
from __future__ import unicode_literals, print_function, division
from io import open
import unicodedata
import re
import random
import torch
import torch.nn as nn
from torch import optim
import torch.nn.functional as F

SOS_token = 0
EOS_token = 1

class LangEmbed:
    def __init__(self,name):
        self.name = name
        self.word2index = {}
        self.word2count = {}
        self.index2word = {0: "SOS", 1: "EOS"}
        self.n_words = 2

    def addSentence(self, sentence):
        for word in sentence.split(' '):
            self.addWord(word)

    def addWord(self, word):
        if word not in self.word2index:
            self.word2index[word] = self.n_words
```

```
                self.word2count[word] = 1
                self.index2word[self.n_words] = word
                self.n_words += 1
            else:
                self.word2count[word] += 1
```

定义 normalizeString()函数，该函数将文本从 Unicode 格式转成 ASCII 格式，并且除去大部分标点符号后，将大写字母转换为小写字母：

```
def unicodeToAscii(s):
    return ''.join(
        c for c in unicodedata.normalize('NFD', s)
        if unicodedata.category(c) != 'Mn'
    )


def normalizeString(s):
    s = unicodeToAscii(s.lower().strip())
    s = re.sub(r"([.!?])", r" \1", s)
    s = re.sub(r"[^a-zA-Z.!?]+", r" ", s)
    return s
```

定义 filterPairs()函数，该函数将过滤掉一些不符合设定标准的句子。这里我们设定了 MAX_LENGTH=10，也就是长度不超过 10 并且以 eng_prefixes 集合内的元素开头的句子被我们保留了下来：

```
MAX_LENGTH = 10

eng_prefixes = ("i am ", "i m ","he is", "he s ","she is", "she s","you are",
"you re ","we are", "we re ","they are", "they re ")

def filterPairs(pairs):
    p = []
    for pair in pairs:
        if len(pair[0].split(' ')) < MAX_LENGTH and len(pair[1].split(' '))
            < MAX_LENGTH and pair[0].startswith(eng_prefixes):
            p.append(pair)
    return p
```

定义 prepareData()函数，该函数先读取 eng-fra.txt 文件并将其分行保存至变量 lines 中；然后将每一行切分成两个句子为一组的 pairs；接着初始化 LangEmbed 类为法语词典 fra_lang 和英语词典 eng_lang，并分别为两个词典扩充词汇；最后返回两个词典和 pairs。代码如下：

```
def prepareData():
    lines = open('data/eng-fra.txt',encoding='utf-8').read().strip().split('\n')

    pairs = [[normalizeString(s) for s in l.split('\t')] for l in lines]

    fra_lang = LangEmbed("fra")
    eng_lang = LangEmbed("eng")

    print("Read %s sentence pairs" % len(pairs))

    pairs = filterPairs(pairs)
    print("Trimmed to %s sentence pairs" % len(pairs))

    for pair in pairs:
        fra_lang.addSentence(pair[1])
        eng_lang.addSentence(pair[0])

    print("Number of Words:")
    print("eng:", eng_lang.n_words)
    print("fra:", fra_lang.n_words)
    return fra_lang, eng_lang, pairs
```

运行 prepareData()函数，会生成两种不同语言的词典 input_lang 和 output_lang 以及两种语言的关系对 pairs：

```
input_lang, output_lang, pairs = prepareData()
```

打印结果显示，我们加载了 135 842 条句子，通过筛选得到了 10 853 条句子，其中英文单词总数为 2925，法文单词总数为 4489：

```
Read 135842 sentence pairs
Trimmed to 10853 sentence pairs
Number of Words:
eng: 2925
fra: 4489
```

为了更加直观地观察词典和关系对的数据结构，我们分别打印了两个词典的前 10 个序号所对应的单词，并在 pairs 中随机选择一组句子进行打印：

```
print("English LangEmbed:")
for i in range(10):
    print(i,":",output_lang.index2word[i])
print("...")
```

```
print("French LangEmbed:")
for i in range(10):
    print(i,":",input_lang.index2word[i])
print("...")

print(random.choice(pairs))
```

运行后的打印结果如下：

```
English LangEmbed:
0 : SOS
1 : EOS
2 : i
3 : m
4 : .
5 : ok
6 : fat
7 : fit
8 : hit
9 : !
...
French LangEmbed:
0 : SOS
1 : EOS
2 : j
3 : ai
4 : ans
5 : .
6 : je
7 : vais
8 : bien
9 : ca
...
[u'we re looking for a friend of ours .', u'nous cherchons l un de nos amis .']
```

2. 词嵌入及编码器

词嵌入的英文为 word embedding，是将单词或单词序号转换成一个高维向量，这个高维向量能够反映单词的特征。这些单词的高维空间中的映射能保持彼此的相似性。使用词嵌入可以发现很多有趣的关系，一个著名的例子是 king − man + woman = queen。实现词嵌入非常简单，PyTorch 已经为我们编写好了词嵌入的神经网络层 `nn.Embedding()`，我们将在编码器中使用这个类。

现在编写编码器的代码。我们需要的编码器结构如图 5-11 所示，输入之前需要进行词嵌入，然后利用循环神经网络生成语义向量 $\boldsymbol{h}$。

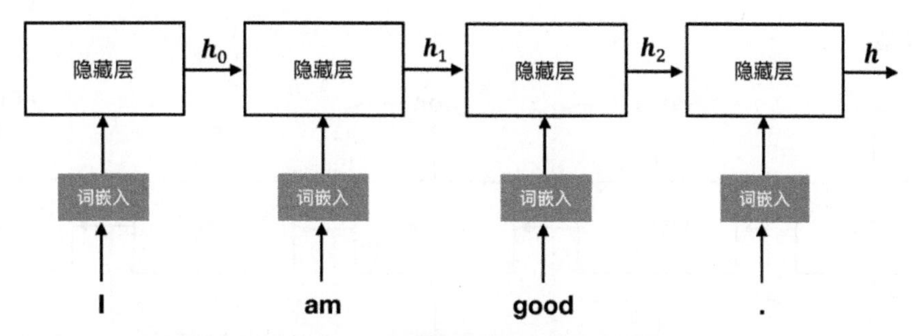

图 5-11　文本翻译的编码器结构示意图

下面开始编写 `EncoderRNN` 类并将其作为编码器：

```
class EncoderRNN(nn.Module):
    def __init__(self, input_size, hidden_size):
        super(EncoderRNN, self).__init__()
        self.hidden_size = hidden_size
        self.embedding = nn.Embedding(input_size, hidden_size)
        self.gru = nn.GRUCell(hidden_size, hidden_size)

    def forward(self, input, hidden):
        output = self.embedding(input)
        hidden = self.gru(output, hidden)
        return hidden

    def initHidden(self):
        result = torch.zeros(1, self.hidden_size)
        if use_cuda:
            return result.cuda()
        else:
            return result
```

这里我们先定义词嵌入的具体参数，`nn.Embedding()`的第一个参数为单词的总数，第二个参数为输出的高维向量的维数。为了方便，这里将输出的维数设为与隐含层神经元数 `hidden_size` 相同。接着定义循环神经网络的具体参数，这里我们采用了 GRU 循环神经网络，其参数设置与 RNN 非常类似，但改善了 RNN 的“梯度消失”问题。`GRUCell` 的第一个参数为输入的维数，这里的输入是经过词嵌入的高维向量，维数为 `hidden_size`，第二个参数是隐藏节点的维数。

由于每个句子的长度不一，所以我们选择每次只输入一个单词，而不是一个句子。我们选择使用

GRUCell，它要求输入的格式是(batch,feature)，即将输入的格式设定为(1,hidden_size)。在 forward()函数中，我们先将 input 进行词嵌入，然后输入循环神经网络，结果返回隐藏向量。

3. 解码器

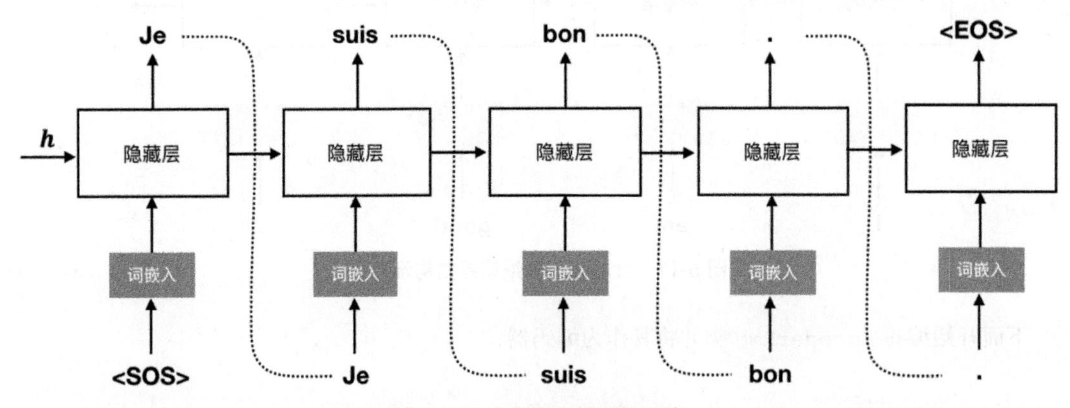

图 5-12 文本翻译解码器结构

下面我们定义如图 5-12 所示的解码器结构，它与编码器的结构非常类似，不同之处在于需要将每次输出的隐藏向量转换成维数为总词数的概率分布向量：

```
class DecoderRNN(nn.Module):
    def __init__(self, hidden_size, output_size):
        super(DecoderRNN, self).__init__()
        self.hidden_size = hidden_size
        self.embedding = nn.Embedding(output_size, hidden_size)
        self.gru = nn.GRUCell(hidden_size, hidden_size)
        self.out = nn.Linear(hidden_size, output_size)

    def forward(self, input, hidden):
        output = self.embedding(input)
        output = F.relu(output)
        hidden = self.gru(output, hidden)
        output = F.log_softmax(self.out(hidden))
        return output, hidden

    def initHidden(self):
        result = torch.zeros(1, self.hidden_size)
        if use_cuda:
            return result.cuda()
        else:
            return result
```

在解码器的__init__()函数内定义隐藏向量的维数 hidden_size。利用 PyTorch 内置的 nn.Embedding 来定义一个词嵌入层，第一个参数为输出的词汇总数量，第二个参数为嵌入的词向量维数。在前向传播 forward()函数中，先将输入的单词序号进行词嵌入为词向量 output，经过 ReLU 函数后，输入 GRU 神经网络，然后输出隐藏向量 hidden，将隐藏向量 hidden 输入一个全连接层 self.out()，得到维数为输出词汇总数量的向量，经过 softmax 函数后，得到一个输出词汇的概率分布向量。

4. 训练函数

在训练时，我们先定义 trainIters()函数，然后利用这个函数循环遍历数据，循环执行 train()函数，稍后再定义 train()函数。

trainIters()传入的参数为编码器、解码器、遍历次数、学习率等，其代码如下：

```
def trainIters(encoder, decoder, n_iters, print_every=500,learning_rate=0.01):
    print_loss_total = 0

    encoder_optimizer = optim.SGD(encoder.parameters(), lr=learning_rate)
    decoder_optimizer = optim.SGD(decoder.parameters(), lr=learning_rate)

    criterion = nn.NLLLoss()

    for iter in range(1, n_iters + 1):
        random.shuffle(pairs)
        training_pairs = [indexesFromPair(pair) for pair in pairs]

        for idx,training_pair in enumerate(training_pairs):
            input_index = training_pair[0]
            target_index = training_pair[1]
            loss = train(input_index, target_index, encoder,decoder,
                encoder_optimizer, decoder_optimizer,criterion)

            print_loss_total += loss

            if idx % print_every == 0:

                print_loss_avg = print_loss_total / print_every
                print_loss_total = 0
                print('iteration:%s, idx:%d, average loss:%.4f' %
                      (iter,idx,print_loss_avg))
```

在该函数内，我们定义了编码器和解码器的优化器 encoder_optimizer、decoder_optimizer 以及损失函数 criterion()。在每次遍历循环中，使用 random.shuffle()函数将数据集的顺序打乱，并将数据集里的句子全部转换成数字序列 training_pairs。循环抽取 training_pairs 里的一对数据进行训练，我们将得到的 loss 值累积起来，每 500 次打印一次。

接着，定义训练函数 train()，代码如下：

```
teacher_forcing_ratio = 0.5

def train(inputs, targets, encoder, decoder, encoder_optimizer, decoder_optimizer,
criterion, max_length=MAX_LENGTH):
    encoder_hidden = encoder.initHidden()
    encoder_optimizer.zero_grad()
    decoder_optimizer.zero_grad()
    input_length = inputs.size()[0]
    target_length = targets.size()[0]
    encoder_outputs = torch.zeros(max_length, encoder.hidden_size)
    if use_cuda:
        encoder_outputs = encoder_outputs.cuda()
    else:
        encoder_outputs

    loss = 0
    for ei in range(input_length):
        encoder_hidden = encoder(inputs[ei], encoder_hidden)
    decoder_input = torch.LongTensor([SOS_token])
    if use_cuda:
        decoder_input = decoder_input.cuda()
    else:
        decoder_input
    decoder_hidden = encoder_hidden
    if random.random() < teacher_forcing_ratio:
        use_teacher_forcing = True
    else:
        use_teacher_forcing = False

    if use_teacher_forcing:
        for di in range(target_length):
            decoder_output, decoder_hidden = decoder(decoder_input, decoder_hidden)
            loss += criterion(decoder_output, targets[di])
            decoder_input = targets[di]

    else:
        for di in range(target_length):
            decoder_output, decoder_hidden = decoder(decoder_input, decoder_hidden)
```

```
            topv, topi = decoder_output.data.topk(1)
            ni = topi[0][0]
            decoder_input = torch.LongTensor([ni])
            if use_cuda:
                decoder_input = decoder_input.cuda()
            else:
                decoder_input

            loss += criterion(decoder_output, targets[di])
            if ni == EOS_token:
                break

    loss.backward()
    encoder_optimizer.step()
    decoder_optimizer.step()
    return loss.item() / target_length
```

在该训练函数中，先使用 encoder.initHidden()初始化编码器的隐藏向量，再使用 for 循环将输入序列进行编码。编码时，依次将输入序列的元素传入 encoder()函数，编码器最终输出隐藏向量 encoder_hidden。接着，我们准备进行解码，解码器的第一个输入元素是 SOS 标识符，即 0，我们将 encoder_hidden 作为解码器的初始隐藏向量。解码分为两种情况：一种是直接将上一次解码输出的词作为下一次解码的输入，另一种是每次均由目标结果作为输入。这里我们随机使用这两种方式，以提高最终测试时的正确率。首先计算每次输出结果与目标单词的损失并累加整个句子的总损失，接着将总损失除以整个目标句子的长度，计算出平均每个单词的损失值，然后反向传播。

在 trainIters()函数中，我们使用了 indexesFromPair()函数将输入的成对句子（单词序列）转换成数字序列。下面我们定义 indexesFromPair()函数：

```
def sentence2index(lang, sentence):
    return [lang.word2index[word] for word in sentence.split(' ')]

def indexesFromSentence(lang, sentence):
    indexes = sentence2index(lang, sentence)
    indexes.append(EOS_token)
    result = torch.LongTensor(indexes).view(-1, 1)
    if use_cuda:
        return result.cuda()
    else:
        return result

def indexesFromPair(pair):
    inputs= indexesFromSentence(input_lang, pair[1])
```

```
    targets = indexesFromSentence(output_lang, pair[0])
    return (inputs, targets)
```

接着定义隐藏向量的大小为256维，初始化编码器和解码器，在 `trainIters()`函数中将数据的循环遍历数设为10：

```
hidden_size = 256
encoder = EncoderRNN(input_lang.n_words, hidden_size)
decoder = DecoderRNN(hidden_size,output_lang.n_words)

if use_cuda:
    encoder = encoder.cuda()
    decoder = decoder.cuda()

trainIters(encoder, decoder, 10)
```

5. 注意力模型

近年来，注意力模型被广泛用于自然语言处理、图像识别以及语音识别等不同类型的深度学习任务中。相较于普通模型，注意力模型往往具有更好的表现。注意力模型借鉴了人脑处理大量信息的机制，不管是视觉、听觉还是嗅觉，人脑均采用了集中资源处理“关键”信息的方式，忽略一些不重要的信息。人类可以利用有限的注意力资源从大量信息中快速筛选出高价值信息，这是人类在长期进化中形成的一种生存机制，极大地提高了信息处理的效率与准确性。

非注意力模型的结构如图5-8所示，解码每个单词时均使用同样的语义向量 $\boldsymbol{h}$。注意力模型的结构如图5-13所示，解码每个单词时采用不同的语义向量 $\boldsymbol{c}_1$、$\boldsymbol{c}_2$ 和 $\boldsymbol{c}_3$。

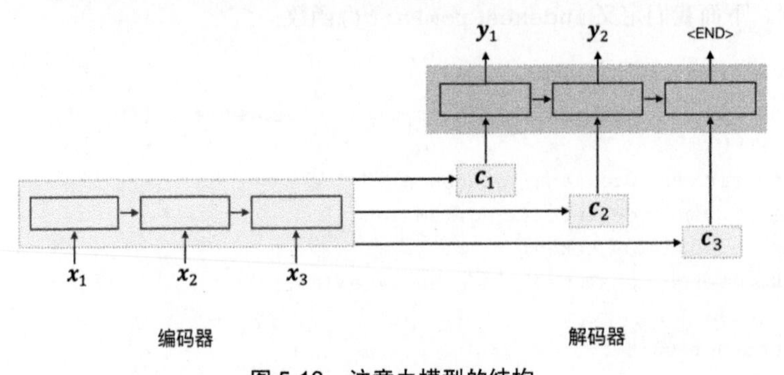

图5-13 注意力模型的结构

如图5-14及公式5-2所示，语义向量 $\boldsymbol{c}_i$ 是注意力的概率分布 a_{ij} 与各隐藏向量 $\boldsymbol{h}_j$ 的加权之和。注意力的概率分布 a_{ij} 可以通过训练学习进行调整：

$$c_i = \sum_{j=0}^{L} a_{ij} h_j \tag{5-2}$$

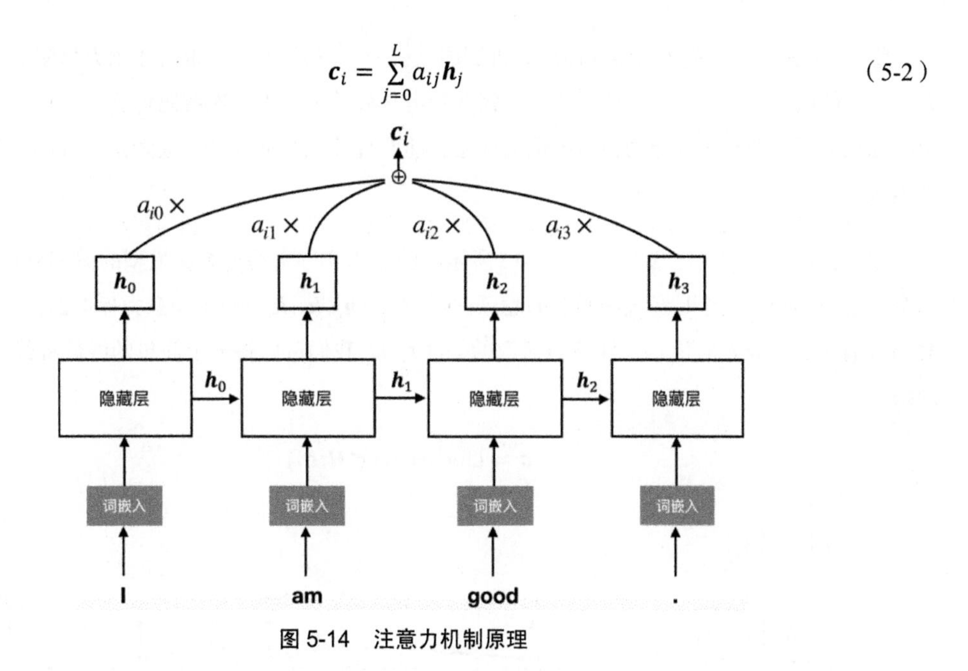

图 5-14 注意力机制原理

实际上，注意力分布 a_{ij} 可以是一个神经网络层。下面我们将前面的非注意力模型进行改进[①]，将代码改写为：

```
class EncoderRNN(nn.Module):
    def __init__(self, input_size, hidden_size):
        super(EncoderRNN, self).__init__()
        self.hidden_size = hidden_size
        self.embedding = nn.Embedding(input_size, hidden_size)
        self.gru = nn.GRU(hidden_size, hidden_size)

    def forward(self, input, hidden):

        output = self.embedding(input).view(1, 1, -1)
        output,hidden = self.gru(output, hidden)
        return output,hidden

    def initHidden(self):
        result = torch.zeros(1,1,self.hidden_size)
        if use_cuda:
            return result.cuda()
        else:
            return result
```

① 本例代码文件为 NMT_2.py，可在本书示例代码 CH5 中找到。

将 DecoderRNN 更改为带有注意力机制的 AttnDecoderRNN。带有注意力机制的解码器稍微复杂一些，解码器在每一次解码的过程中，需要参考 3 种输入：上一次解码得到的单词、上一次解码输出的隐藏向量以及经过注意力抓取的语义向量。前两种输入与非注意力模型是一样的，关键在于第三种输入。

那么我们如何定义注意力？如图 5-15 所示，注意力实际上是一个离散型的概率分布 a，a 会受到两个因素的影响：一个是经过编码器的隐藏向量 $\boldsymbol{H}=[\boldsymbol{h}_0,\boldsymbol{h}_1,\boldsymbol{h}_2,\cdots]$（注意力抓取的内容），另一个是解码时输入的词嵌入向量 $\boldsymbol{q}_i$（注意力抓取的关注点）。我们可以将一个简单的线性神经层作为注意力网络：

$$a=\text{LinearLayer}(\boldsymbol{H},\boldsymbol{q}_i) \tag{5-3}$$

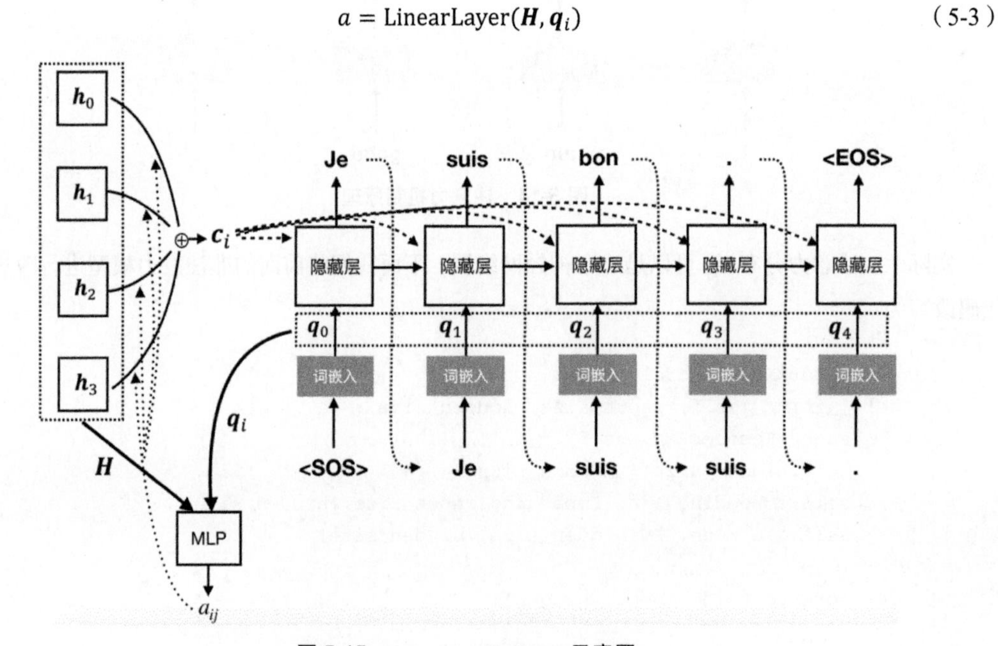

图 5-15 AttnDocoderRNN 示意图

下面是 AttnDecoderRNN 的代码实现：

```
class AttnDecoderRNN(nn.Module):
    def __init__(self, hidden_size, output_size, dropout_p=0.1,
        max_length=MAX_LENGTH):
        super(AttnDecoderRNN, self).__init__()
        self.hidden_size = hidden_size
        self.output_size = output_size
        self.dropout_p = dropout_p
        self.max_length = max_length
```

```
        self.embedding = nn.Embedding(self.output_size, self.hidden_size)
        self.attn = nn.Linear(self.hidden_size * 2, self.max_length)
        self.attn_combine = nn.Linear(self.hidden_size * 2, self.hidden_size)
        self.dropout = nn.Dropout(self.dropout_p)
        self.gru = nn.GRU(self.hidden_size, self.hidden_size)
        self.out = nn.Linear(self.hidden_size, self.output_size)

    def forward(self, input, hidden, encoder_outputs):
        embedded = self.embedding(input).view(1, 1, -1)
        embedded = self.dropout(embedded)

        attn_weights = F.softmax(self.attn(torch.cat((embedded[0],hidden[0]),1)),
            dim=1)
        attn_applied = torch.bmm(attn_weights.unsqueeze(0),encoder_outputs.
            unsqueeze(0))

        output = torch.cat((embedded[0], attn_applied[0]), 1)
        output = self.attn_combine(output).unsqueeze(0)

        output = F.relu(output)
        output, hidden = self.gru(output, hidden)

        output = F.log_softmax(self.out(output[0]), dim=1)
        return output, hidden, attn_weights

    def initHidden(self):
        result = torch.zeros(1, 1, self.hidden_size)
        if use_cuda:
            return result.cuda()
        else:
            return result
```

其中 `self.attn` 是注意力网络，它使用一个线性层和一个 softmax 层可以输出注意力分布 `attn_weights`。随后使用 `attn_weights` 对编码器的隐藏向量进行注意力抓取，生成语义向量。

6. 模型评估

为了检验模型的翻译质量，我们随机抽取了训练样本中的 10 个翻译对进行模型评估。下面我们定义一个评估函数 `evaluate()`：

```
def evaluate(encoder, decoder, sentence, max_length=MAX_LENGTH):
    inputs = indexesFromSentence(input_lang, sentence)
    input_length = inputs.size()[0]
```

```
encoder_hidden = encoder.initHidden()

encoder_outputs = torch.zeros(max_length, encoder.hidden_size)
encoder_outputs = encoder_outputs.cuda() if use_cuda else encoder_outputs

for ei in range(input_length):

    encoder_output, encoder_hidden = encoder(inputs[ei],encoder_hidden)
    encoder_outputs[ei] = encoder_outputs[ei] + encoder_output[0][0]

decoder_input = torch.LongTensor([[SOS_token]])
decoder_input = decoder_input.cuda() if use_cuda else decoder_input

decoder_hidden = encoder_hidden

decoded_words = []
decoder_attentions = torch.zeros(max_length, max_length)

for di in range(max_length):
    decoder_output, decoder_hidden, decoder_attention = decoder(decoder_input,
        decoder_hidden, encoder_outputs)

    decoder_attentions[di] = decoder_attention.data
    topv, topi = decoder_output.data.topk(1)
    ni = topi[0][0].item()

    if ni == EOS_token:
        decoded_words.append('<EOS>')
        break
    else:
        decoded_words.append(output_lang.index2word[ni])

    decoder_input = torch.LongTensor([[ni]])
    decoder_input = decoder_input.cuda() if use_cuda else decoder_input

return decoded_words, decoder_attentions[:di + 1]
```

首先用 indexesFromSentence()函数将句子的每个单词转换成数字序号形式。在编码阶段，将每个单词输入编码器后得到的隐藏向量存储在变量 encoder_outputs 中。在解码阶段，将 SOS_token 作为第一个输入。将编码器最后输出的隐藏向量 encoder_hidden 作为解码器的初始隐藏向量 decoder_hidden。对输出单词概率 decoder_output，我们利用 topk(1)函数选取概率值最高的单词序号 ni。最终利用字典 output_lang.index2word 将序号转换成单词。

随后定义随机评估函数 `evaluateRandomly()`，用于随机抽取 10 组翻译对，将法语句子通过 `evaluate()`函数传入神经翻译机，输出英文句子。最后，打印出正确的翻译结果与机器翻译的结果。相关代码如下：

```
def evaluateRandomly(encoder, decoder, n=10):
    for i in range(n):
        pair = random.choice(pairs)
        print('>', pair[1])
        print('=', pair[0])
        output_words, attentions = evaluate(encoder, decoder, pair[1])
        output_sentence = ' '.join(output_words)
        print('<', output_sentence)
        print('')

evaluateRandomly(encoder, decoder)
```

运行结果如图 5-16 所示。

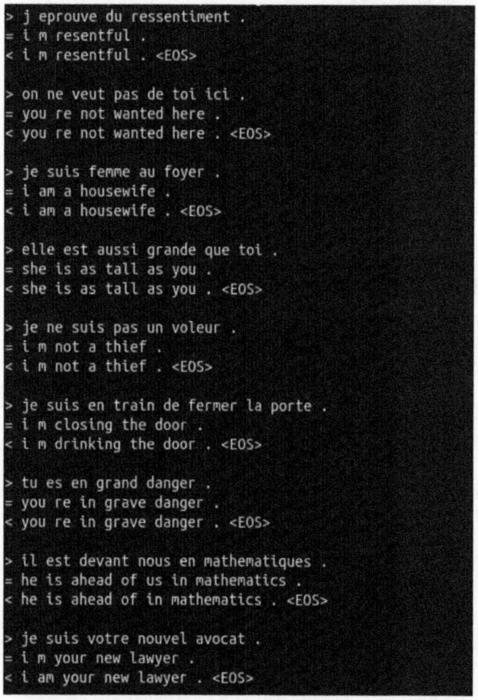

```
> j eprouve du ressentiment .
= i m resentful .
< i m resentful . <EOS>

> on ne veut pas de toi ici .
= you re not wanted here .
< you re not wanted here . <EOS>

> je suis femme au foyer .
= i am a housewife .
< i am a housewife . <EOS>

> elle est aussi grande que toi .
= she is as tall as you .
< she is as tall as you . <EOS>

> je ne suis pas un voleur .
= i m not a thief .
< i m not a thief . <EOS>

> je suis en train de fermer la porte .
= i m closing the door .
< i m drinking the door . <EOS>

> tu es en grand danger .
= you re in grave danger .
< you re in grave danger . <EOS>

> il est devant nous en mathematiques .
= he is ahead of us in mathematics .
< he is ahead of in mathematics . <EOS>

> je suis votre nouvel avocat .
= i m your new lawyer .
< i am your new lawyer . <EOS>
```

图 5-16　评估的翻译结果

第 6 章 生成对抗网络

生成对抗网络（Generative Adversarial Network，GAN）是近年来比较热门的技术，几乎每周都会有相关的新论文发表。LeCun 将生成对抗网络称为“有史以来最酷的事物”。那么生成对抗网络到底是什么？有何魅力？这一章将给你答案。

本章主要给大家介绍：

- 生成对抗网络的基本原理
- 用生成对抗网络生成二次元头像

6.1 生成对抗网络概览

2014 年，Goodfellow[①]提出了生成对抗网络。从 2016 年开始，关于生成对抗网络的论文数量呈指数型增长。有热心人士在 GitHub 上列出了所有生成对抗网络模型的变体，取名为“生成对抗网络的动物园”（The GAN Zoo，参考网址：https://github.com/hindupuravinash/the-gan-zoo），图 6-1 是他制作的有关生成对抗网络的论文发表数量统计，目前该“动物园”一共列出了 503 种不同的生成对抗网络模型及其变体。

① Ian Goodfellow 因提出了生成对抗网络（GAN）而闻名，他被誉为“GAN 之父”，甚至被推举为人工智能领域的顶级专家。

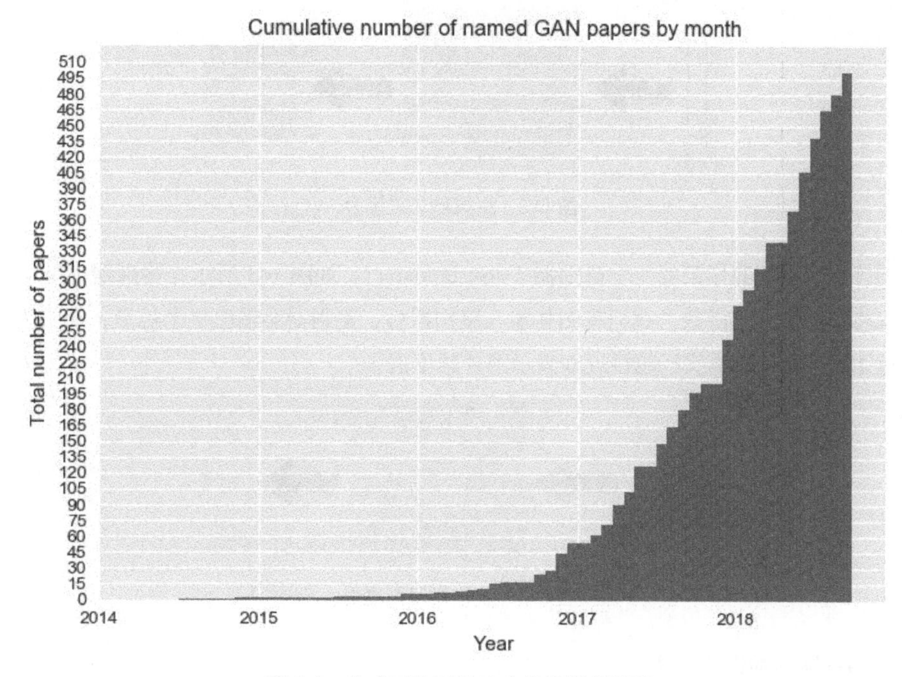

图 6-1 生成对抗网络论文发表数量统计

1. 生成对抗网络基本概念

生成对抗网络的关键词有两个：生成和对抗。我们使用生成对抗网络的目的就是生成一些有趣的、接近真实的东西，比如让机器自己产生一幅画、一段文字，或者让机器根据我们的输入条件生成一些东西，可以输入一张图片后输出一段文字描述，或者是输入一段男性的录音后输出一段女性的录音等。要将神经网络训练得这么“聪明”，需要靠“对抗”的方法。

对抗的方法很容易理解，比方说有一个靠制作赝品谋生的人，他在看了许多凡 · 高的画作后开始模仿其风格制作假画，并成功地骗过了鉴定师的眼睛。但随着鉴定技术的不断提高，他以前的作品被鉴定为赝品，于是他又提高自己的模仿技术，成功画出再次骗过鉴定师的赝品。可是用不了多久，鉴定技术又会提升，所以他必须不断地提高自己的制作技术，循环对抗，直到他的假画跟凡 · 高的画几乎没有差别。

为了生成一些东西，我们需要一个生成器（generator），它是一个神经网络或者可以看成是一个函数。我们只要向生成器中输入一个向量，就可以输出一些东西。如图 6-2 所示，输入一个向量，生成器便会生成一张图片。通常，输入向量的每一个维度都会对应图片的某一种特征。

图 6-2　生成器生成图片

为了训练生成器，我们需要一个鉴别器（discriminator）。如图 6-3 所示，鉴别器也是一个神经网络或者可以将它看作一个函数。我们将图片输入鉴别器后，鉴别器会输出一个标量，通常为 0 到 1，数值越接近 1 表示图片越真实，越接近 0 表示图片越虚假。

图 6-3　鉴别器鉴别真伪

2. 生成对抗网络的训练方法

假设要训练一个二次元人物头像生成器，首先，我们收集了大量的二次元人物头像。最初，我们只拥有一个原始的、参数随机的、很差劲的生成器 G1.0。如图 6-4 所示，G1.0 生成了一些图片，鉴别器 D1.0 可以分辨出它生成的图片是假图片还是真图片。接着 G1.0 优化为 G2.0，生成的图片可以骗过 D1.0。随后 D1.0 优化为 D2.0，能区分 G2.0 生成的假图片和真图片。接着生成器 G3.0 产生的图片更加真实，可以成功骗过 D2.0。这时，D2.0 再次升级为 D3.0……

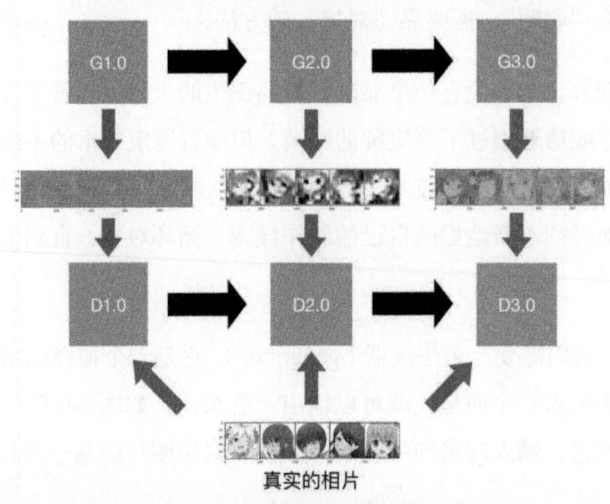

图 6-4　生成对抗网络训练过程

因此，生成对抗网络的算法流程如下。

(1) 初始化生成器和鉴别器的参数。

(2) 在每一个训练迭代中进行下面两个步骤。

第一步：固定生成器，升级鉴别器。如图 6-5 所示，我们向生成器中输入一些随机向量，会生成一些随机的图片，将生成器生成的图片标注为 0，表示假图片。从真实数据样本集中抽取一些图片标注为 1，表示真实的图。此时的鉴别器就相当于一个二元分类模型，通过训练，鉴别器可以成功分辨出哪些图片是生成器生成的假图，哪些是真实的图。

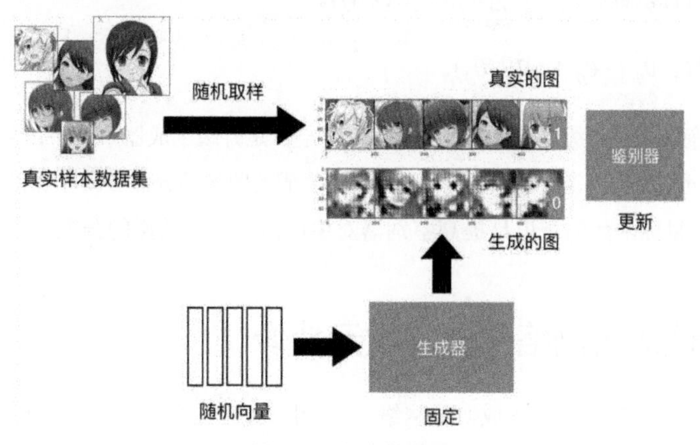

图 6-5 训练鉴别器

第二步：固定鉴别器，升级生成器。如图 6-6 所示，我们将生成器和鉴别器连成一个网络，由生成器根据随机变量产生图片传入鉴别器中，鉴别器判断图片是否真实进行打分，越真实得到的分数越接近 1。在这个过程中，我们固定了鉴别器中的参数，只更新生成器的参数，使得生成器产生的图片得到的分数越来越高。

图 6-6 训练生成器

下面用数学的方式阐述训练算法。

(1) 初始化生成器的参数 θ_g 和鉴别器的参数 θ_d。

(2) 每次迭代进行下面的操作。

① 从数据集中随机抽取 m 个样本 $\{x^1, x^2, \cdots, x^m\}$。

② 从一种分布中随机生成 m 个向量样本 $\{\boldsymbol{z}^1, \boldsymbol{z}^2, \cdots, \boldsymbol{z}^m\}$。

③ 由m个向量样本得到 m 个生成数据 $\{\hat{x}^1, \hat{x}^2, \cdots, \hat{x}^m\}$，$\hat{x}^i = G(\boldsymbol{z}^i)$。

④ 最大化目标函数：$\hat{V} = \frac{1}{m}\sum_{i=1}^{m}\log D(x^i) + \frac{1}{m}\sum_{i=1}^{m}\log(1 - D(\hat{x}^i))$。

更新参数：$\theta_d \leftarrow \theta_d + \eta\boldsymbol{\nabla}\hat{V}(\theta_d)$。

⑤ 从一种分布中随机生成 m 个向量样本 $\{\boldsymbol{z}^1, \boldsymbol{z}^2, \cdots, \boldsymbol{z}^m\}$。

⑥ 最大化目标函数：$\hat{V} = \frac{1}{m}\sum_{i=1}^{m}\log(D(G(\boldsymbol{z}^i)))$。

更新参数：$\theta_g \leftarrow \theta_g + \eta\boldsymbol{\nabla}\hat{V}(\theta_g)$。

每次迭代中的前 4 步是升级鉴别器，第 ⑤ 步和第 ⑥ 步是升级生成器。其中，第 ④ 步中的最大化目标函数的意思是尽量将真实图像的分数 $D(x^i)$ 提高，将生成的图像的分数 $D(\hat{x}^i)$ 降低，即提高 $1 - D(\hat{x}^i)$；第 ⑥ 步中的最大化目标函数的意思是提高鉴别器对生成器产生的图像的分数。

6.2 使用生成对抗网络生成二次元头像

本节将利用 PyTorch 构造一个生成对抗网络[①]，绘制二次元头像。首先准备好真实的二次元头像数据集，感谢网友何之源在知乎文章《GAN 学习指南：从原理入门到制作生成 Demo》中提供了公开的二次元头像数据集。该头像数据集是从著名的动漫图库网站 konachan.net 中爬取的。我们随机抽取了数据集中的图片样本，像素大小为 96×96，如图 6-7 所示。

图 6-7 二次元数据集图片

① 本例代码文件为 DCGAN.py，可在本书示例代码 CH6 中找到。

如图 6-8 所示，我们首先在文件夹 faces 下新建 0 和 1 两个文件夹，并将真实头像数据存放在文件夹 1 中。

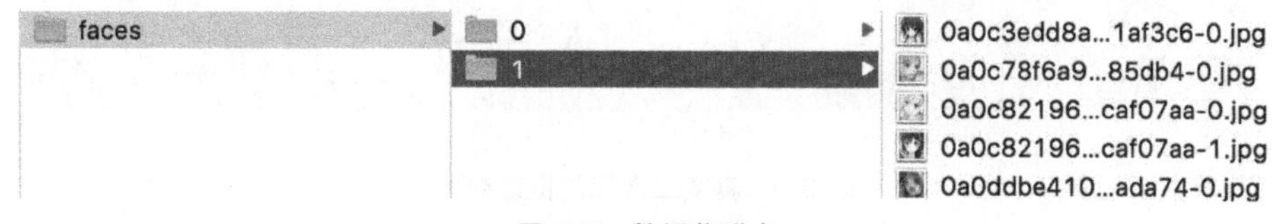

图 6-8 数据集准备

然后我们导入一些需要用到的库，并定义了图片预处理方式、训练集以及训练加载器的工作方式。利用 imshow()函数，从真实数据库中抽出如图 6-9 所示的小批量的图：

```
import torch
import torch.nn as nn
import torch.optim as optim
import torchvision
from torchvision import datasets,transforms,models
import matplotlib.pyplot as plt
import os

data_transform = transforms.Compose([
        transforms.RandomHorizontalFlip(),
        transforms.ToTensor(),
        transforms.Normalize([0.5, 0.5, 0.5], [0.5, 0.5, 0.5])
    ])

trainset = datasets.ImageFolder('faces', data_transform)
trainloader = torch.utils.data.DataLoader(trainset,batch_size=5,shuffle=True,
    num_workers=4)

def imshow(inputs,picname):
    plt.ion()
    inputs = inputs / 2 + 0.5
    inputs = inputs.numpy().transpose((1, 2, 0))
    plt.imshow(inputs)
    plt.pause(0.01)
    plt.savefig(picname+".jpg")
    plt.close()

inputs,_ = next(iter(trainloader))
imshow(torchvision.utils.make_grid(inputs),"RealDataSample")
```

图 6-9 真实二次元的批量样本

1. 定义鉴别器

下面我们定义鉴别器函数，为了生成高质量的图片，这里使用的是深度卷积网络作为鉴别器，使用反卷积神经网络作为生成器，业内将这种结构称为深度卷积生成对抗网络（Deep Convolutional Generative Adversarial Network，DCGAN），其中鉴别器和我们之前学的卷积神经网络结构相同，实际上是一个二元分类器。如图 6-10 所示，鉴别器在每一层均使用大小为 4×4，步长为 2 的卷积核。通过 4 次卷积，将像素大小为 96×96 的图片转换成了 256 张 6×6 的特征图，用线性转换将这 256 张特征图转化为一维标量，最后利用 sigmoid 函数进行二元分类。

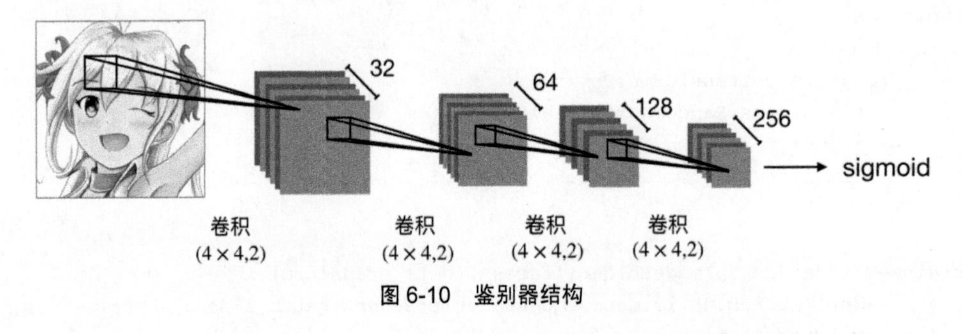

图 6-10 鉴别器结构

在每次卷积之后，我们都使用批归一化和 Leaky ReLU 激活函数来加速收敛。

批归一化（Batch Normalization，BN）是指在每一个神经网络层上进行一次归一化处理。在传统的神经网络中，我们只在输入层对数据进行归一化处理，以降低样本之间的差异性。而批归一化在网络的隐含层上也进行归一化处理。

Leaky ReLU 激活函数是 ReLU 的变体，其表达式为：

$$y_i = \begin{cases} x_i \ , & x_i \geqslant 0 \\ \frac{x_i}{a_i} \ , & x_i < 0 \end{cases} \quad (6\text{-}1)$$

ReLU 是将所有负值都设为 0，而 Leaky ReLU 赋予所有负值一个较小的非零斜率，如图 6-11 所示。

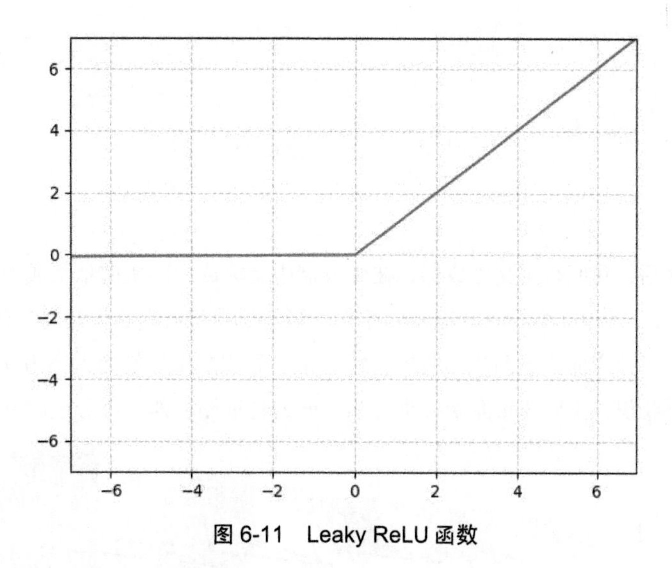

图 6-11 Leaky ReLU 函数

下面我们使用 PyTorch 来定义鉴别器 D:

```
class D(nn.Module):
    def __init__(self,nc,ndf):
        super(D, self).__init__()
        self.layer1 = nn.Sequential(nn.Conv2d(nc,ndf,kernel_size=4,
                          stride=2,padding=1),
                      nn.BatchNorm2d(ndf),nn.LeakyReLU(0.2,inplace=True))

        self.layer2 = nn.Sequential(nn.Conv2d(ndf,ndf*2,kernel_size=4,
                          stride=2,padding=1),
                      nn.BatchNorm2d(ndf*2),nn.LeakyReLU(0.2,inplace=True))

        self.layer3 = nn.Sequential(nn.Conv2d(ndf*2,ndf*4,kernel_size=4,
                          stride=2,padding=1),
                      nn.BatchNorm2d(ndf*4),nn.LeakyReLU(0.2,inplace=True))

        self.layer4 = nn.Sequential(nn.Conv2d(ndf*4,ndf*8,kernel_size=4,
                          stride=2,padding=1),
                      nn.BatchNorm2d(ndf*8),nn.LeakyReLU(0.2,inplace=True))

        self.fc = nn.Sequential(nn.Linear(256*6*6,1),nn.Sigmoid())

    def forward(self,x):
        out = self.layer1(x)
        out = self.layer2(out)
        out = self.layer3(out)
```

```
        out = self.layer4(out)
        out = out.view(-1,256*6*6)
        out = self.fc(out)
        return out
```

2. 定义生成器

定义完鉴别器之后，我们来定义生成器。在生成器中会完成由随机向量生成图片的过程。生成器的结构如图 6-12 所示，将 100 维的向量输入反卷积网络（反卷积可以看作是卷积的逆向操作），通过多层的反卷积操作，可以逆向生成图片。我们在每一个反卷积层中均使用大小为 4×4，步长为 2 的反卷积核。通过 4 次反卷积，生成 3 张像素大小为 96×96 的特征图，即一张彩色的 96×96 图片。

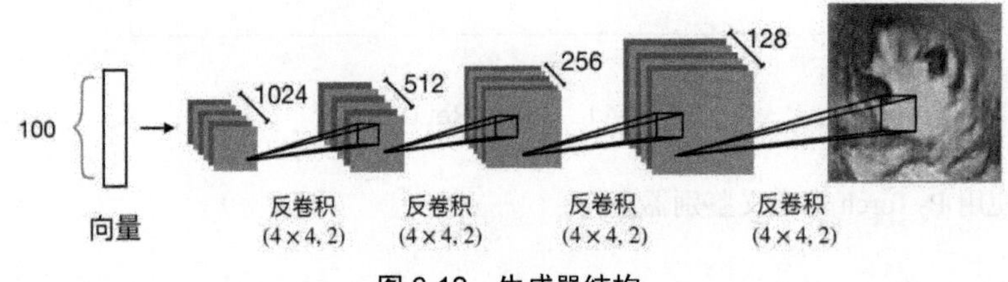

图 6-12 生成器结构

定义鉴别器 D 的代码如下：

```
class G(nn.Module):
    def __init__(self,nc, ngf,nz,feature_size):
        super(G,self).__init__()
        self.prj = nn.Linear(feature_size,nz*6*6)
        self.layer1 = nn.Sequential(nn.ConvTranspose2d(nz,ngf*4,kernel_size=4,
                          stride=2,padding=1),
                      nn.BatchNorm2d(ngf*4),nn.ReLU())
        self.layer2 = nn.Sequential(nn.ConvTranspose2d(ngf*4,ngf*2,kernel_size=4,
                          stride=2,padding=1,
                      nn.BatchNorm2d(ngf*2),nn.ReLU())
        self.layer3 = nn.Sequential(nn.ConvTranspose2d(ngf*2,ngf,kernel_size=4,
                          stride=2,padding=1),
                      nn.BatchNorm2d(ngf),nn.ReLU())
        self.layer4 = nn.Sequential(nn.ConvTranspose2d(ngf,nc,kernel_size=4,
                          stride=2,padding=1),
                      nn.Tanh())

    def forward(self,x):
        out = self.prj(x)
        out = out.view(-1,1024,6,6)
        out = self.layer1(out)
```

```
        out = self.layer2(out)
        out = self.layer3(out)
        out = self.layer4(out)
        return out
```

3. 训练

构建了鉴别器和生成器之后，我们分别初始化鉴别器和生成器：

```
d = D(3,32)
g = G(3,128,1024,100)
```

然后设置损失函数和优化器类型。因为鉴别器实际上是一个二元分类器，所以我们直接采用 `BCELoss()` 作为损失函数。这里为了让鉴别器和生成器可以分开训练，我们分别定义了鉴别器和生成器的优化器，两者均采用了 Adam 优化器，学习率设为 0.0003：

```
criterion = nn.BCELoss()
d_optimizer = torch.optim.Adam(d.parameters(),lr=0.0003)
g_optimizer = torch.optim.Adam(g.parameters(),lr=0.0003)
```

下面开始定义训练函数 `train()`。首先，设定每 10 次打印一次损失值，每 1000 次显示一次生成的图片。然后，先训练鉴别器，分别准备好真实图片 `real_inputs` 和真实图片的标签 `real_labels` 以及生成器生成的假图片 `fake_inputs` 和假图片标签 `fake_labels`；用 `BCELoss()`函数计算各自的损失值，并将两者的损失值相加得到总损失值 `d_loss`；固定生成器的参数，只反向传播更新鉴别器的参数。最后，我们训练生成器，将鉴别器固定，反向传播更新生成器的参数：

```
def train(d,g,criterion,d_optimizer,g_optimizer,epochs=1,show_every=1000,print_every=10):
    iter_count = 0
    for epoch in range(epochs):
        for inputs,_ in trainloader:
            real_inputs = inputs
            fake_inputs = g(torch.randn(5,100))

            real_labels = torch.ones(real_inputs.size(0))
            fake_labels = torch.zeros(5)

            real_outputs = d(real_inputs)
            d_loss_real = criterion(real_outputs,real_labels)
            real_scores = real_outputs

            fake_outputs = d(fake_inputs)
            d_loss_fake = criterion(fake_outputs,fake_labels)
```

```
            fake_scores = fake_outputs

            d_loss = d_loss_real+d_loss_fake
            d_optimizer.zero_grad()
            d_loss.backward()
            d_optimizer.step()

            fake_inputs = g(torch.randn(5,100))
            outputs = d(fake_inputs)
            real_labels = torch.ones(outputs.size(0))
            g_loss = criterion(outputs,real_labels)

            g_optimizer.zero_grad()
            g_loss.backward()
            g_optimizer.step()

            if (iter_count % show_every == 0):
                print('Epoch:{},Iter: {}, D: {:.4}, G:{:.4}'.format(epoch,
                    iter_count, d_loss.item(), g_loss.item()))

                picname = "Epoch_"+str(epoch)+"Iter_"+str(iter_count)
                imshow(torchvision.utils.make_grid(fake_inputs.data),picname)

            if (iter_count % print_every == 0):
                print('Epoch:{},Iter: {}, D: {:.4}, G:{:.4}'.format(epoch,
                    iter_count, d_loss.item(), g_loss.item()))
            iter_count += 1

        print('Finished Training')
```

定义好训练函数 `train()` 后，向其传入鉴别器、生成器、损失函数以及两个优化器，同时将训练轮数设为300：

```
train(d,g,criterion,d_optimizer,g_optimizer,epochs=300)
```

经过300轮训练后，生成器最终生成的二次元头像如图6-13所示。

图6-13 生成的二次元头像

6.3 使用 TorchGAN 生成二次元头像

TorchGAN 是基于 PyTorch 开发的 GAN 设计框架(项目地址:https://github.com/torchgan/torchgan),它可以快速开发和定制 GAN。这一节，我们就利用 TorchGAN 为我们生成二次元头像[①]。

1. TorchGAN 安装

TorchGAN 的安装非常简单，我们这里采用 pip 工具进行安装:

```
$ pip install torchgan
```

如果你想安装最新版本的 TorchGAN，可以使用如下命令:

```
$ pip install git+https://github.com/torchgan/torchgan.git
```

2. 准备数据

我们这里仍然采用上一节的二次元头像数据库。首先导入会使用到的库:

```
import os
import random
import matplotlib.pyplot as plt
import matplotlib.animation as animation
import numpy as np

import torch
import torch.nn as nn
import torchvision
from torch.optim import Adam
import torch.nn as nn
import torch.utils.data as data
import torchvision.datasets as dsets
import torchvision.transforms as transforms
import torchvision.utils as vutils

import torchgan
from torchgan.models import *
from torchgan.losses import *
from torchgan.trainer import Trainer
```

对数据进行预处理，将图片的大小转换为 32×32，随机水平翻转、归一化等:

① 本例代码文件为 TorchGAN.py，可在本书示例代码 CH6 中找到。

```
data_transform = transforms.Compose([
    transforms.Resize((32, 32)),
    transforms.RandomHorizontalFlip(),
    transforms.ToTensor(),
    transforms.Normalize([0.5, 0.5, 0.5], [0.5, 0.5, 0.5])
])

trainset = dsets.ImageFolder('faces', data_transform)
dataloader = torch.utils.data.DataLoader(trainset, batch_size=64,shuffle=True)
```

下面我们抽取一组数据将它们可视化：

```
real_batch = next(iter(dataloader))
plt.figure(figsize=(8,8))
plt.axis("off")
plt.title("Training Images")
plt.imshow(np.transpose(vutils.make_grid(real_batch[0][:64], padding=2,
normalize=True).cpu(),(1,2,0)))
plt.show()
```

运行后，可以看到一组64张的图片，如图6-14所示。

图6-14 二次元头像样本

3. 定义GAN网络

我们开始定义GAN网络，也就是鉴别器和生成器。将 generator 下的 name 设为深度卷积生成器 DCGANGenerator，编码的特征向量的维数 encoding_dims 设为100，由于是彩色图片，所以 out_channels 设为3，然后我们设置优化器为Adam。鉴别器的定义方法和生成器的一致：

```
dcgan_network = {
    "generator": {
        "name": DCGANGenerator,
        "args": {
            "encoding_dims": 100,
            "out_channels": 3,
            "step_channels": 32,
            "nonlinearity": nn.LeakyReLU(0.2),
            "last_nonlinearity": nn.Tanh()
        },
        "optimizer": {
            "name": Adam,
            "args": {
                "lr": 0.0001,
                "betas": (0.5, 0.999)
            }
        }
    },
    "discriminator": {
        "name": DCGANDiscriminator,
        "args": {
            "in_channels": 3,
            "step_channels": 32,
            "nonlinearity": nn.LeakyReLU(0.2),
            "last_nonlinearity": nn.LeakyReLU(0.2)
        },
        "optimizer": {
            "name": Adam,
            "args": {
                "lr": 0.0003,
                "betas": (0.5, 0.999)
            }
        }
    }
}
```

4. 训练

检查设备是否支持 CUDA，并设置训练的轮数。如果系统支持 CUDA，就训练 400 轮，反之训练 5 轮：

```
if torch.cuda.is_available():
    device = torch.device("cuda:0")
    torch.backends.cudnn.deterministic = True
```

```
    epochs = 400
else:
    device = torch.device("cpu")
    epochs = 5

print("Device: {}".format(device))
print("Epochs: {}".format(epochs))
```

现在开始定义生成器和鉴别器的损失函数。TorchGAN 已经为我们预设了许多损失函数，两者均可采用最小二乘损失 `LeastSquaresGeneratorLoss()`和 `LeastSquaresDiscriminatorLoss()`:

```
lsgan_losses = [LeastSquaresGeneratorLoss(), LeastSquaresDiscriminatorLoss()]
```

除了最小二乘损失以外，还可以使用一些效果更好的损失函数如 Wasserstein 损失：

```
wgangp_losses = [WassersteinGeneratorLoss(), WassersteinDiscriminatorLoss(),
    WassersteinGradientPenalty()]
```

将 GAN 网络、损失函数、一次取样的数量及轮数等作为参数传入 `Trainer` 类中，初始化一个训练器 `trainer()`。然后将 `dataloader` 传入训练器 `trainer()`进行训练：

```
trainer = Trainer(dcgan_network, wgangp_losses, sample_size=64, epochs=epochs,
    device=device)
trainer(dataloader)
```

训练后，会在代码根目录下生成一个 images 文件夹，里面存放每一轮训练生成的图片样本。经过 400 轮的训练，生成的二次元样本如图 6-15 所示。

图 6-15 生成二次元头像

第 7 章 深度强化学习

监督学习，是利用已知标签或类别的数据样本来调整模型参数的一种机器学习方法。我们前面章节所学的手写字体识别和神经翻译机都属于监督学习。无监督学习是一种采用没有经过标注或分类的数据样本来调整模型参数的机器学习方法，生成对抗网络就是它的代表。强化学习（Reinforcement Learning，RL）与我们之前了解的监督学习和无监督学习不同，它会根据环境反馈的信息来调整参数，通过不断地与环境互动，让机器学习到一个合适的策略。深度强化学习（Deep Reinforcement Learning，DRL）将深度学习和强化学习相结合，让强化学习焕发新的生命。这一章，我们将开启深度强化学习的奇妙之旅。

本章主要给大家介绍：

- 深度强化学习的基本原理及算法种类
- 深度强化学习算法
- 使用 PyTorch 构建深度强化学习的简单例子

7.1 深度强化学习

2015 年，Google 公司在 *Nature* 杂志上发表了一篇名为 *Human-level control through deep reinforcement learning* 的论文，描述利用强化学习让计算机玩 Atari 的小游戏；2016 年，Google 公司研发的 AlphaGo 在围棋界横扫千军。强化学习与深度学习相结合让人工智能产生了无比巨大的潜力，甚至有不少人认为深度强化学习是一条通向强人工智能的道路。那么，什么是强化学习呢？如图 7-1 所示，在强化学习的模型中，有一个智能体（agent）和一个环境（environment）。智能体可以观察环境的状态（state），然后根据它的状态做一些动作（action），而这些动作会对环境的状态产生影响，这些影响称为反馈（reward）。

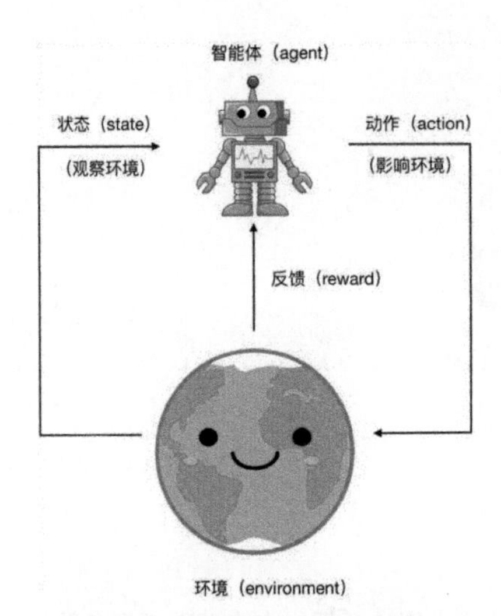

图 7-1 智能体与环境关系图

如果机器做得好，环境就会给它正的反馈；如果机器做得不好，环境就会给它负的反馈。这里的反馈是一个标量，下文将其称为反馈值。机器要学习一个动作策略，这个动作策略可以最大化环境的反馈值。我们可以说，强化学习是基于反馈值假说的一种机器学习算法，即机器的总目标可以被描述为“将未来反馈值总和的期望最大化”！

强化学习的应用范围很广，如游戏竞技、聊天机器人、金融投资、自动驾驶等。强化学习算法大致可以分为 3 种：基于策略（police-based）、基于值函数（value-based）和基于模型（model-based）。这里的模型指的是环境，基于模型的算法只适用于完全掌握环境结构和规律的情况，在大多数情况下，环境对于智能体而言就像是一个黑匣子。基于策略和基于值函数的算法可以让智能体在未知环境下进行学习，也被称为模型自由（model-free）算法。在本章中，我们主要讲解基于策略的算法、基于值函数的算法以及将两者相结合的表演者–评论家（actor-critic）算法。

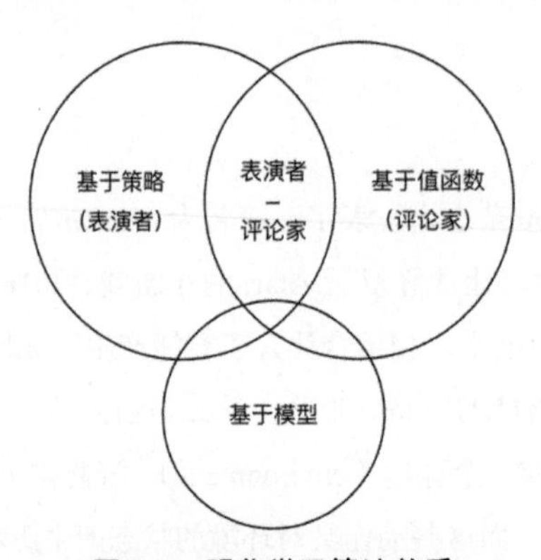

图 7-2 强化学习算法关系

7.2 基于策略的算法

基于策略的算法是要寻找让智能体可以最大化反馈值的策略函数 π。如图 7-3 所示，策略函数的输入是智能体的状态，输出是智能体的动作。我们通过不断优化策略函数以最大化反馈值。

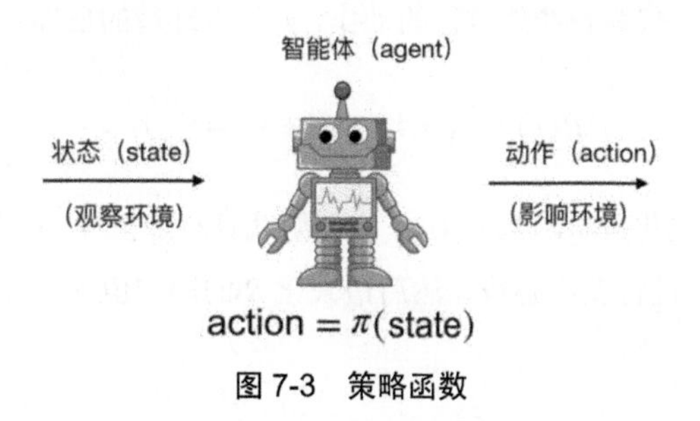

图 7-3　策略函数

比如在迷宫游戏中，智能体需要找到一条合理的路线走出迷宫。如图 7-4 所示，迷宫中的每个格子为一个状态，格子中的箭头方向代表智能体在该格子上（状态）会采取的动作（如上、下、左、右），整个迷宫中的所有箭头的标识就是智能体的策略。智能体在开始时的策略函数可能很糟糕，无法找到迷宫的出口，但随着不断地优化策略函数，智能体就能找到一条正确的路线。

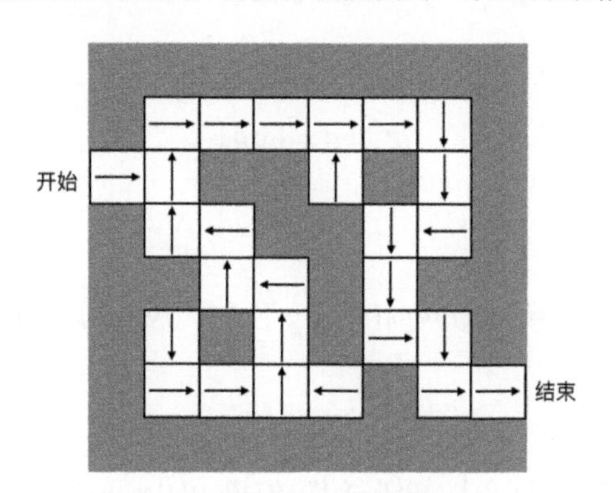

图 7-4　迷宫游戏中的策略标识

如果我们把深度神经网络作为智能体的策略函数 π，那么根据状态来输出相应动作就很像一个多元分类的问题，如图 7-5 所示。

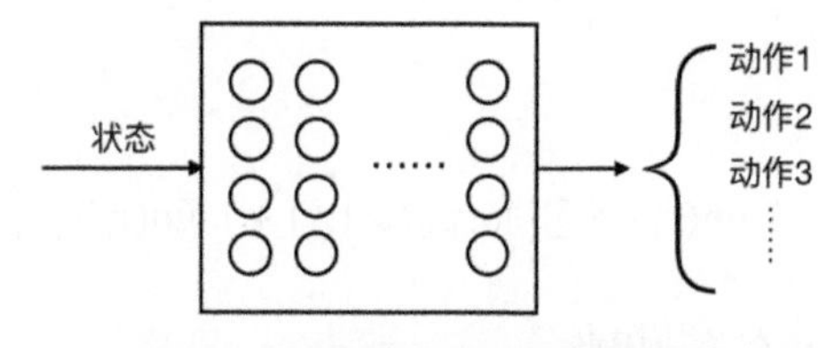

图 7-5　深度强化学习的策略函数

假设一个智能体的策略函数为 $\pi_\theta(s)$（也被称为 actor），θ 是该策略函数的深度神经网络参数。我们让这个智能体 $\pi_\theta(s)$ 玩一场游戏，从游戏开始到游戏结束，我们会得到如下序列 τ：

$$\tau = \{s_1, a_1, r_1, s_2, a_2, r_2, \cdots, s_T, a_T, r_T\}$$

其中，s 代表了环境状态，a 代表智能体进行的动作，r 代表环境的反馈。而环境的总反馈值为：

$$R(\tau) = r_1 + r_2 + \cdots + r_T = \sum_{t=1}^{T} r_t \tag{7-1}$$

我们通过最大化 R_θ 来优化策略函数 $\pi_\theta(s)$。由于游戏具有随机性，因此每一场游戏的 R 均有所不同。我们需要让智能体重复进行多场游戏，然后最大化 R 的期望值 $\overline{R}_\theta$。假设让智能体玩 N 场游戏，得到 N 个不同的总回馈值 $R(\tau^n)$。

$$\overline{R}_\theta = \sum_\tau R(\tau) p_\theta(\tau) \approx \frac{1}{N}\sum_{n=1}^{N} R(\tau^n) \tag{7-2}$$

因此，最大化 $\overline{R}_\theta$ 就可以描述成：

$$\theta^* = \underset{\theta}{\operatorname{argmax}} \overline{R}_\theta \tag{7-3}$$

最大化问题可以转换成梯度上升：

$$\theta' \leftarrow \theta + \eta \nabla \overline{R}_\theta \tag{7-4}$$

那么经过变形得到：

$$\nabla \overline{R}_\theta = \sum_\tau R(\tau) \nabla p_\theta(\tau) \approx \frac{1}{N}\sum_{n=1}^{N} R(\tau^n) \nabla \log p_\theta(\tau^n) \tag{7-5}$$

又因为：

$$p_\theta(\tau) = p(s_1) p_\theta(a_1|s_1) p(r_1, s_2|s_1, a_1) p_\theta(a_2|s_2) p(r_2, s_3|s_2, a_2) \cdots \tag{7-6}$$

即：

$$p_\theta(\tau) = p(s_1) \prod_{t=1}^{T} p_\theta(a_t|s_t) p(r_t, s_{t+1}|s_t, a_t) \tag{7-7}$$

因此：

$$\log p_\theta(\tau) = \log p(s_1) + \sum_{t=1}^{T} [\log p_\theta(a_t|s_t) + \log p(r_t, s_{t+1}|s_t, a_t)] \tag{7-8}$$

由于公式 7-8 中只有第二项与 θ 有关，因此：

$$\nabla \log p_\theta(\tau) = \sum_{t=1}^{T} \nabla \log p_\theta(a_t|s_t) \tag{7-9}$$

综上，结合公式 7-5 和公式 7-9，公式 7-4 可以转变为：

$$\theta' \leftarrow \theta + \eta \frac{1}{N} \sum_{n=1}^{N} \sum_{t=1}^{T_n} R(\tau^n) \nabla \log p_\theta(a_t^n|s_t^n) \tag{7-10}$$

如图 7-6 所示，我们先根据参数为 θ 的策略函数 π_θ 玩 N 场游戏，并记录下每一场游戏的过程 τ^n，通过统计，算出总反馈期望值的梯度，然后进行梯度上升更新参数 θ，更新之后再玩 N 场游戏，重复训练。也就是说我们每次更新完参数之后需要重新再进行 N 场游戏，以前的游戏记录不再有效。

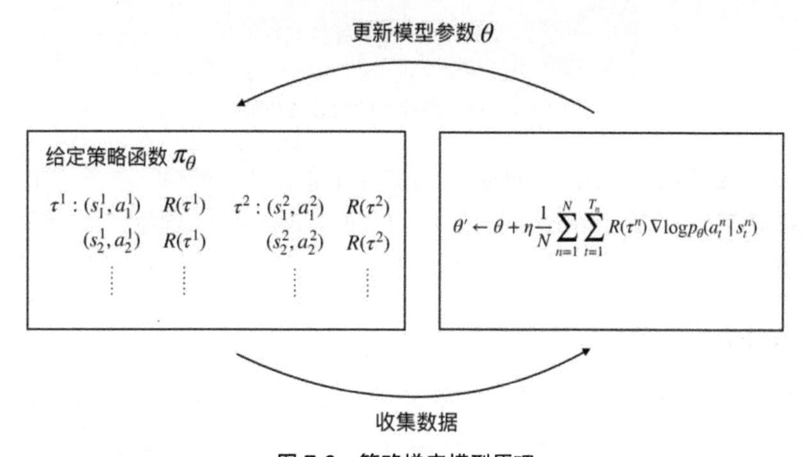

图 7-6 策略梯度模型原理

7.3 基于值的算法

首先我们定义什么是值（value），值就是智能体在未来得到的总反馈的估计值，表示为 V^π。在 7.2 节的策略梯度算法中，我们提到的 $\overline{R}_\theta$ 是指智能体在整个历史上总反馈的期望值，用于衡量智能体在整个历史上的表现情况。而 $V^\pi(s)$ 代表智能体出现状态 s 之后到游戏结束时累积的总反馈的估计值，用于衡量智能体在处于状态 s 时的未来总体表现情况。基于值的算法的核心思想是训练出一个优秀的评论家（状态值评估器），评论家可以准确地估算出每一个状态下的状态值。如图 7-7 所示，评论家为迷宫游戏中每一个状态估算出一个状态值，智能体可以仅凭这些状态值的分布采取有效的行动。

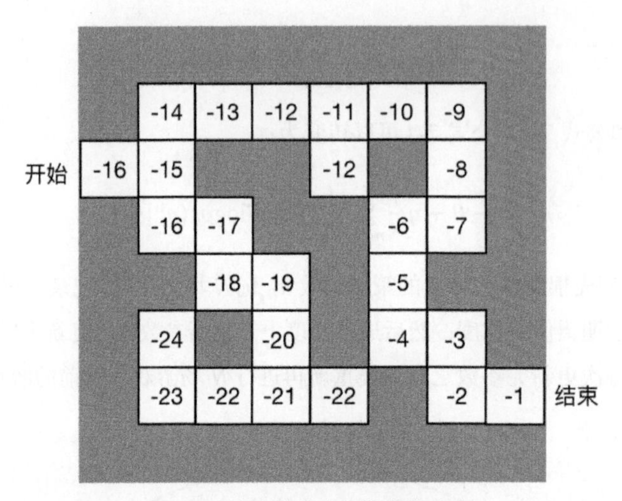

图 7-7 迷宫游戏中的状态值分布

$V^{\pi}(s)$ 的大小不仅取决于智能体 π，也取决于状态 s。智能体可以依据状态值来决定下一步的动作，也就是说，状态值函数可以替代策略函数。估算 $V^{\pi}(s)$ 的方式有两种，一种是蒙特卡罗算法，另外一种是时序差分算法。

1. 蒙特卡罗算法

蒙特卡罗算法只适用于回合式的强化学习情景。比如让智能体玩游戏，从游戏开始到游戏结束可以称为一个回合（episode）。蒙特卡罗算法（Monte-Carlo）采取的方法是观察智能体 π 并且记录每个回合中出现状态 s 之后到游戏结束时累积的总反馈值 G。如图 7-8 所示，在深度强化学习中，我们构建一个神经网络，将状态 s 输入神经网络，随后估算出状态值 $V^{\pi}(s)$，并且令 $V^{\pi}(s)$ 与实际记录中的总反馈值 G 越接近越好。

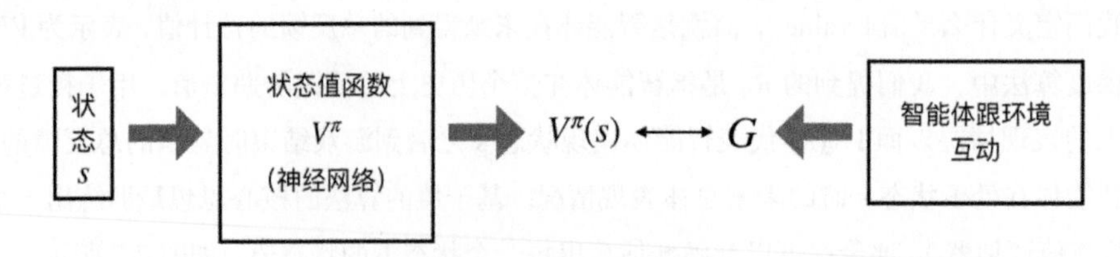

图 7-8 蒙特卡罗算法

2. 时序差分算法

时序差分算法（Temporal-Difference）使用下面递推式来表示 $V^{\pi}(s_t)$：

$$V^{\pi}(s_t) = V^{\pi}(s_{t+1}) + r_t \tag{7-11}$$

时序差分法不需要完整的回合，它能够在回合结束前进行学习，即便具有无穷状态的环境也同样可以适用，因此时序差分法比蒙特卡罗算法的适用性更强。在时序差分算法中，用 $V^\pi(s_{t+1})+r_t$ 代替了蒙特卡罗算法中的 G，如图 7-9 所示，分别将 t 和 $t+1$ 时刻的状态 s_t 和 s_{t+1} 输入神经网络，然后输出 $V^\pi(s_t)$ 和 $V^\pi(s_{t+1})$，我们让 $V^\pi(s_t)-V^\pi(s_{t+1})$ 与实际记录中的 r_t 越接近越好。

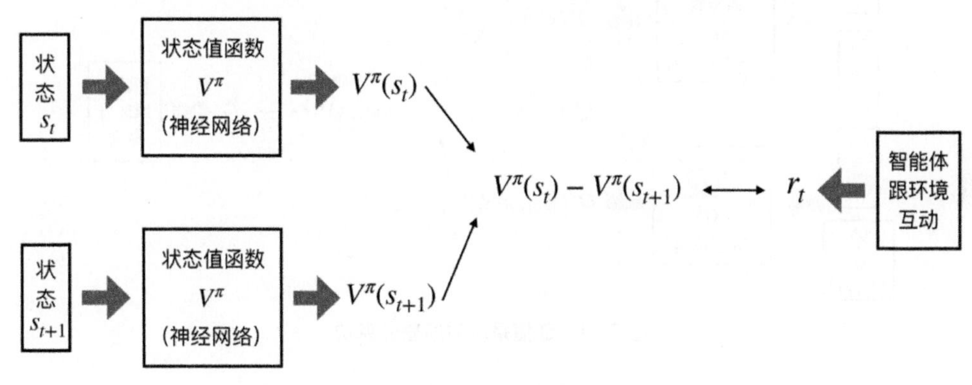

图 7-9 时序差分算法

3. 状态–动作值函数

现在，我们引入另外一种值函数——状态–动作值函数，记为 $Q^\pi(s,a)$。如图 7-10 所示，$Q^\pi(s,a)$ 表示智能体 π 从状态 s 时采取动作 a 到游戏结束所累积的总反馈的估计值。

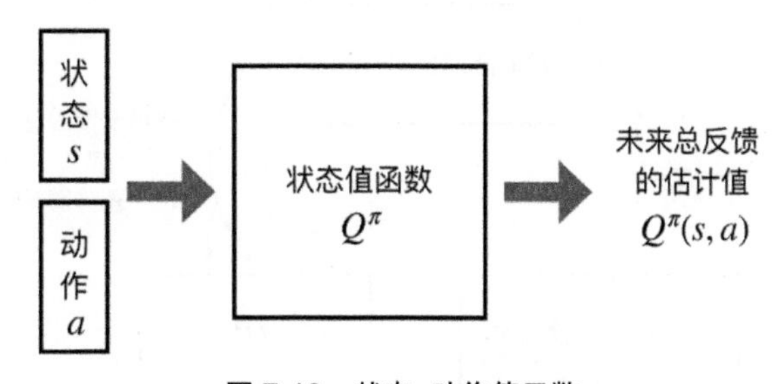

图 7-10 状态–动作值函数

$Q^\pi(s,a)$ 的估算与 $V^\pi(s)$ 的估算方式一样，可以采用蒙特卡罗算法和时序差分算法。在使用时序差分算法时，满足如下关系式：

$$Q^\pi(s_t,a_t)=r_t+Q^\pi(s_{t+1},\pi(s_{t+1})) \tag{7-12}$$

如图 7-11 所示，在训练过程中，分别将 t、$t+1$ 时刻的状态（s_t、s_{t+1}）和动作（a_t、$\pi(s_{t+1})$）输入神经网络，然后输出 $Q^\pi(s_t,a_t)$ 和 $Q^\pi(s_{t+1},\pi(s_{t+1}))$，我们让 $Q^\pi(s_t,a_t)-Q^\pi(s_{t+1},\pi(s_{t+1}))$ 与实际记录中的 r_t 越接近越好。图片上方和下方的 Q^π 并非同时保持一致，为了让训练更加稳定，通常会先

固定住下方的 Q^π 作为目标，对上方的 Q^π 的参数进行更新，经过数次训练后，再将上方的 Q^π 参数更新到下方。像这种采用 Q 值作为估算值来训练智能体的强化学习方法称为 Q-Learning。

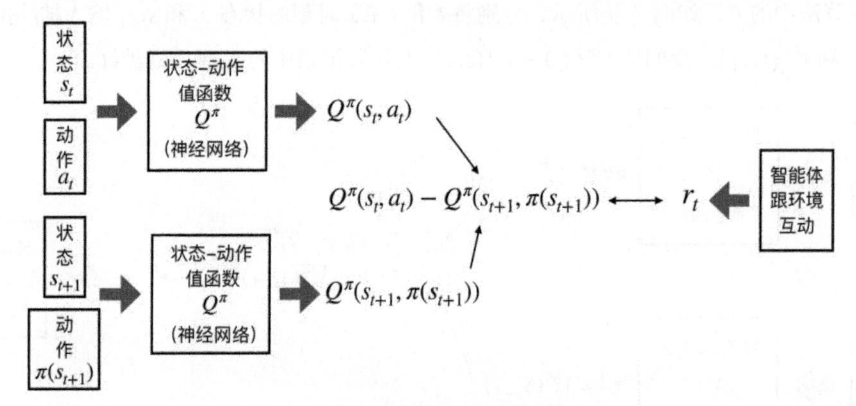

图 7-11 Q 值采取时序差分算法

如图 7-12 所示，我们通过让智能体 π 与环境互动产生数据，利用蒙特卡罗算法或时序差分算法训练 $Q^\pi(s,a)$，通过 $Q^\pi(s,a)$ 找到表现比 π 更好的 π'，不断循环。π' 比 π 更好的定义是指在任何状态 s 下，均有 $V^{\pi'}(s) \geqslant V^\pi(s)$。即：

$$\pi'(s) = \underset{a}{\operatorname{argmax}} Q^\pi(s,a) \tag{7-13}$$

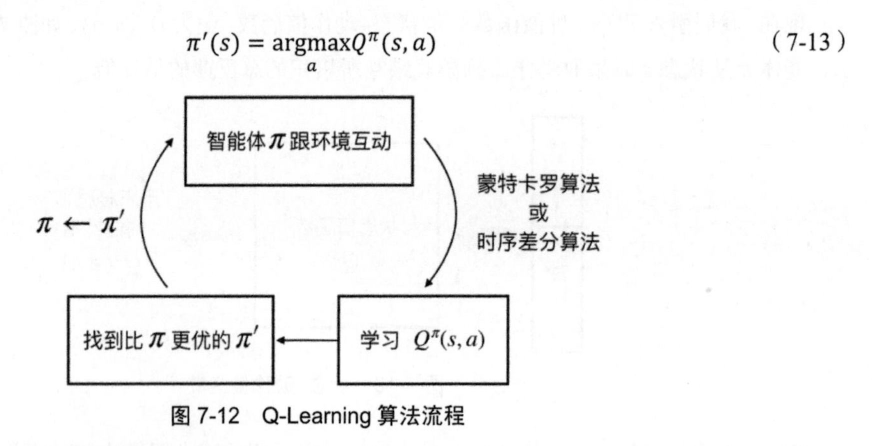

图 7-12 Q-Learning 算法流程

下面用数学的方式阐述时序差分的 Q-Learning 算法。

(1) 初始化状态–动作值函数 Q 和目标 $\hat{Q} = Q$。

(2) 在每个片段中的每一时刻（t）执行下面的步骤。

① 根据状态–动作值函数 Q，在给定的状态 s_t 下，采取动作 a_t。

② 获得反馈值 r_t，变为新状态 s_{t+1}。

③ 将 (s_t, a_t, r_t, s_{t+1}) 存入经验库中。

④ 在经验库中抽取小批量互动数据 (s_i, a_i, r_i, s_{i+1})。

⑤ 固定 $\hat{Q}$，并且算出 $\hat{y} = r_i + \max\limits_a \hat{Q}(s_{i+1}, a)$ 作为目标。

⑥ 更新 Q 的参数，让 $Q(s_i, a_i)$ 接近目标 $\hat{y}$ 。

⑦ 每 N 个时刻（步），令 $\hat{Q} = Q$。

4. 探索

一直使用 Q 函数来选择动作并不利于智能体探索环境，因为智能体只会局限于眼前 Q 函数给出的最高分的动作。为了防止发生上述的情况，我们可以采用贪婪算法（epsilon greedy）：

$$a = \begin{cases} \underset{a}{\operatorname{argmax}} Q(s,a)\ , & 1-\epsilon \\ \text{随机}\ , & \epsilon \end{cases} \tag{7-14}$$

这个算法其实很简单，设置一个小于 1 的 ϵ 值，以概率 ϵ 的值随机选择动作，以概率 $1-\epsilon$ 的值使用 Q 函数来选择动作。

7.4 Gym 简介

在监督学习中，有开源的图片数据集 ImageNet，供世界各地的研究人员尝试不同的算法、复现论文中的算法等。在强化学习领域，OpenAI 提供了类似 ImageNet 的平台——Gym。Gym 为研究者们提供了各式各样不同的环境，浏览主页（https://gym.openai.com）可以帮助我们快速了解 Gym 中丰富的内容。

- 经典控制和文字玩具：这两种环境是非常小型的任务，经常出现在强化学习的论文中。如图 7-13 所示，左侧经典控制的 Cartpole 任务是移动下面的方块使木杆直立，右侧是文字玩具的 Taxi。在下一节中，我们将利用 Gym 经典控制中的 Cartpole 环境来初步了解 Q-Learning 算法。

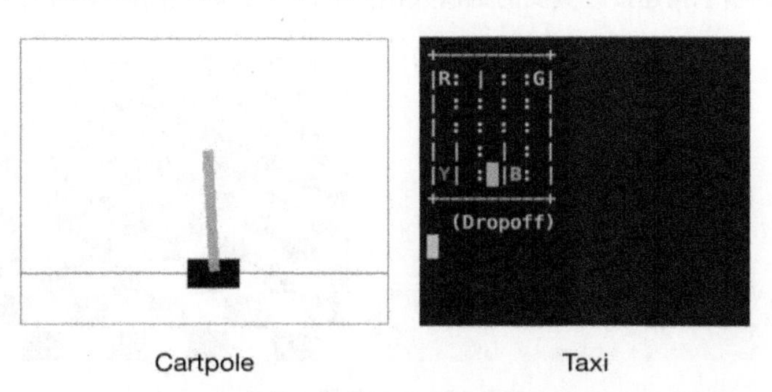

图 7-13 经典控制与文字玩具环境界面

- ❑ 算法类操作：这种环境主要让计算机学习如何运算序列、复制序列以及反转序列，进行一些简单的操作。图 7-14 是算法类操作的复制任务，让计算机复制观察到的序列。

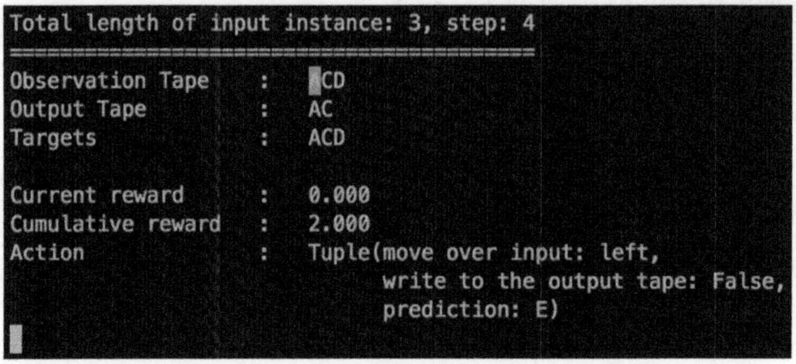

```
Total length of input instance: 3, step: 4
==========================================
Observation Tape    :   ACD
Output Tape         :   AC
Targets             :   ACD

Current reward      :   0.000
Cumulative reward   :   2.000
Action              :   Tuple(move over input: left,
                              write to the output tape: False,
                              prediction: E)
```

图 7-14　算法操作类的复制任务

- ❑ Atari 游戏：包含许多 Atari 经典小游戏。如图 7-15 所示，左侧是入侵者，右侧是 Q 伯特，计算机截取游戏中每一帧的图片作为状态输入，然后输出相应的动作。

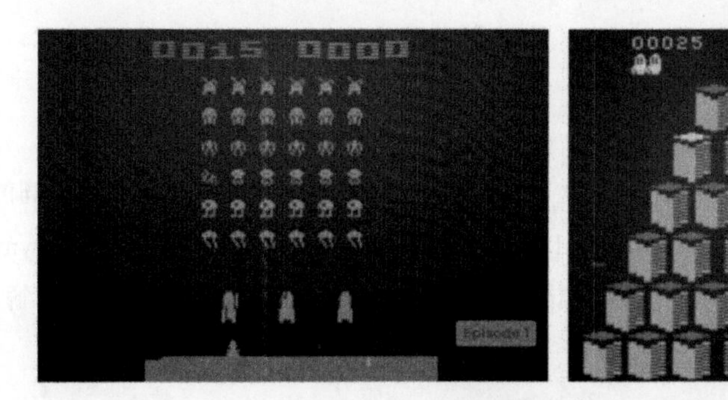

图 7-15　Atari 游戏环境

- ❑ 2D 机器人和 3D 机器人：以模拟的方式控制 2D 机器人和 3D 的机器人。如图 7-16 所示，基于 MuJoCo 物理引擎构建接近真实的机器人模拟器，让计算机在模拟器中学习如何行走。

图 7-16　控制机器人任务

下面我们利用 pip 命令安装 Gym：

```
$pip install gym
```

如果需要用到 Atari 环境，则需额外安装 gym[atari]：

```
$pip install gym[atari]
```

然后新建 env.py，初始化 Gym 环境。使用 gym.make()函数传入环境的名称，不同的名称会初始化不同的环境，比如 CartPole-v0 会初始化 CartPole 任务环境；Qbert-ram-v0 会初始化 Q 伯特游戏环境。env.reset()函数会将环境重置为初始状态。我们让智能体与环境互动 1000 步，每一步都使用 env.render()函数渲染环境，从动作空间随机抽取一个动作 env.action_space.sample()，利用 env.step()函数让智能体采取该动作：

```
import gym
env = gym.make('CartPole-v0')
env.reset()
for _ in range(1000):
    env.render()
    env.step(env.action_space.sample())
```

运行上面的代码，会看到环境界面，并且执行 1000 步后结束。

7.5 Q-Learning 实战

这一节，我们将依据上面所提到的 Q-Learning 算法，利用 PyTorch 实现一个强化学习智能体[①]，让这个智能体学会将木杆立起来。

1. 环境搭建与参数设置

首先，定义一些后面需要用到的参数："经验库"的存储量（MEMORY_CAPACITY）为 2000，每次训练时从"经验库"中一次性抽取的"经验样本"数（BATCH_SIZE）为 32，Q 网络的学习率（LR）为 0.01，小木箱用于探索的 ϵ 参数（EPSILON）为 0.9，奖励递减参数 γ（GAMMA）为 0.9，每 100 步对目标 $\hat{Q}$ 进行更新（TARGET_REPLACE_ITER）。代码如下：

```
import torch
import torch.nn as nn
```

① 本例代码文件为 q-learning.py，可在本书示例代码 CH7 中找到。

```
import torch.nn.functional as F
import numpy as np
import gym
from itertools import count
import matplotlib
import matplotlib.pyplot as plt

MEMORY_CAPACITY = 2000
BATCH_SIZE = 32
LR = 0.01
EPSILON = 0.9
TARGET_REPLACE_ITER = 100
```

接着，初始化一个直立木杆的环境，并记录环境的动作空间维度和观察空间维度，在 Cartpole 中，动作空间的维度是 2，观察空间的维度是 4：

```
env = gym.make('CartPole-v0')
env = env.unwrapped

N_ACTIONS = env.action_space.n
N_STATES = env.observation_space.shape[0]
```

2. 定义 Q 网络和经验库

接下来，定义一个 Q 网络。在本例中，Q 网络是一个两层的全连接层，输入为状态，输出为该状态下执行的每个动作的 Q 值。代码如下：

```
class Q(nn.Module):
    def __init__(self, ):
        super(Q, self).__init__()
        self.fc1 = nn.Linear(N_STATES, 10)
        self.fc2 = nn.Linear(10, N_ACTIONS)

    def forward(self, x):
        x = F.relu(self.fc1(x))
        actions_value = self.fc2(x)
        return actions_value
```

随后，我们定义一个经验库，用于存储经验样本。数据结构如图 7-17 所示，每一行为一次互动片段（s, a, r, s_），其中 s 为互动前的环境状态，a 为采取的动作，r 为环境的反馈值，s_ 为互动后的环境状态。

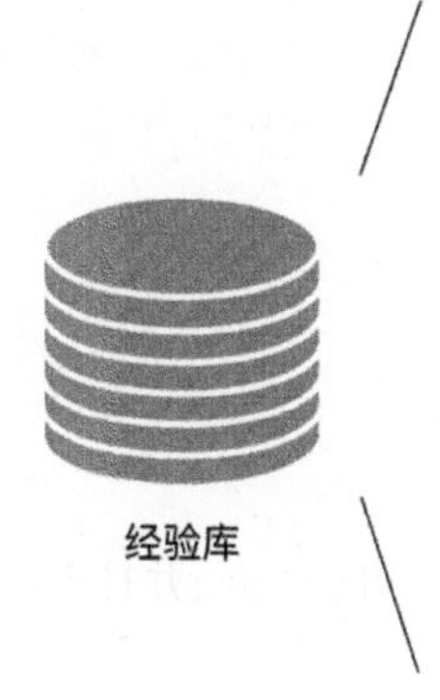

s				a	r	s_			
-0.0623	-0.777	0.0835	1.246	0	0.1497	-0.0778	-0.9731	0.1084	1.564
-0.0778	-0.9731	0.1084	1.564	1	-0.007	-0.0973	-0.7794	0.1397	1.3073
-0.0973	-0.7794	0.1397	1.3073	1	-0.139	-0.1129	-0.5863	0.1658	1.0615

⋮

图 7-17　经验库数据结构

具体代码如下：

```
class Experience(object):

    def __init__(self):
        self.memory_counter = 0
        self.memory = np.zeros((MEMORY_CAPACITY, N_STATES * 2 + 2))

    def push(self, s, a, r, s_):
        transition = np.hstack((s, [a, r], s_))
        index = self.memory_counter % MEMORY_CAPACITY
        self.memory[index, :] = transition
        self.memory_counter += 1

    def sample(self):
        sample_index = np.random.choice(MEMORY_CAPACITY, BATCH_SIZE)
        b_memory = self.memory[sample_index, :]
        b_s = torch.FloatTensor(b_memory[:, :N_STATES])
        b_a = torch.LongTensor(b_memory[:, N_STATES:N_STATES+1].astype
        /(int))
        b_r = torch.FloatTensor(b_memory[:, N_STATES+1:N_STATES+2])
        b_s_ = torch.FloatTensor(b_memory[:, -N_STATES:])
        return b_s,b_a,b_r,b_s_
```

在上面代码中，`push()`函数可以将新产生的样本存入经验库中，`sample()`函数可以随机抽取一定数量的样本。接下来，我们定义一个 `choose_action()`函数，让智能体每次与环境互动的时候选择相应的动作。该函数的输入状态 `x` 和 `Q` 网络，我们利用 7.3.4 节中提到的 ϵ 探索方法，随机产生一个 (0, 1) 的小数。若该小数小于 ϵ，则采用 Q 网络中输出的分值最高的动作。反之，则采用随机动作：

```
def choose_action(x,Q):
    x = torch.unsqueeze(torch.FloatTensor(x), 0)
    if np.random.uniform() < EPSILON:
        actions_value = Q.forward(x)
        action = torch.max(actions_value, 1)[1].data.numpy()[0]
    else:
        action = np.random.randint(0, N_ACTIONS)
    return action
```

随后我们初始化 Q 网络和经验库，定义损失函数和优化器。分别初始化 Q 和 Q_hat，并且令 Q_hat 的参数与 Q 保持一致：

```
device = torch.device("cuda:0" if torch.cuda.is_available() else "cpu")
Q = Q_Net().to(device)
Q_hat = Q_Net().to(device)
Q_hat.load_state_dict(Q.state_dict())
Q_hat.eval()
experience = Experience()
optimizer = optim.RMSprop(Q.parameters())
loss_func = nn.MSELoss()
```

3. 训练

下面我们让智能体与环境互动 4000 回合。每一个回合都需要让环境回到最初的状态重新开始，因此每一回合都要对环境进行初始化 env.reset()，ep_r 用于累计总反馈值。我们通过 choose_action()函数选择每一个状态下要采取的动作，然后将动作 a 传入环境中，环境返回下一个状态值 s_、反馈值 r、回合结束标志 done 和其他信息 info。为了让智能体更有效地学习，我们将默认的 r 值进行了修改。在环境之中，方块水平移动的最大区域范围是 env.x_threshold，超过则回合结束。木杆的角度偏转的最大范围是 env.theta_threshold_radians，超过则回合结束。那么，当方块实际的水平移动范围 abs(x)越接近 env.x_threshold 时，我们让反馈值 r1 越小。木杆的实际角度偏转范围abs(theta)越接近env.theta_threshold_radians时反馈值r2越小。r1 和 r2 相加便构成了总反馈值 r。接下来，我们使用 push()函数将经验样本（s、a、r 和 s_）存入经验库中。当经验库中的样本数达到存储上限时，开始进行抽样学习。根据 $Q^\pi(s_t,a_t)=r_t+Q^\pi(s_{t+1},\pi(s_{t+1}))$，q_eval 是 Q 网络传入批量数据样本中的 (s_t,a_t) 后得到的 Q^π 值。q_target 为 Q^π 网络传入批量数据样本中的 $(s_{t+1},\pi(s_{t+1}))$ 后得到的 Q^π 值加上 r_t。接下来，相当于 q_eval 对 q_target 的线性回归：

```
for i_episode in range(4000):
    s = env.reset()
```

```
    ep_r = 0
    while True:
        env.render()
        a = choose_action(s,Q)
        s_, r, done, info = env.step(a)
        x, _, theta, _ = s_
        r1 = (env.x_threshold - abs(x)) / env.x_threshold - 0.8
        r2 = (env.theta_threshold_radians - abs(theta)) / env.theta_threshold_
            radians - 0.5
        r = r1 + r2
        experience.push(s, a, r, s_)
        ep_r += r
        if experience.counter > MEMORY_CAPACITY:
            b_s,b_a,b_r,b_s_ = experience.sample()
            q_eval = Q(b_s).gather(1, b_a)
            q_next = Q_hat(b_s_).detach()
            q_target = b_r + q_next.max(1)[0].unsqueeze(1)
            loss = loss_func(q_eval, q_target)
            optimizer.zero_grad()
            loss.backward()
            optimizer.step()
        if done:
            print('Episode: ', i_episode,'| Total Reward: ', round(ep_r, 2))
            break
        s = s_
    if i_episode % TARGET_REPLACE_ITER == 0:
        Q_hat.load_state_dict(Q.state_dict())
```

经过 4000 个回合的训练后，智能体就可以成功将木杆立起来。

第 8 章
风格迁移

风格迁移是将一张图片的风格迁移到另外一张图片上。有了这个功能，我们可以很轻易地将自己的图片风格转变成一些名画的风格。如今，很多图像处理软件都具有风格迁移的功能，如 Prisma、Alter 和 Waterlogue 等。我们在前面的章节当中已经学会使用预训练的模型进行迁移学习，现在我们仍然要利用预训练的模型进行风格迁移。

本章主要给大家介绍：

- ❑ 风格迁移的算法原理
- ❑ 使用 PyTorch 实现风格迁移

8.1 风格迁移原理

近年来，卷积神经网络已经成为计算机视觉研究的基本工具。除了被使用在人脸识别和无人驾驶领域外，卷积神经网络还在艺术领域广受欢迎。其中的一个代表性技术就是“风格迁移”，借由手机 App 成功实现了商业化。

2015 年，Leon A.Gatys 和 Alexander S.Ecker 等人发布了一篇名为 *A Neural Algorithm of Artistic Style* 的论文，文章提出了神经元风格（neural-style）的概念，作者利用卷积神经网络将一张照片的艺术风格应用在另外一张照片上，生成一张拥有该艺术风格的全新照片。整个过程中只需要不断更新目标图片，不用再训练卷积神经网络。

如图 8-1 所示，我们将一张普通的照片作为输入，然后选择文森特 · 凡 · 高的名画《星月夜》作为参照风格，最后可以经过风格迁移，得到一张具有《星月夜》风格的照片。

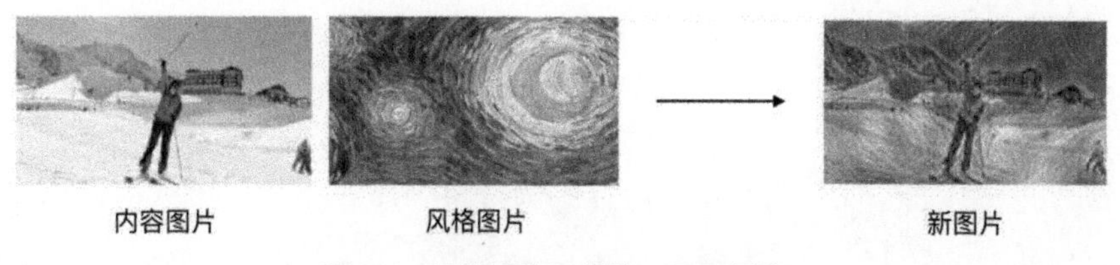

图 8-1 风格迁移示意图（另见彩插）

1. 内容和风格

内容是图片的核心信息，它是比材质和颜色更为抽象的东西。如图 8-2 所示，在卷积神经网络中，输入的图片经过逐层卷积和池化后，会不断产生新的特征图，这些特征图逐渐从低级的表征转变到高级的表征。因此，在已经训练好的卷积神经网络中，较后层级的特征图能有效地表示图片内容。

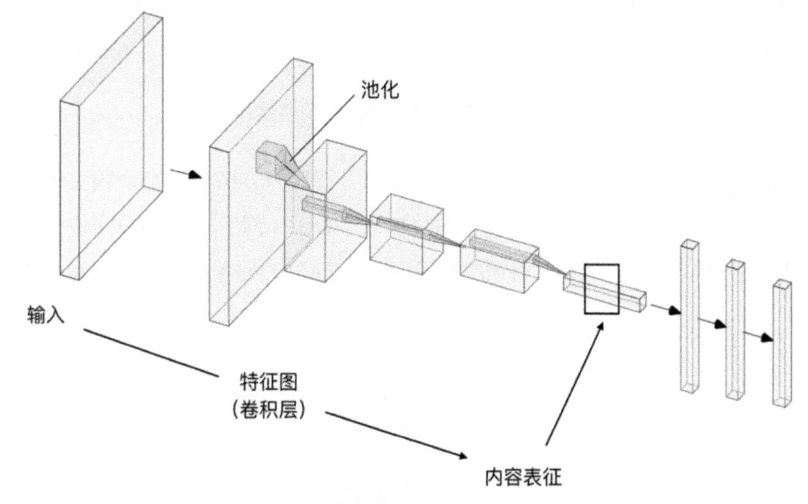

图 8-2 卷积神经网络的内容表征

风格指的是图片中呈现的材质和颜色等较为底层的一些特征。我们知道，在卷积运算过程中会产生很多特征图，这些特征图会根据不同的颜色、形状、材质做出不同的反应，而我们可以通过测量特征图中的材质和颜色等小特征之间的组合关系，来反映图片的风格。

在论文 *A Neural Algorithm of Artistic Style* 中，作者采用了 VGG19 网络，我们在第 4 章已经学习了 VGG19 的网络结构及其特点。如图 8-3 所示，VGG19 有 5 个卷积部分，卷积核的大小为 3×3，卷积核的个数分别为 64、128、256、512 和 512，我们给每一部分的卷积层命名，比如第一部分的卷积有两层，第一层为 conv1_1，第二层为 conv1_2，第二部分的卷积的第一层为 conv2_1，依次类推，最后一部分卷积的最后一层为 conv5_4。

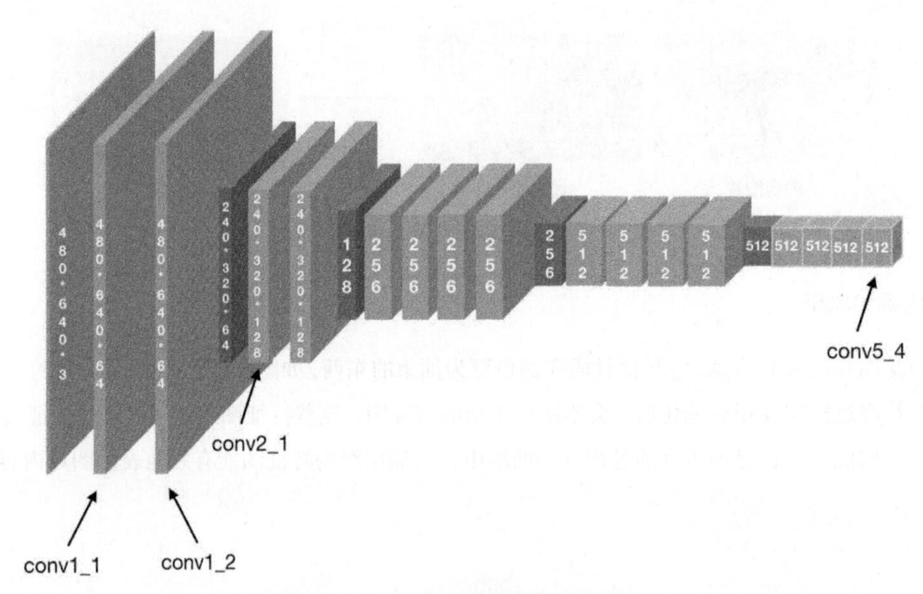

图 8-3 VGG19 卷积部分的网络结构

如果想要将两张图片的风格和内容进行融合，我们必须从内容图片中抽取内容表征，从风格图片中抽取风格表征。如图 8-4 所示，我们将内容图片输入 VGG19 网络，经过前向传播之后，在网络末端的卷积层中抽取出内容表征。同时，将风格图片输入 VGG19 网络，在网络中间的卷积层中抽取风格表征。

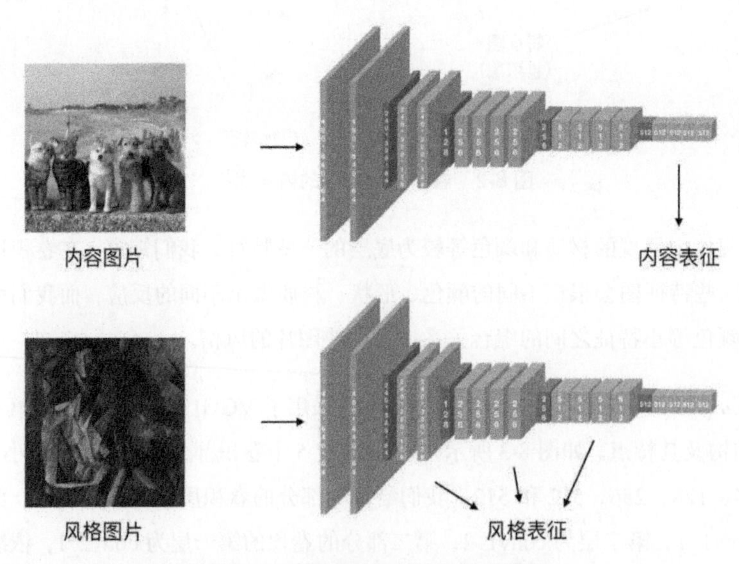

图 8-4 内容表征和风格表征的抽取

2. 内容损失

两张图片在内容上的差异如何定义？单纯对比像素点显然太过于粗糙。如图 8-5 所示，我们可以将两张图片输入 VGG19 网络，然后将它们两个的内容表征进行对比。

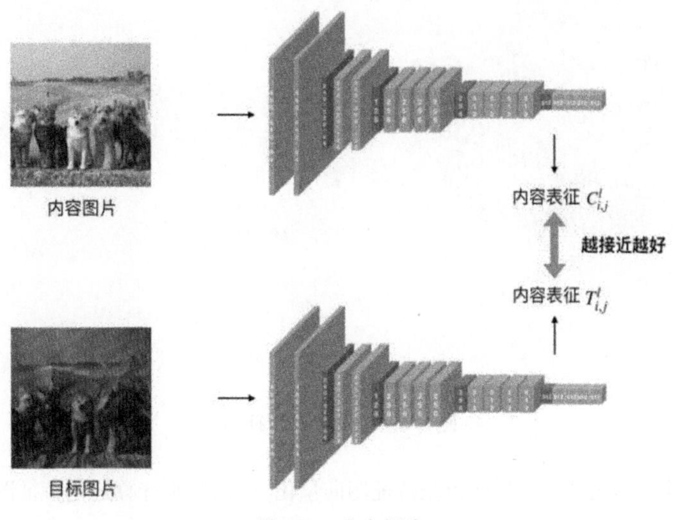

图 8-5 内容损失

在这里，将内容图片在输入 VGG19 后第 l 层的内容表征记为 $C_{i,j}^l$。其中，i表示卷积的第 i 个通道（第 i 张特征图）。我们将第 l 层的每个通道的 2 维特征图拉伸为 1 维特征向量，用 j 来表示该特征向量的元素位置。同理，将目标图片的内容表征记为 $T_{i,j}^l$。那么现在定义一个内容损失函数 L_{content}：

$$L_{\text{content}} = \frac{1}{2}\sum_{i,j}(T_{i,j}^l - C_{i,j}^l)^2 \quad (8\text{-}1)$$

如果想要让目标图片和内容图片的内容表征尽量地接近，那么我们只要将内容损失函数 L_{content} 最小化即可。与之前训练网络权重不同，这一次我们不再更新卷积神经网络的权重，而是更新目标图片的值，通过不断更新目标图片的值，使 L_{content} 趋于最小。

选择哪个部分的第几层卷积层作为内容表征的输出是充满实践智慧的。在论文中，作者选择了第四部分的第二层卷积层 conv4_2 作为内容表征，我们稍后会在 PyTorch 示例中实践它。

3. 风格损失

为了让目标图片和内容图片的内容保持一致，我们定义了内容损失。同样地，为了让目标图片的风格与风格图片的风格保持一致，我们需要定义风格损失。而风格取决于特征图之间的相关性，因此我们特别定义了一个 Gram 矩阵来表示特征图之间的相似度。为了保证风格的完整性，我们计算多个部分的特征图 Gram 矩阵，抽取多个尺度下的风格特征。如图 8-6 所示，我们抽取了每一部分的第一层特征图，即 conv1_1、conv2_1、conv3_1、conv4_1 和 conv5_1。

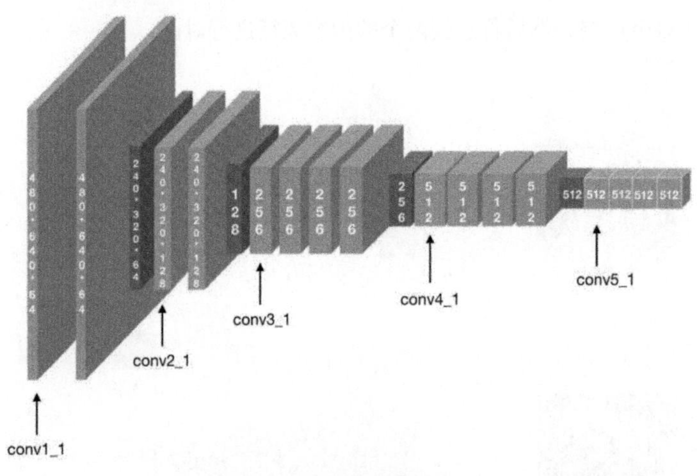

图 8-6 抽取风格特征图

Gram 矩阵的计算方法很简单：先将每张特征图向量化，然后分别计算这些特征图彼此之间的点积，最后将这些点积后得到的标量合并成一个矩阵。以上的描述比较抽象，下面我们举一个简单的例子。

如图 8-7 所示，假设一张 4×4 的图片经过 10 个卷积核生成 10 张 4×4 的特征图，想要计算这 10 张特征图的 Gram 矩阵，则需要先将这 10 张特征图向量化。所谓的向量化，就是将 4×4 的特征图拉伸成 1×16 的向量。这样一来我们得到了 10 个 1×16 的向量，合并这 10 个向量得到一个 10×16 的矩阵。接着，我们将这个矩阵与自己的转置矩阵相乘，相当于求每个特征图之间的相似度，计算出来的 10×10 的矩阵就是我们想要的 Gram 矩阵。

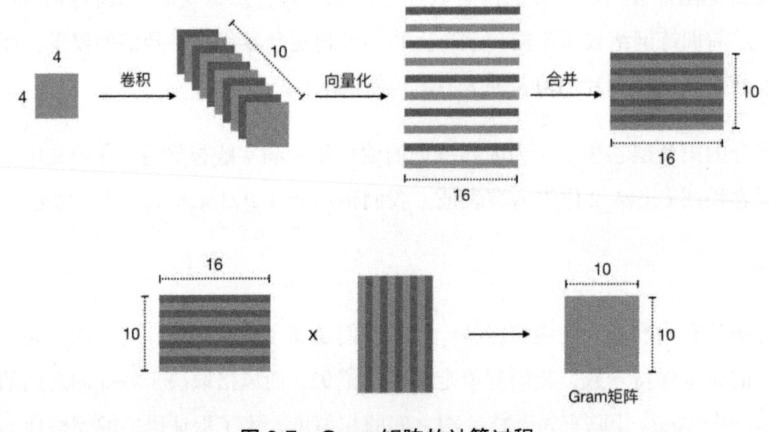

图 8-7 Gram 矩阵的计算过程

如图 8-8 所示，我们分别将风格图片和目标图片输入卷积神经网络，计算各部分挑选出来的特征图之间的 Gram 矩阵。在风格图片输入卷积矩阵后，将得到的第一个卷积层的特征图 Gram 矩阵记为 S^1；在目标图片输入卷积矩阵后，将得到的第一个卷积层的特征图 Gram 矩阵记为 F^1。我们要让目标图片产生的各层的 Gram 矩阵与风格图片产生的各层的 Gram 矩阵尽量接近。

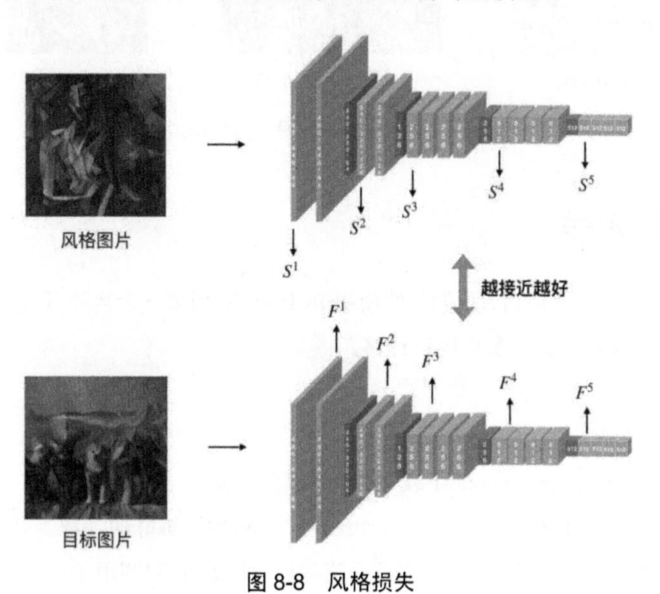

图 8-8 风格损失

于是，在数学上，我们定义了风格损失函数 L_{style}：

$$L_{\text{style}} = \sum_{l} w_l \sum_{i,j} (F_{i,j}^l - S_{i,j}^l)^2 \tag{8-2}$$

其中，l 代表第几个卷积层。w_l 是第 l 层的风格权重，权重越大，表示该卷积层对风格损失的影响越大，我们可以自己手动设置 w_l。i 和 j 分别表示 Gram 矩阵的行和列。

4. 损失权重

我们已经定义了内容损失函数 L_{content}和风格损失函数 L_{style}，下面需要将两个损失函数结合起来，得到总损失函数L_{total}。L_{total} 最简单的计算方式就是将 L_{content} 和 L_{style} 相加，为了能够合理地处理内容和风格的平衡，我们增添了损失权重 α 和 β：

$$L_{\text{total}} = \alpha L_{\text{content}} + \beta L_{\text{style}} \tag{8-3}$$

通常，β 要远大于 α。α与 β 的比的大小会对生成的目标图片产生巨大的影响。如图 8-9 所示，随着风格损失的权重 β 变大，目标图片中风格的表现逐渐超过了内容的表现。

  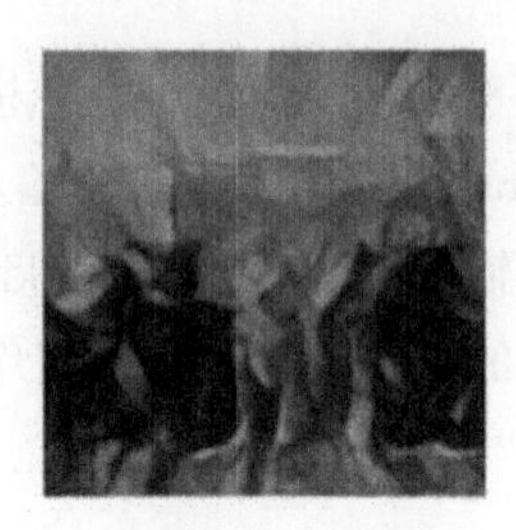

$\alpha : \beta = 1 : 10\ 000$ $\alpha : \beta = 1 : 100\ 000$ $\alpha : \beta = 1 : 1\ 000\ 000$

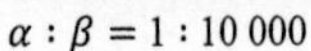

图 8-9 损失权重对比图（另见彩插）

8.2 风格迁移实践

学习了风格迁移的基本理论后，我们开始使用 PyTorch 实现第一个风格迁移的应用①。这里将会用到预训练好的 VGG19 来帮助我们实现风格迁移。

1. 准备 VGG19

第一步，我们利用 torchvision 下载 VGG19 模型，使用 torchvision.models.vgg19()函数可以返回 VGG19 模型，传入 pretrained=True 可以将预训练好的参数一并返回。因为我们现在只需要 VGG19 里面的卷积层和池化层，不需要全连接层，所以，我们调用 features 属性返回 VGG19 的卷积层和池化层的部分。具体代码如下：

```
import torch
from PIL import Image
import numpy as np
import matplotlib.pyplot as plt
import torch.optim as optim
import torch.nn.functional as F
from torchvision import transforms, models

vgg = models.vgg19(pretrained=True).features
```

我们如果打印 vgg 对象，可以看到 vgg 的结构如下：

```
Sequential(
  (0): Conv2d(3, 64, kernel_size=(3, 3), stride=(1, 1), padding=(1, 1))
  (1): ReLU(inplace)
  (2): Conv2d(64, 64, kernel_size=(3, 3), stride=(1, 1), padding=(1, 1))
```

① 本例代码文件为 style_transfer.py，可在本书示例代码 CH8 中找到。

```
  (3): ReLU(inplace)
  (4): MaxPool2d(kernel_size=2, stride=2, padding=0, dilation=1, ceil_mode=False)
  (5): Conv2d(64, 128, kernel_size=(3, 3), stride=(1, 1), padding=(1, 1))
  (6): ReLU(inplace)
  (7): Conv2d(128, 128, kernel_size=(3, 3), stride=(1, 1), padding=(1, 1))
  (8): ReLU(inplace)
  (9): MaxPool2d(kernel_size=2, stride=2, padding=0, dilation=1, ceil_mode=False)
  (10): Conv2d(128, 256, kernel_size=(3, 3), stride=(1, 1), padding=(1, 1))
  (11): ReLU(inplace)
  (12): Conv2d(256, 256, kernel_size=(3, 3), stride=(1, 1), padding=(1, 1))
  (13): ReLU(inplace)
  (14): Conv2d(256, 256, kernel_size=(3, 3), stride=(1, 1), padding=(1, 1))
  (15): ReLU(inplace)
  (16): Conv2d(256, 256, kernel_size=(3, 3), stride=(1, 1), padding=(1, 1))
  (17): ReLU(inplace)
  (18): MaxPool2d(kernel_size=2, stride=2, padding=0, dilation=1, ceil_mode=False)
  (19): Conv2d(256, 512, kernel_size=(3, 3), stride=(1, 1), padding=(1, 1))
  (20): ReLU(inplace)
  (21): Conv2d(512, 512, kernel_size=(3, 3), stride=(1, 1), padding=(1, 1))
  (22): ReLU(inplace)
  (23): Conv2d(512, 512, kernel_size=(3, 3), stride=(1, 1), padding=(1, 1))
  (24): ReLU(inplace)
  (25): Conv2d(512, 512, kernel_size=(3, 3), stride=(1, 1), padding=(1, 1))
  (26): ReLU(inplace)
  (27): MaxPool2d(kernel_size=2, stride=2, padding=0, dilation=1, ceil_mode=False)
  (28): Conv2d(512, 512, kernel_size=(3, 3), stride=(1, 1), padding=(1, 1))
  (29): ReLU(inplace)
  (30): Conv2d(512, 512, kernel_size=(3, 3), stride=(1, 1), padding=(1, 1))
  (31): ReLU(inplace)
  (32): Conv2d(512, 512, kernel_size=(3, 3), stride=(1, 1), padding=(1, 1))
  (33): ReLU(inplace)
  (34): Conv2d(512, 512, kernel_size=(3, 3), stride=(1, 1), padding=(1, 1))
  (35): ReLU(inplace)
  (36): MaxPool2d(kernel_size=2, stride=2, padding=0, dilation=1, ceil_mode=False)
)
```

从打印的结果可以看出，vgg 不含有全连接层的部分。为了让整个网络在运行过程中不再更新参数，我们使用 for 循环将每一个参数的 requires_grad 设为 False：

```
for param in vgg.parameters():
    param.requires_grad_(False)
```

然后，测试系统是否支持 GPU，如果支持 GPU 则使用 CUDA 加速计算：

```
device = torch.device("cuda" if torch.cuda.is_available() else "cpu")
vgg.to(device)
```

第二步，定义一个 load_image()函数用于加载图片数据：

```
def load_image(img_path, max_size=400):

    image = Image.open(img_path)

    if max(image.size) > max_size:
        size = max_size
    else:
        size = max(image.size)

    image_transform = transforms.Compose([
                      transforms.Resize(size),
                      transforms.ToTensor(),
                      transforms.Normalize((0.485, 0.456, 0.406),
                                           (0.229, 0.224, 0.225))])

    image = image_transform(image).unsqueeze(0)

    return image
```

load_image()函数有两个参数，第一个参数是图片的路径，第二个参数是图片的最大尺寸。在上面的代码中，我们利用 PIL 库中的 Image.open()函数将目标路径的图片加载到内存，然后判断图片的大小是否超出了限制的 400 像素，如果超出，那么就会在接下来的图片预处理中，将图片缩小至 400 像素。定义的图片预处理函数 image_transform 的功能很简单，一个是缩放，另外一个是将 PIL 的图片格式转换成 Tensor。接着，用 unsqueeze()函数去除第 1 个维度。

第三步，使用 load_image()函数加载内容图片和风格图片：

```
content = load_image('images/dogs_and_cats.jpg').to(device)
style = load_image('images/picasso.jpg').to(device)
```

为了方便计算风格损失和内容损失，我们在这里加了一个限制，要求内容图片和风格图片的大小一样：

```
assert style.size() == content.size(), "输入的风格图片和内容图片大小需要一致"
```

如果要显示加载的内容图片和风格图片，则需要先将预处理的图片进行逆处理，然后使用 matplotlib 显示：

```
plt.ion()
def imshow(tensor,title=None):

    image = tensor.cpu().clone().detach()
    image = image.numpy().squeeze(0)
    image = image.transpose(1,2,0)
    image = image * np.array((0.229, 0.224, 0.225)) + np.array((0.485, 0.456, 0.406))
    plt.imshow(image)
    if title is not None:
        plt.title(title)
    plt.pause(0.1)

plt.figure()
imshow(content, title='Content Image')

plt.figure()
imshow(style, title='Style Image')
```

显示的内容图片和风格图片如图 8-10 所示。

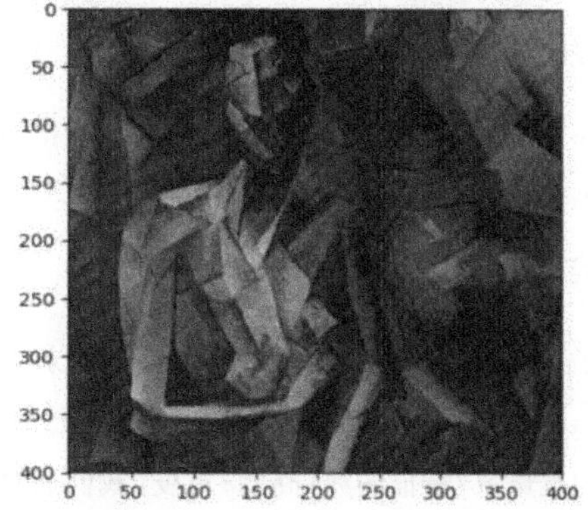

图 8-10 内容图片和风格图片

2. 抽取特征图

下面，我们需要将内容图片和风格图片在关键卷积层处所产生的特征图抽取出来。因此，我们定义了一个 `get_features()`函数，需要输入两个参数，第一个参数是图片，第二个参数是模型。定义一个 `layers` 字典，我们根据之前打印出来的模型结构可以知道：第 0 层是 conv1_1、第 5 层是 conv2_1、第 10 层是 conv3_1、第 19 层是 conv4_1、第 21 层是 conv4_2 以及第 28 层是 conv5_1。随后，将图片传入模型，这里将传入的过程用 `for` 循环对每一层进行了拆分，目的是要在信息传到关键卷积层时，将特征图保存到 `features` 字典中。最后，返回 `features` 字典。代码如下：

```
def get_features(image, model, layers=None):

    if layers is None:
        layers = {'0': 'conv1_1',
                  '5': 'conv2_1',
                  '10': 'conv3_1',
                  '19': 'conv4_1',
                  '21': 'conv4_2',
                  '28': 'conv5_1'}

    features = {}
    x = image
    for name, layer in model._modules.items():
        x = layer(x)
        if name in layers:
            features[layers[name]] = x

    return features
```

定义完 `get_features()` 函数以后，我们分别传入内容图片 `content` 和风格图片 `style`，于是得到内容图片和风格图片的特征图 `content_features` 和 `style_features`:

```
content_features = get_features(content, vgg)
style_features = get_features(style, vgg)
```

3. 定义 Gram 矩阵

为了方便地计算某个卷积层产生的特征图的 Gram 矩阵，我们定义了 `gram_matrix()` 函数。`gram_matrix()` 传入一个参数 `tensor`，`tensor` 是卷积层产生的所有特征图。`tensor.size()` 返回的维数为批量数×特征图数×高度×宽度。我们通过 `view()` 函数将 `tensor` 的形状转变为向量化之后的形状。然后，`tensor` 与其转置矩阵相乘得到 Gram 矩阵。具体代码如下:

```
def gram_matrix(tensor):

    _, d, h, w = tensor.size()
    tensor = tensor.view(d, h * w)
    gram = torch.mm(tensor, tensor.t())

    return gram
```

最后我们定义一个字典 `style_grams` 用于存储风格图片的所有 Gram 矩阵。用 `for` 循环遍历风格图片产生的所有关键特征图，然后分别计算它们的 Gram 矩阵，存储到 `style_grams` 中:

```
style_grams={}
for layer in style_features:
    style_grams[layer] = gram_matrix(style_features[layer])
```

4. 定义损失函数

下面开始定义内容损失函数 `ContentLoss()`，该函数传入两个参数，第一个参数是目标图片的特征图，第二个参数是内容图片的特征图。随后，我们只挑选了 `conv4_2` 的特征图进行求 MSE 损失：

```
def ContentLoss(target_features,content_features):

    content_loss =
F.mse_loss(target_features['conv4_2'],content_features['conv4_2'])
    return content_loss
```

风格损失函数比内容损失函数稍微复杂一些，`StyleLoss()`函数需要传入 3 个参数，第一个参数是目标图片的特征图，第二个参数是风格图片的 Gram 矩阵，第三个参数是风格权重。我们遍历每一个关键卷积层，计算每一个关键卷积层的 Gram 矩阵 `target_gram`。然后求每一层的 `target_gram` 和 `style_gram` 的 MSE 损失，并与相应的风格权重相乘，接着归一化。通过各卷积层损失的累加，我们返回最后的风格损失 `style_loss`：

```
def StyleLoss(target_features,style_grams,style_weights):
    style_loss = 0
    for layer in style_weights:
        target_feature = target_features[layer]
        target_gram = gram_matrix(target_feature)
        _, d, h, w = target_feature.shape
        style_gram = style_grams[layer]
        layer_style_loss = style_weights[layer] * F.mse_loss(target_gram,style_gram)
        style_loss += layer_style_loss / (d * h * w)

    return style_loss
```

5. 定义权重

我们这里定义风格权重 `style_weights`，我们希望越是底层的卷积层权重越大：

```
style_weights = {'conv1_1': 1.,
                 'conv2_1': 0.75,
                 'conv3_1': 0.2,
                 'conv4_1': 0.2,
                 'conv5_1': 0.2}
```

接下来，定义总损失函数中的 α 和 β，我们将 alpha 设为 1，beta 设为 100 000。

```
alpha = 1
beta = 1e5
```

6. 更新目标图片

我们定义每更新 100 次显示一次目标图片，共计更新 2000 次：

```
show_every = 100
steps = 2000
```

更新目标图片的过程与训练模型非常相似，区别在于优化器 optimizer 传入的不再是模型，而是我们所需要更新的目标图片 target，target 的起始状态我们一般直接选择复制内容图片：

```
target = content.clone().requires_grad_(True).to(device)
optimizer = optim.Adam([target], lr=0.003)
```

在每一次的更新中，先使用 get_features() 函数抽取目标图片的特征图。然后计算目标图片的内容损失和风格损失，将两个损失按权重相加成为总损失。最后将总损失反向传播，进行更新：

```
for ii in range(1, steps+1):

    target_features = get_features(target, vgg)

    content_loss = ContentLoss(target_features,content_features)
    style_loss = StyleLoss(target_features,style_grams,style_weights)
    total_loss = alpha * content_loss + beta * style_loss

    optimizer.zero_grad()
    total_loss.backward()
    optimizer.step()

    if  ii % show_every == 0:
        print('Total loss: ', total_loss.item())
        plt.figure()
        imshow(target)

plt.figure()
imshow(target, "Target Image")
plt.ioff()
plt.show()
```

经过 2000 步的更新之后，得到的目标图片如图 8-11 所示。

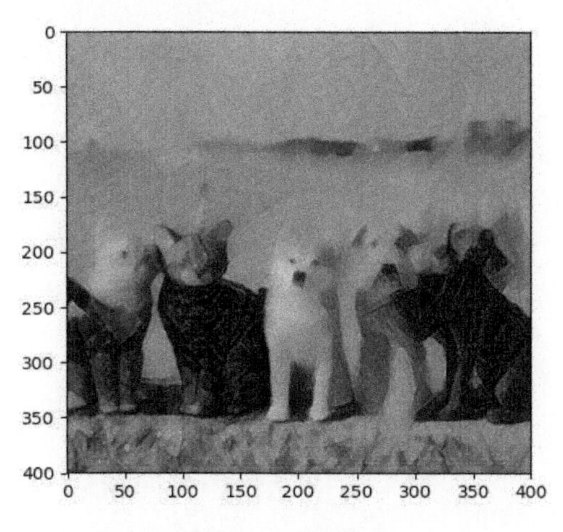

图 8-11 目标图片

第三部分

高 级 篇

$\hat{V}=\frac{1}{m}\sum_{i=1}^{1}\log(D(G(z)))$
$\theta_d \leftarrow \theta_d+\eta\nabla\hat{V}(\theta_d)$
$C_i=\sum_{j=0}^{L}a_{ij}\vec{h}_j$
(S_t, a_t)
(x_1, y_1)
$F(x)+x$
$\theta_g \leftarrow \theta_g+\eta\nabla\hat{V}(\theta_g)$
$x'=\frac{x-u}{\sigma}$

第 9 章

PyTorch 扩展

目前，PyTorch 为我们提供了丰富的函数以及神经网络模块，我们可以很方便地构建模型。此外，还可以利用 NumPy、Scipy 和 C++来扩展定制 PyTorch 的函数或神经网络模块，以满足我们更加复杂和个性化的建模需求。

本章主要给大家介绍：

- ❑ 自定义的神经网络层
- ❑ C++加载 PyTorch 模型

9.1 自定义神经网络层

在自定义神经网络层扩展时，可以根据有无参数采用不同的定义方式。如果自定义的神经网络层没有可学习的参数，那么直接使用 `Function` 类就足够了，比如 PyTorch 自带的 ReLU 就是一个 `Function` 类。如果有参数，就必须采用 `Module` 类。这一节将分别介绍这两种自定义方法。

1. 自定义无参数的层

我们回到 2.2 节的例子，假如有一个向量 $\vec{x} = \begin{bmatrix}1\\1\end{bmatrix}$，把它当作输入。我们对该输入乘 4 后，求长度，然后输出 y。完整过程如图 9-1 所示。

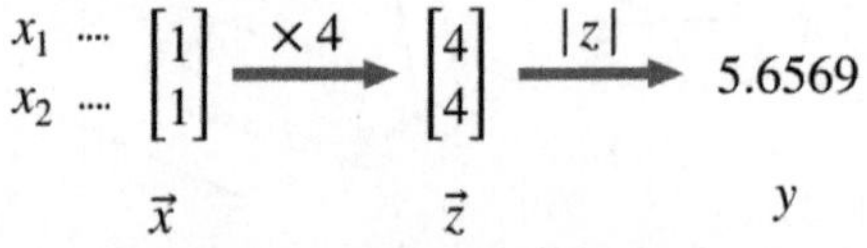

$$\begin{matrix} x_1 \cdots \\ x_2 \cdots \end{matrix} \begin{bmatrix}1\\1\end{bmatrix} \xrightarrow{\times 4} \begin{bmatrix}4\\4\end{bmatrix} \xrightarrow{|z|} 5.6569$$

$$\vec{x} \qquad\qquad \vec{z} \qquad\qquad y$$

图 9-1 $\vec{x}$ 到 y 的运算过程

所以，y 关于 x_1 的微分为：

$$\frac{\partial y}{\partial x_1}=\frac{\partial(4\sqrt{x_1^2+x_2^2})}{\partial x_1}=4\times\frac{1}{2}\times(x_1^2+x_2^2)^{-\frac{1}{2}}\times 2x_1=2\sqrt{2}\approx 2.8284 \tag{9-1}$$

之前，我们采用了 PyTorch 内置的函数，利用反向传播求出了 y 关于 x_1 的微分。这一次，我们尝试自己扩展一个函数直接计算 y，并且可以反向传播进行求导①。首先我们导入依赖库：

```
import torch
from torch.autograd import Function
import numpy as np
```

然后继承 Function 类，开始编写自定义的操作类 SimpleOp()。一个自定义的操作类需要定义两个函数：forward()和 backward()。forward()是前向传播函数，也就是图 9-1 所示的运算过程；backward()是反向传播函数，也就是公式 9-1 的内容。forward()函数需要传入参数 ctx 和 input，ctx 是 context 的缩写，表示上下文，用于存储反向传播时需要用到的对象。本例中，输入 input 是 $\vec{x}$。而 backward()函数同样需要传入 ctx 和 grad_output：

```
class SimpleOp(Function):

    @staticmethod
    def forward(ctx,input):
    ...

    @staticmethod
    def backward(ctx,grad_output):
    ...
```

先来看 forward()函数，ctx.save_for_backward()可以将单个或多个 Tensor 保存至上下文。随后，将 input 转换为 NumPy 对象，并用代码实现前向传播的计算操作，得到的结果 result2 需要转换成 Tensor 后返回：

```
@staticmethod
def forward(ctx,input):

    ctx.save_for_backward(input)

    numpy_input = input.detach().numpy()
    result1 = numpy_input *4
    result2 = np.linalg.norm(result1, keepdims=True)
```

① 本例代码文件为 function_extend.py，可在本书示例代码 CH9 中找到。

```
    return input.new(result2)
```

再来看 backward()函数，ctx.saved_tensors()返回上下文存储的 Tensor，然后按照公式 9-1 的方式计算 grad 并返回。这里需要注意的是，backward()中返回的 grad 个数需要与 forward()中输入的变量个数相同。本例中只有一个 input，因此只需要返回一个 grad 值：

```
@staticmethod
def backward(ctx,grad_output):

    input, = ctx.saved_tensors
    grad = 4*(1/2)*(1/input.norm().item())*(2*input)

    return grad
```

下面，我们对刚才自定义的 SimpleOp()函数进行测试。先初始化 input，并设置其参数 requires_grad 为 True。input 经过 simpleop()计算后得到结果 result，result 使用 backward()函数进行反向传播。整个反向传播求导的操作和内置的其他函数一模一样：

```
simpleop = SimpleOp.apply

input = torch.Tensor([1,1])
input.requires_grad=True
print("input:",input)
result = simpleop(input)
print("result:",result)
result.backward()
print("input grad:",input.grad)
```

运行上述代码，打印结果与我们的预期一致：

```
input: tensor([1., 1.], requires_grad=True)
result: tensor([5.6569], grad_fn=<SimpleOpBackward>)
input grad: tensor([2.8284, 2.8284])
```

2. 自定义有参数的层

如果需要自定义有可学习参数的层，就需要另外用到 Module 类[①]。以最经典的线性层（Linear 层）为例，首先需要先定义一个线性函数 LinearFunction()，其定义方法与 9.1.1 节的例子相同：

① 本例代码文件为 module_extend.py，可在本书示例代码 CH9 中找到。

```
class LinearFunction(Function):

    @staticmethod
    def forward(ctx,input,weight,bias=None):
        ctx.save_for_backward(input,weight,bias)
        output = input.mm(weight.t( ))
        if bias is not None:
            output += bias.unsqueeze(0).expand_as(output)
        return output

    @staticmethod
    def backward(ctx,grad_output):
        input,weight,bias = ctx.saved_tensors
        grad_input = grad_weight = grad_bias = None
        if ctx.needs_input_grad[0]:
            grad_input = grad_output.mm(weight)
        if ctx.needs_input_grad[1]:
            grad_weight = grad_output.t().m(input)
        if bias is not None and ctx.needs_input_grad[2]:
            grad_bias = grad_output.sum(0).squeeze(0)

        return grad_input, grad_weight, grad_bias
```

其计算过程如图 9-2 所示。

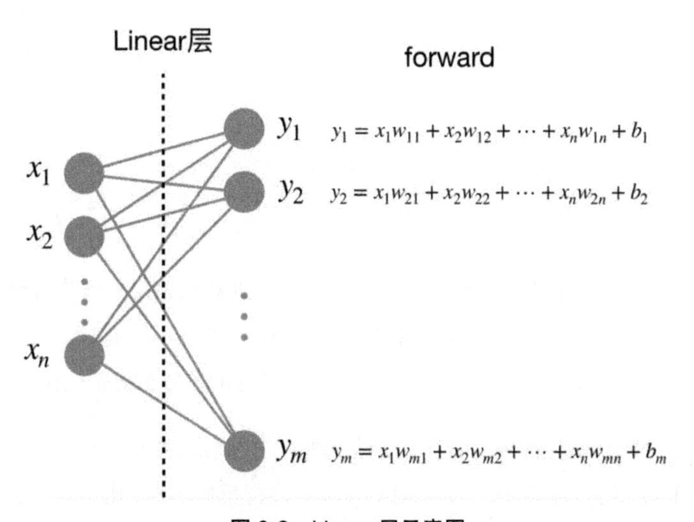

图 9-2 Linear 层示意图

在上面的代码中，forward()函数的输入有 3 个：input、weight 和 bias。其中，weight 和 bias 都是可学习的参数，这两个变量将存放在接下来的 Linear 模型中。forward()函数将 input、 weight、bias 都存在上下文 ctx 中，并且计算结果 output。backward()函数将 ctx 的对象取出，并根据 needs_input_grad 列表里的值判断 ctx 内每个对象的 requires_grad 是否为 True。比如 ctx.needs_input_grad[0]代表 input 是否求导，needs_input_grad[1]代表 weight 是否求导。因为 forward()的输入有 3 个，所以 backward()返回的梯度也必须对应为 3 个。

接下来，定义神经网络层 Linear，定义的方法与之前定义神经网络的方式非常相似。需要写一个初始化函数__init__()和前向传播函数 forward()：

```
class Linear(nn.Module):
    def __init__(self, input_features, output_features, bias=True):
        super(Linear, self).__init__()
        self.input_features = input_features
        self.output_features = output_features
        self.weight = nn.Parameter(torch.Tensor(output_features, input_features))
        if bias:
            self.bias = nn.Parameter(torch.Tensor(output_features))
        else:
            self.register_parameter('bias', None)

        self.weight.data.uniform_(-0.1, 0.1)
        if bias is not None:
            self.bias.data.uniform_(-0.1, 0.1)

    def forward(self, input):
        return LinearFunction.apply(input, self.weight, self.bias)

    def extra_repr(self):
        return 'in_features={}, out_features={}, bias={}'.format(
            self.in_features, self.out_features, self.bias is not None
        )
```

在函数__init__()中，主要的参数分别是输入的特征维数和输出的特征维数，这两个值用来初始化 Linear 层的维数。nn.Parameter 是一种特殊的 Tensor，当它初始化后，会自动在 Module 内注册参数。self.weight.data.uniform_(-0.1, 0.1)使用正态分布初始化权重的值。

接着，我们就像平时初始化神经网络一样，先初始化一个输入维度为 4、输出维度为 2 的 Linear 层，将 input 输入 Linear 层，输出 output。对 output 进行反向传播，由于 output 不是一个标量，因此需要传入 grad_output 参数，即与 output 维度大小相同的 Tensor。具体代码如下：

```
linear = Linear(4,2)
input = torch.Tensor(3,4)
```

```
input.requires_grad=True
output = linear(input)
output.backward(torch.ones(output.size()))
print(input.grad)
```

代码运行后的打印结果为：

```
tensor([[ 0.0435, -0.0783, -0.0664, -0.1098],
        [ 0.0435, -0.0783, -0.0664, -0.1098],
        [ 0.0435, -0.0783, -0.0664, -0.1098]])
```

9.2 C++加载 PyTorch 模型

在生产环境下，我们的程序需要满足高性能、低延迟的要求，因此通常会将 C++作为生产环境下的首选语言。这一节，我们将学习如何将 PyTorch 模型部署到 C++环境下。可以把 Torch Script 看作 PyTorch 中 Python 与 C++两种语言之间的桥梁，它可以将 PyTorch 的模型转换成 C++接口可读的模型。

1. 准备 LibTorch

在一切工作开始之前，要先下载好 PyTorch 的 C++库——LibTorch。如图 9-3 所示，我们到 PyTorch 官网首页找到如下的面板，选择相应的系统后，在 Package 处选择 LibTorch，在 Language 处选择 C++。随后，在 Run this Command 处会出现 LibTorch 库的下载链接，将其下载并解压缩到硬盘。

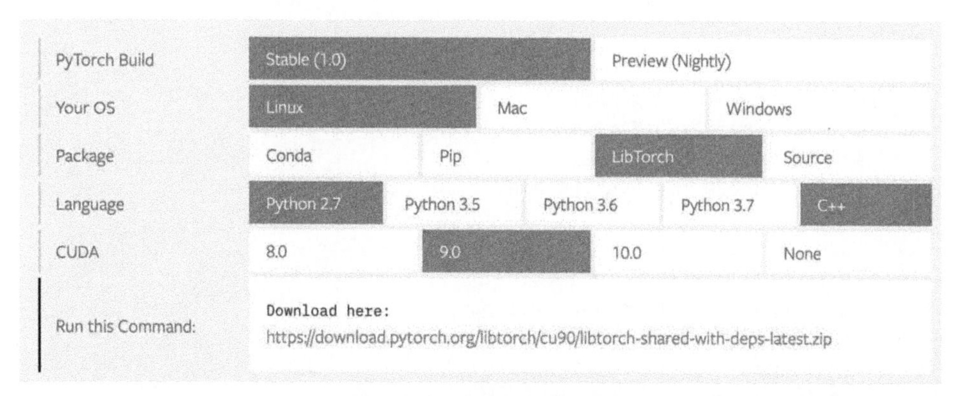

图 9-3 LibTorch 下载页面

2. 将 PyTorch 模型转换成 Torch Script 模型

想要让 C++加载 PyTorch 模型，必须先用 Torch Script 将 PyTorch 模型转换成 Torch Script 的形式。Torch Script 导出 PyTorch 模型的方式有两种，第一种是使用 `trace()`函数，其核心思想是给 PyTorch

模型输入一个任意值，然后将模型前向传播所产生的计算图记录下来，转换成 Torch Script 模型。第二种是使用 script()方法，如果 PyTorch 的整个模型中使用了控制流（比如 if-else 语句），则需要用到 script()方法。

下面我们试着将 PyTorch 的 ResNet-18 模型导出成 Torch Script 模型。因为 ResNet-18 模型没有使用控制流，所以我们可以使用 trace()方法。首先导入需要的库：

```
import torch
import torchvision
```

然后使用 torchvision.models.resnet18()加载 ResNet-18 模型并初始化一个图片的例子 example：

```
model = torchvision.models.resnet18()
example = torch.rand(1, 3, 224, 224)
```

使用 torch.jit.trace()函数为我们生成 Torch Script 模型，trace()函数需要传入模型和一个输入值，返回 Torch Script 模型。最后使用 save()函数将模型保存到硬盘上：

```
traced_script_module = torch.jit.trace(model, example)
traced_script_module.save("model.pt")
```

当在 PyTorch 模型中使用控制流时，需要用到 script()来导出 Torch Script 模型。比如在下面的例子中不难看出，我们在模型的前向传播中使用了控制流：

```
import torch

class MyModule(torch.nn.Module):
    def __init__(self, N, M):
        super(MyModule, self).__init__()
        self.weight = torch.nn.Parameter(torch.rand(N, M))

    def forward(self, input):
        if input.sum() > 0:
            output = self.weight.mv(input)
        else:
            output = self.weight + input
        return output
```

这种情况我们需要使用 script()方法。首先，模型要继承 torch.jit.ScriptModule。其次，在 forward()函数前添加一个修饰符@torch.jit.script_method。初始化模型后，就能自动生成 Torch Script 模型：

```python
import torch

class MyModule(torch.jit.ScriptModule):
    def __init__(self, N, M):
        super(MyModule, self).__init__()
        self.weight = torch.nn.Parameter(torch.rand(N, M))

    @torch.jit.script_method
    def forward(self, input):
        if input.sum() > 0:
            output = self.weight.mv(input)
        else:
            output = self.weight + input
        return output

my_script_module = MyModule()
```

3. C++环境加载 Torch Script 模型

在 C++环境中加载 Torch Script 模型需要用到 LibTorch 库。下面我们编写一段最简单的 C++ 代码，用于加载 Torch Script 模型。创建 example-app.cpp 文件，加载头文件，其中 `<torch/script.h>` 是 LibTorch 的头文件：

```cpp
#include <torch/script.h>
#include <iostream>
#include <memory>
```

随后定义 `main()` 函数，使用 `torch::jit::load()` 函数加载 Torch Script 模型，加载的 Torch Script 模型存储在 `torch::jit::script::Module` 的共享指针下。如果模型加载成功，就打印 `ok`：

```cpp
int main(int argc, const char* argv[]) {
    if (argc != 2) {
        std::cerr << "usage: example-app <path-to-exported-script-module>\n";
        return -1;
    }

    std::shared_ptr<torch::jit::script::Module> module = torch::jit::load(argv[1]);

    assert(module != nullptr);
    std::cout << "ok\n";
}
```

这里使用的编译工具是 CMake，新建 CMakeLists.txt 文件，内容如下：

```
cmake_minimum_required(VERSION 3.0 FATAL_ERROR)
project(custom_ops)

find_package(Torch REQUIRED)

add_executable(example-app example-app.cpp)
target_link_libraries(example-app "${TORCH_LIBRARIES}")
set_property(TARGET example-app PROPERTY CXX_STANDARD 11)
```

为了方便引用，我们将 LibTorch 库和 CMakeLists.txt、example-app.cpp 放在同一个文件夹下。使用以下命令可以切换至该文件夹下：

```
cmake -DCMAKE_PREFIX_PATH=lib-torch
```

其中，`DCMAKE_PREFIX_PATH` 是 LibTorch 的路径。产生 Makefile 文件后，再次运行 `make` 命令进行编译，如果成功的话会在该文件夹下产生一个可执行文件 example-app。

我们运行可执行文件 example-app，传入模型进行测试：

```
$./example-app model.pt
ok
```

如果返回 `ok`，则代表 C++成功加载了 PyTorch 的模型！

第 10 章

PyTorch 模型迁移

为了解决各种深度学习框架之间的模型迁移问题，微软和 Facebook 共同发布了一个解决方案——开放式神经网络交换（Open Neural Network Exchange，ONNX）。现在，PyTorch、Caffe2、Microsoft Cognitive Toolkit 及 MXNet 等框架已经可以支持 ONNX，而 TensorFlow、Core ML 等其他框架虽然还没有官方支持 ONNX，但 ONNX 为它们提供了相应的转换器。

本章主要给大家介绍：

- 如何使用 ONNX 将 PyTorch 模型迁移至 Caffe2
- 如何使用 ONNX 将 PyTorch 模型迁移至 Core ML

10.1 ONNX 简介

ONNX 是一种开源的深度学习模型表示标准。人工智能开发者可以利用 ONNX 快速地将最新的模型由一个深度学习框架迁移到另一个深度学习框架上，避免重新编写模型和训练模型。

1. ONNX 生态圈

如图 10-1 所示，到目前为止，支持 ONNX 的机器学习框架有 PyTorch、Caffe2、Microsoft Cognitive Toolkit、Chainer、MATLAB、SAS、MXNet、PaddlePaddle。另外，一些没有官方支持 ONNX 的机器学习框架也可以由 ONNX 转换器来实现模型迁移，比如 TensorFlow、Keras、Core ML、scikit-learn、XGBoost、LibSVM、ncnn。

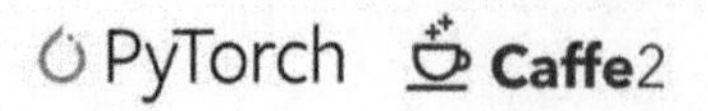

支持ONNX的框架

具有ONNX转换器的框架

图 10-1 ONNX 生态圈

2. ONNX 模型动物园

ONNX 模型动物园里收集了一些业界领先水平的深度学习模型（https://github.com/onnx/models），这些模型都是经过预训练的，开发者可以直接下载然后加载到自己熟悉的深度学习框架中使用。模型动物园里的模型目前有很多分类，比如图像分类、语义分割、目标检测/分割、人脸检测与识别、情感识别、性别识别、手写体识别、超分辨率、风格迁移、机器学习、语音处理、语言模型等。

模型下载很方便，比如下载 MobileNet 的模型，首先在 ONNX 模型动物园的 GitHub 主页上找到图像分类的栏目（Image Classification），如图 10-2 所示。

Image Classification

This collection of models take images as input, then classifies the major objects in the images into a set of predefined classes.

Model Class	Reference	Description
MobileNet	Sandler et al.	Efficient CNN model for mobile and embedded vision applications. Top-5 error from paper - ~10%
ResNet	He et al., He et al.	Very deep CNN model (up to 152 layers), won the ImageNet Challenge in 2015. Top-5 error from paper - ~6%
SqueezeNet	Iandola et al.	A light-weight CNN providing Alexnet level accuracy with 50X fewer parameters. Top-5 error from paper - ~20%
VGG	Simonyan et al.	Deep CNN model (upto 19 layers) which won the ImageNet Challenge in 2014. Top-5 error from paper - ~8%
Bvlc_AlexNet	Krizhevsky et al.	Deep CNN model for Image Classification

图 10-2 ONNX 的图片分类模型栏目

然后点击 MobileNet 进入 MobileNet 模型下载页面。如图 10-3 所示，找到 Model 栏目，点击 Download 一列的超链接进行下载。

Model

MobileNet reduces the dimensionality of a layer thus reducing the dimensionality of the operating space. The trade off between computation and accuracy is exploited in Mobilenet via a width multiplier parameter approach which allows one to reduce the dimensionality of the activation space until the manifold of interest spans this entire space. The below model is using multiplier value as 1.0.

- Version 2:

Model	Download	Checksum	Download (with sample test data)	ONNX version	Opset version	Top-1 accuracy (%)	Top-5 accuracy (%)
MobileNet v2-1.0	13.6 MB	MD5	14.1 MB	1.2.1	7	70.94	89.99

图 10-3　MobileNet 下载页面

3. 可视化 ONNX 模型

下载好模型以后，可以使用 Netron 来可视化 ONNX 模型。Netron 的下载主页为 https://www.lutzroeder.com/ai/。我们既可以安装桌面版本，也可以使用网页版。本书为了简便，使用了网页版（https://lutzroeder.github.io/netron/），如图 10-4 所示。

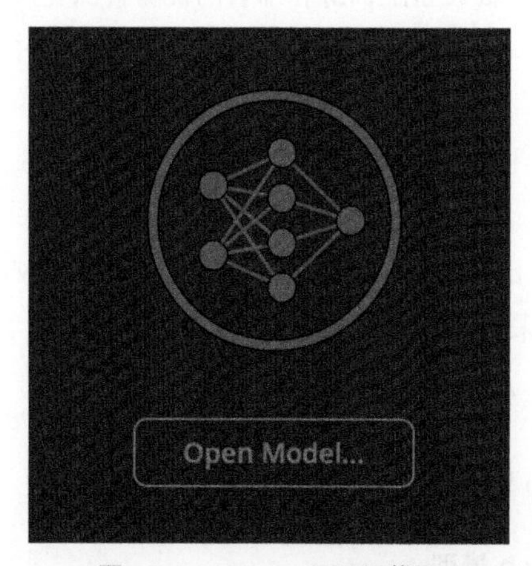

图 10-4　Netron 网页版截图

点击 Open Model 按钮，上传刚才下载的模型后，网页会显示模型的结构。如图 10-5 所示，左边为模型的结构，右边为模型的一些属性。

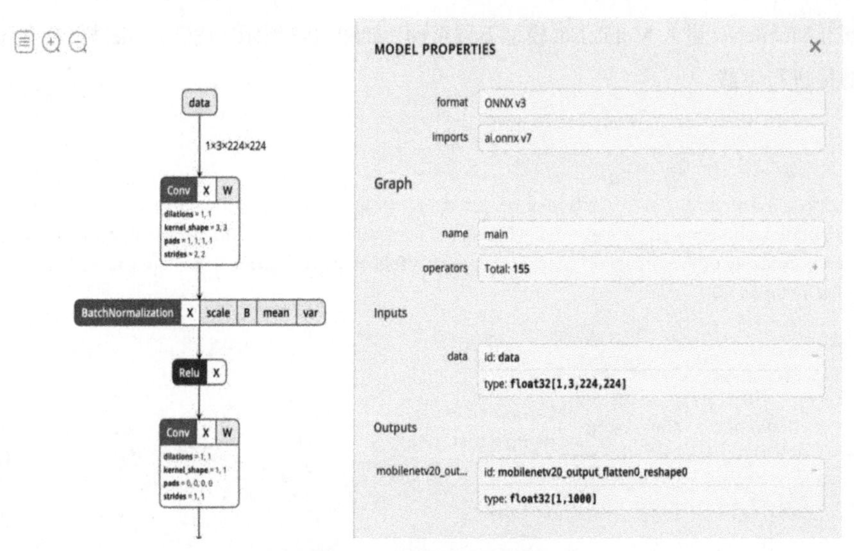

图 10-5 模型可视化结果

10.2 使用 ONNX 将 PyTorch 模型迁移至 Caffe2

2018 年 4 月，Facebook 将 Caffe2 的开源代码并入 PyTorch，至此，由 Facebook 主力支持的两大深度学习框架合二为一。PyTorch 以其开发模型高效且便利的特点，深受学术界的喜爱。而 Caffe2 以其可在 iOS、Android 和树莓派等多种设备上训练和部署的优势，深受产业界的欢迎。PyTorch 和 Caffe2 以 ONNX 作为桥梁，取长补短，让开发者既能享受 PyTorch 便捷的开发模式，又能用借由 Caffe2 将模型部署到不同的设备上。

1. 安装 ONNX

在安装 PyTorch 1.0 时，程序已经为我们装好了 Caffe2。为了能让 PyTorch 的模型顺利迁移至 Caffe2，还需要另外安装 ONNX。这里采用 pip 进行安装：

```
$pip install onnx
```

安装成功后，开始准备 PyTorch 模型。

2. 使用 ONNX 导出 PyTorch 模型

这里为了方便，直接使用 PyTorch 为我们提供预训练模型 AlexNet①。代码如下：

① 本例代码文件为 onnx2caffe.py，可在本书示例代码 CH10 中找到。

```
import torch
import torch.onnx
import torchvision

torch_model = torchvision.models.alexnet(pretrained=True)
torch_model.train(False)
```

torchvision 里具有 AlexNet 模型，我们令 pretrained=True 来加载已经预训练好的 AlexNet 模型参数，因为我们现在只需要推理，无须再次训练，所以对模型的 train()函数传入 False 参数。模型在推理模式时，只进行前向传播，不对参数进行更改，因此防止模型过拟合的 Dropout 也自动取消。

为了让 PyTorch 导出模型，这里采用了 torch.onnx._export()函数，它会执行模型，记录模型在处理输入时使用过的算子。由于这个过程需要一次计算，所以我们需要输入一个样本 x，样本只需要吻合输入数据的固定形状，它的值并不重要：

```
x = torch.randn(1, 3, 224, 224)
torch_out = torch.onnx._export(torch_mode, x, "alexnet.onnx",verbose=Ture)
```

_export()函数的第一个参数为 PyTorch 模型实例，第二个参数为输入值，第三个参数为导出 ONNX 模型的位置和名字。torch_out 是模型执行完成的输出值，一般情况下，我们不需要保存这个值，这里为了与接下来 Caffe2 的运行结果进行对比，先将其保存。运行上述代码后，代码目录下会生成 alexnet.onnx 文件，这个文件就是 PyTorch 模型导出的 ONNX 格式的模型文件。verbose=True 会让该函数将模型打印成可读的形式：

```
graph(%0 : Float(1, 3, 224, 224)
      %1 : Float(64, 3, 11, 11)
      %2 : Float(64)
      %3 : Float(192, 64, 5, 5)
      %4 : Float(192)
      %5 : Float(384, 192, 3, 3)
      %6 : Float(384)
      ......
      %41 : Float(1, 4096) = onnx::Relu(%40), scope: AlexNet/Sequential[classifier]/
           ReLU[2]
      %42 : Float(1, 4096)
      %43 : Tensor = onnx::Dropout[ratio=0.5](%41), scope: AlexNet/Sequential
           [classifier]/Dropout[3]
      %44 : Float(1, 4096) = onnx::Gemm[alpha=1, beta=1, transB=1](%42, %13, %14),
           scope: AlexNet/Sequential[classifier]/Dropout[3]
```

```
      %45 : Float(1, 4096) = onnx::Relu(%44), scope: AlexNet/Sequential[classifier]/
            ReLU[5]
      %46 : Float(1, 1000) = onnx::Gemm[alpha=1, beta=1, transB=1](%45, %15, %16),
            scope: AlexNet/Sequential[classifier]/ReLU[5]
  return (%46);
}
```

3. 检验 ONNX 模型

导出 alexnet.onnx 之后，我们可以使用 onnx 库来验证 alexnet.onnx 的格式是否正确。导入 onnx 库，并用 onnx.load() 将硬盘上的模型加载到内存，变量存储在 model 内，用 onnx.checker.check_model() 校验模型的格式是否正确。最后使用 onnx.helper.printable_graph() 来打印出模型可读的网络结构，代码如下：

```
import onnx

model = onnx.load("alexnet.onnx")
onnx.checker.check_model(model)
onnx.helper.printable_graph(model.graph)
```

4. 将 Caffe2 导入 ONNX 模型

现在，我们可以将刚才生成的 alexnet.onnx 导入 Caffe2 中。在实际操作的情况下，这一步是分开的，但为了方便对比 PyTorch 与 Caffe2 的计算结果，我们将继续往下写，首先导入需要用的包：

```
import numpy as np
import caffe2.python.onnx.backend as onnx_caffe2_backend
```

使用 onnx.caffe2_backend.prepare() 函数将 ONNX 格式的模型转换为 Caffe2 的神经网络模型。由于模型权重已经被包含在模型之中，因此只需要额外将输入值传入 Caffe2 模型即可。接着使用 run() 函数运行该模型，得到输出 c2_out：

```
prepared_backend = onnx_caffe2_backend.prepare(model)
W = {model.graph.input[0].name: x.data.numpy()}
c2_out = prepared_backend.run(W)[0]
```

我们采用了 NumPy 的 assert_almost_equal() 函数去测试两种框架下输出值的差别，精确到小数点后 3 位：

```
np.testing.assert_almost_equal(torch_out.data.cpu().numpy(), c2_out, decimal=3)
print("Exported model has been executed on Caffe2 backend, and the result looks good!")
```

运行以上代码，如果整个过程没有报错，并输出以下内容，意味着我们成功将 PyTorch 模型转为 ONNX 格式：

```
Exported model has been executed on Caffe2 backend, and the result looks good!
```

再由 ONNX 格式迁移到 Caffe2 上，会发现两个框架的运行结果一致。

10.3 使用 ONNX 将 PyTorch 模型迁移至 Core ML

Core ML 是苹果公司在 2017 年发布的机器学习框架，它可以在苹果的 iOS 系统上开发拥有机器学习能力的 App。如图 10-6 所示，Core ML 部署在 iOS 系统的 App 下，通过加载 Core ML 的模型使 App 具有机器学习的功能。现在我们就来学习如何利用 ONNX 制作 Core ML 的模型。

图 10-6 Core ML 运行原理

1. PyTorch 模型转 ONNX 模型

首先，我们要将已经训练好的 PyTorch 模型转换成 ONNX 模型。在这个例子中，仍然利用 torchvision 为我们预训练好的模型 ResNet-18：

```
import torch
import torch.onnx
import torchvision

torch_model = torchvision.models.resnet18(pretrained=True)
torch_model.train(False)
x = torch.randn(1, 3, 224, 224)
torch_out = torch.onnx._export(torch_model, x, "resnet18.onnx",verbose=True)
```

上述代码将生成一个 resnet18.onnx 模型文件。

2. ONNX 模型转 Core ML 模型

现在，我们需要将刚才生成的 resnet18.onnx 模型转成 Core ML 能够识别的模型[①]。由于 Core ML 没有官方支持 ONNX，因此我们需要额外安装一个从 ONNX 模型到 Core ML 模型的转换器：onnx-coreml。在编写本书时，onnx-coreml 只支持 Python 2.7 版本，因此需要将 Python 调至 2.7 版本来安装运行本次实验。为了体验到最大的兼容性，我们安装最新版的 onnx-coreml。运行下面代码进行安装：

```
$git clone --recursive https://github.com/onnx/onnx-coreml.git
$cd onnx-coreml
$./install.sh
```

安装完成以后，导入 onnx-coreml 库：

```
import onnx_coreml
```

接着使用 onnx_coreml.convert()函数将 ONNX 模型转成 Core ML 模型 cml，然后使用 save()函数将模型存储到硬盘：

```
cml = onnx_coreml.convert(model)
cml.save('resnet18.mlmodel')
```

运行上述代码后，会得到 resnet18.mlmodel 文件，这个文件就是 Core ML 模型。

① 本例代码文件为 onnx2coreml.py，可在本书示例代码 CH10 中找到。

第 11 章 PyTorch 可视化

在实验过程中，经常需要通过图形的方式去直观了解神经网络模型的结构以及参数变化情况，那么就需要一种可视化工具来帮助我们将模型或参数值的变化变成直观有趣的图形。幸运的是，我们除了 matplotlib 外，还可以借助 visdom 或 TensorBoard 来可视化 PyTorch 程序。

本章主要给大家介绍：

- 如何使用 visdom 将 PyTorch 程序可视化
- 如何使用 TensorBoard 将 PyTorch 程序可视化
- 如何使用 Netron 显示模型

11.1 使用 visdom 实现 PyTorch 可视化

visdom 是由 Facebook 公司开发的一个进行数据可视化的 Web 应用程序，它支持 Torch、NumPy 和 PyTorch 这 3 个库的创建、管理和分享实时的数据可视化结果。想要了解最新的信息，可以登录其 GitHub 主页（https://github.com/facebookresearch/visdom）。

如图 11-1 所示，visdom 为我们打包了丰富的数据可视化方式，有折线图、二维散点图、三维散点图、柱状图、热力图、向量图等。接下来，我们将会详细讲解如何生成这些图。

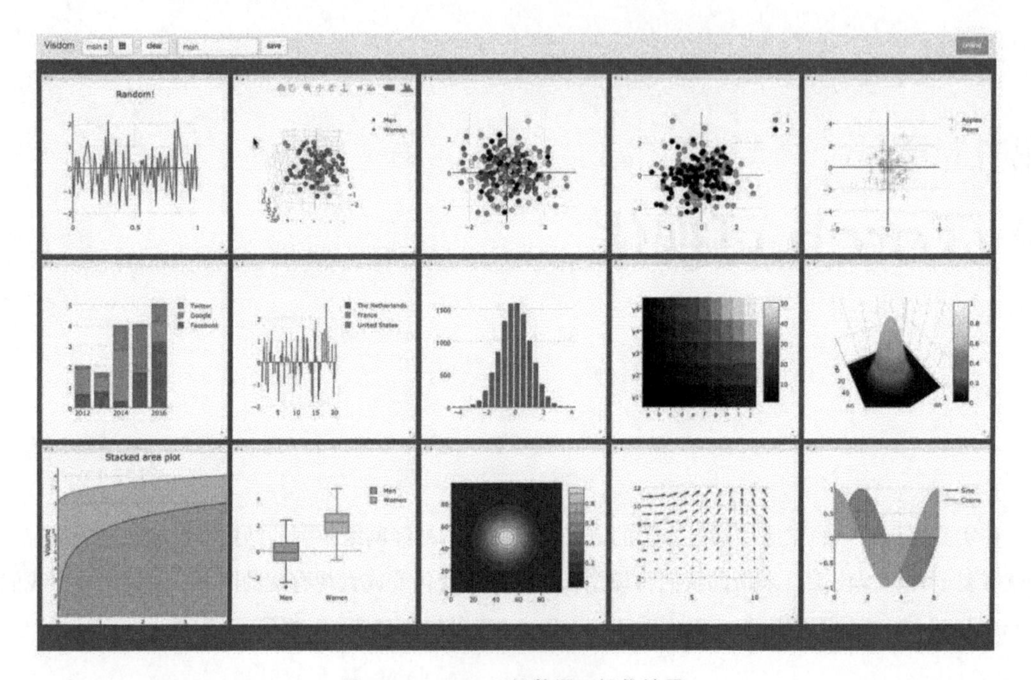

图 11-1 visdom 的数据可视化结果

1. visdom 的基本概念

● **视窗**

视窗（Window）类似于我们使用的桌面操作系统的窗口，可以用于显示各种内容，如图像、图片和文本等，如图 11-2 所示。我们可以对这些视窗进行拖动、删除、调整大小等操作。

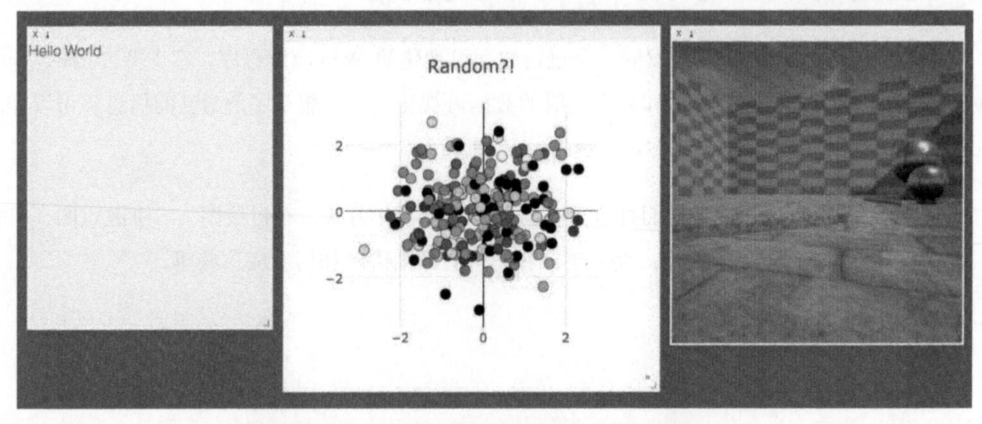

图 11-2 visdom 视窗显示图像、图片和文本

● 环境

环境（Environment）的概念类似于操作系统的桌面，可以容纳多个视窗。启动 visdom 时，程序会默认生成一个叫 main 的环境。如果没有给视窗指定相应的环境，那么该视窗会默认生成在 main 环境下。

如图 11-3 所示，可以在 visdom 最上方的下拉列表处切换不同的环境，更加方便地管理视图。点击右侧的橡皮擦按钮可以删除勾选的环境。点击最右侧的文件夹按钮则可以保存或创建新的环境。

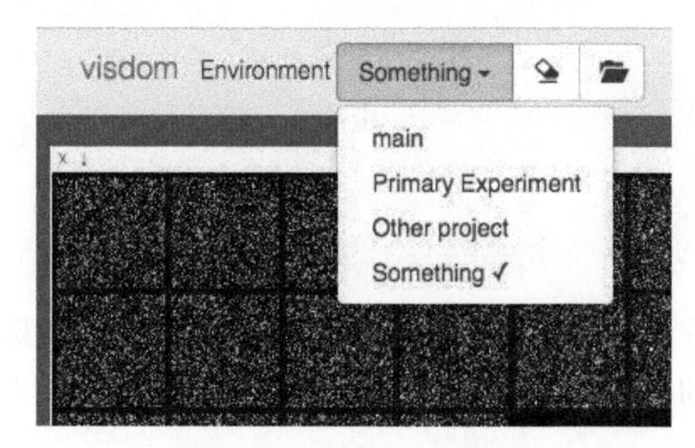

图 11-3　visdom 环境管理

● 状态

如果你在环境中创建了一些视窗，重新加载页面时会重现这些视窗。一旦重启 visdom 服务器，这些视窗就会从此消失掉。如果想要保存视窗，希望重启服务器后还能再次出现这些视图的话，就需要保存环境的状态（State）。visdom 会在计算机中生成一个 JSON 文件来保存环境状态。

● 视图

当我们在一个环境之中有多个视窗的时候，可以通过拖动、放大等操作让视窗有不同的排列方式。我们将视窗的排列方式看作视图（View），可以在工具栏中找到视图的操作按钮，如图 11-4 所示。通过点击文件夹按钮可以保存和创建不同的视图，通过点击 Repack 按钮，可以将视图整理排列，通过下拉列表可以切换显示不同的视图。

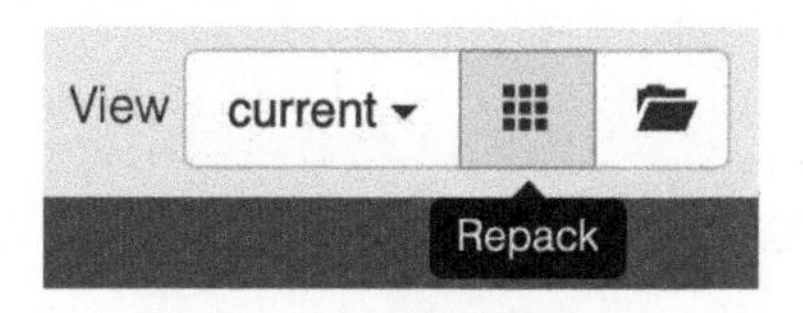

图 11-4　视图的操作按钮

2. visdom 的安装

visdom 的安装很容易，我们这里直接使用了 pip 进行安装：

```
$pip install visdom
```

安装完成后，运行下面的代码启动 visdom 服务器：

```
$python -m visdom.server
```

运行成功会打印如下结果：

```
Downloading scripts. It might take a while.
It's Alive!
INFO:root:Application Started
You can navigate to http://localhost:8097
```

按照上述说明，我们在浏览器中打开 http://localhost:8097 链接就可以访问 visdom，初始界面如图 11-5 所示，是一个没有任何视窗的 main 环境。

图 11-5 visdom 初始界面

3. visdom 可视化的例子

本节给出一些使用 visdom 实现 PyTorch 可视化的例子[①]。

① 本例代码文件为 visdomdemo.py，可在本书示例代码 CH11 中找到。

- **输出 Hello World**

我们导入 visdom 库，并用 visdom.visdom()函数对 vis 进行初始化，vis.text()函数可以创建文本视窗：

```
import visdom

vis = visdom.Visdom()
vis.text('Hello, world!')
```

运行以后，浏览器中会自动出现一个视窗，如图 11-6 所示。

图 11-6　visdom 显示文本

拖曳视窗右下角可以对视窗进行放大或缩小，拖动视窗顶部的横条可以移动视窗。

- **显示图像**

除了显示文字以外，visdom 可以直接显示 Tensor 格式的图像数据，我们利用 PIL 打开一张图片，并使用 torchvision 库中的图片预处理函数 to_tensor()将 PIL 的图片对象转换成 Tensor，其形状为(3, 140, 140)。随后，使用 image()函数传入 Tensor 格式的图片对象：

```
from PIL import Image
import torchvision.transforms.functional as TF

demopic = Image.open("demopic.jpeg")
image_tensor = TF.to_tensor(demopic)
vis = visdom.Visdom()
vis.image(image_tensor)
```

在 visdom 上显示的结果如图 11-7 所示。

图 11-7 vidsom 显示图像

上面使用 image()函数显示了一张图片，现在我们用 images()函数同时显示多张图片，代码如下：

```
vis = visdom.Visdom()
image_tensors = torch.Tensor([image_tensor.numpy(),image_tensor.numpy()])
vis.images(image_tensors)
```

运行结果如图 11-8 所示。

图 11-8 visdom 显示多张图片

● **绘制散点图**

scatter()函数可以绘制二维或三维的散点图。给 scatter()函数输入一个形状为 N×2 或者 N×3 的 Tensor，就可以在 visdom 上绘制出这 N 个点的散点图。下面我们绘制一个具有 100 个点的二维散点图，这个 100 个点中有两种标签：Apples 和 Pears。代码如下：

```
import numpy as np

Y = np.random.rand(100)
vis = visdom.Visdom()
old_scatter = vis.scatter(
X=torch.rand(100,2),
Y=(Y[Y > 0] + 1.5).astype(int),
opts=dict(
    legend=['Apples', 'Pears'],
    xtickmin=-1,
    xtickmax=2.5,
    xtickstep=0.5,
    ytickmin=-1,
    ytickmax=2.5,
    ytickstep=0.5,
    markersymbol='dot'
),
)
```

上述代码中，我们随机生成了一个 100 维数组 `Y`，并利用`(Y[Y > 0] + 1.5).astype(int)`的技巧转换成了 100 个 1 或 2 的整数，代表两种标签：

```
>>> import numpy as np
>>> Y = np.random.rand(100)
>>> Y=(Y[Y > 0] + 1.5).astype(int)
>>> print(Y)
[2 2 1 1 1 2 2 1 2 1 2 1 1 2 1 2 1 1 1 1 1 1 2 2 1 1 1 1 2 1 1 2 2 2 2 2 1 2 2 1 1 2
1 1 2 2 1 1 2 1 2 1 1 2 2 1 2 2 2 1 2 2 2 1 2 1 2 1 2 1 2 2 2 1 2 1 1 2 1 1 1 2 2 1
1 1 2 2 1 1 2 2 1 2 1 2 2 1 1 1]
```

随后我们给 `vis.scatter()`函数传入随机生成的 100 个二维的向量 `X` 和 100 个代表标签的整数 `Y`，随后传入一些参数 `opts`。参数的种类非常丰富，比如 `legend` 代表了图例，本例中是 `Apples` 和 `Pears`；`xtickmin` 代表了 x 轴可显示的最小值，本例中是−1；`xtickmax` 代表了 x 轴可显示的最大值，本例中是 2.5；`xtickstep` 代表了 x 轴刻度的步长，本例中是 0.5；`markersymbol` 代表了散点的图案，本例中是 `dot`。

运行后生成的散点图如图 11-9a 所示，我们也可以通过点击图例中的蓝色和橙色（见彩插）来分别显示相应的点，如图 11-9b 和图 11-9c 所示。

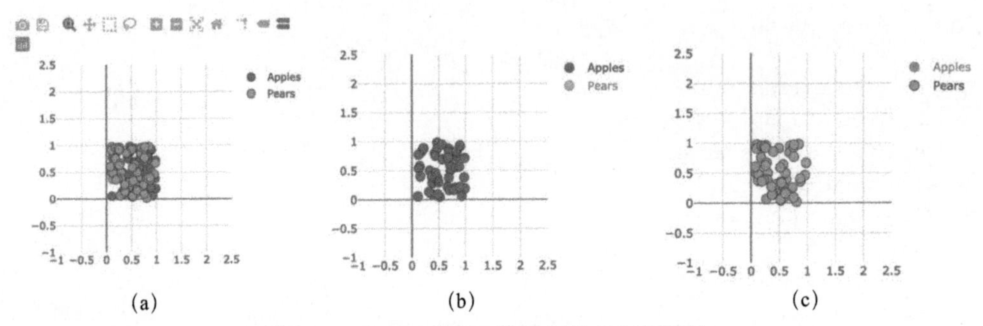

图 11-9 visdom 绘制二维散点图（另见彩插）

还可以使用视窗顶端的工具对散点图进行放大或缩小、选择、保存等操作。如果想要通过程序来实现散点图的参数的更新，可以使用 update_window_opts()函数，代码如下：

```
vis.update_window_opts(
win=old_scatter,
opts=dict(
    legend=['Apples', 'Pears'],
    xtickmin=0,
    xtickmax=1,
    xtickstep=0.5,
    ytickmin=0,
    ytickmax=1,
    ytickstep=0.5,
    markersymbol='dot'
),
)
```

update_window_opts()传入两个参数：第一个是视窗的实例，本例中是 old_scatter；第二个是参数字典 opts，在本例中，我们更改了 x 轴和 y 轴显示的范围，放大了散点图，结果如图 11-10 所示。

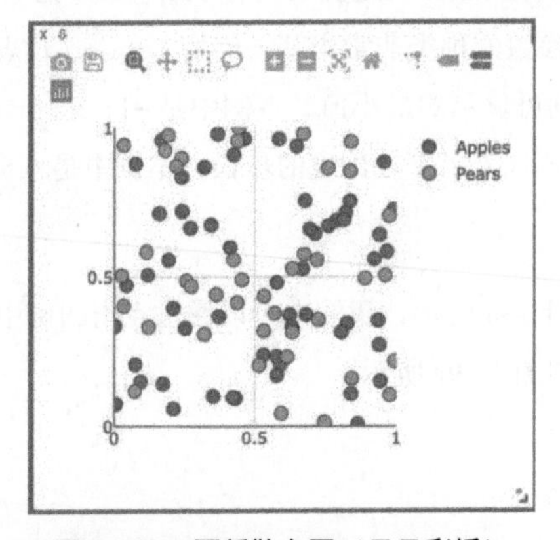

图 11-10 更新散点图（另见彩插）

绘制三维散点图的方法和绘制二维散点图的差别不大，不同的是这一次传入的点是三维的，即 X 是 100 个三维的向量，代码如下：

```
Y = np.random.rand(100)
three_d_scatter = vis.scatter(
X=torch.rand(100,3),
Y=(Y[Y > 0] + 1.5).astype(int),
opts=dict(
    legend=['Apples', 'Pears'],
    xtickmin=-1,
    xtickmax=2.5,
    xtickstep=0.5,
    ytickmin=-1,
    ytickmax=2.5,
    ytickstep=0.5,
    markersymbol='dot'
),
)
```

运行后生成散点图如图 11-11 所示。

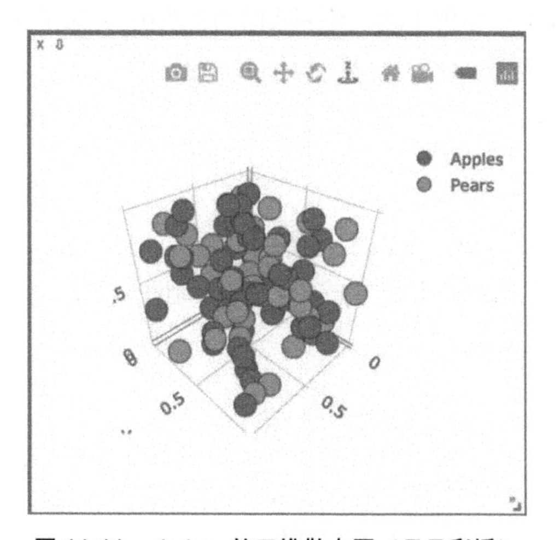

图 11-11　visdom 的三维散点图（另见彩插）

可以使用视窗顶部的旋转工具对图像进行旋转、放大、保存等。

- **绘制线条**

我们经常需要使用 visdom 绘制线条的功能，用 visdom 绘制线条非常简单，只需要传入两个参数：第一个是 x 轴的数组，第二个是 y 轴的数值。我们利用自制的数据简单画一下线条：

```
vis.line(X=torch.FloatTensor([1,2,3,4]), Y=torch.FloatTensor([3,7,2,6]))
```

绘制的结果如图 11-12 所示。

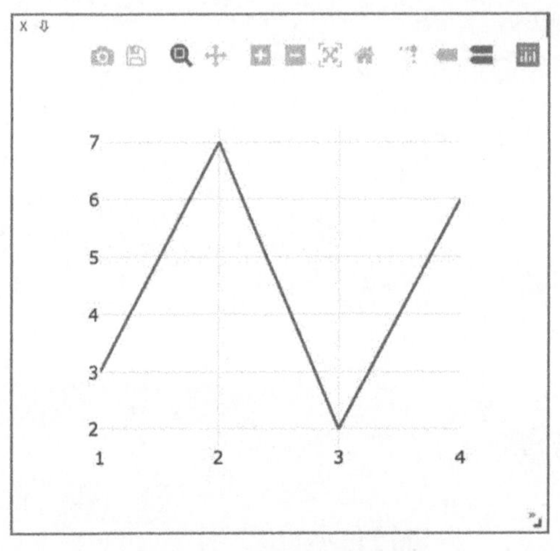

图 11-12 visdom 绘制线条

下面我们为第 3 章中最后一节的 LeNet 绘制实时的折线图[①]。为了在训练 LeNet 的过程中实时更新绘制折线图，首先需要导入 visdom 库，并对 visdom 初始化：

```
import visdom
vis = visdom.Visdom()
```

随后只需要修改 train()函数。在 epoch 循环外设一个 counter，初始值为 1，每进行 1000 次绘制更新一次折线图，绘制折线图的方式与上述一致。特别注意的是，需要额外添加一个 update 参数，将 update 参数设为 append：

```
def train(model,criterion,optimizer,epochs=1):
    counter=1
    for epoch in range(epochs):
        ......
        for i, data in enumerate(trainloader,0):
            ......
            if i%1000==999:
                vis.line(X=torch.FloatTensor([counter*1000]),Y=torch.FloatTensor
                    ([running_loss / 1000]), win='loss', update='append')
                counter+=1
```

① 本例代码文件为 Lenet_visdom.py，可在本书示例代码 CH11 中找到。

修改后直接运行程序，就可以看到 visdom 绘制的折线图在训练过程中会实时地进行更新，最终绘制的结果如图 11-13 所示。

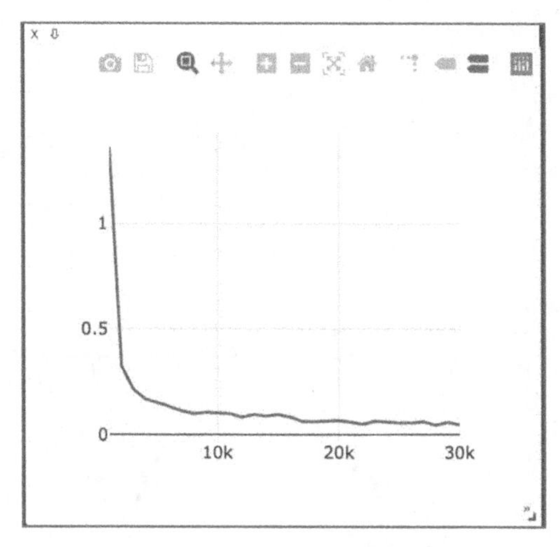

图 11-13 LeNet 的损失折线图

- **绘制直方图**

直方图的绘制使用 `bar()` 函数。下面随机初始化一个 20 维的向量，传入 `bar()` 函数：

```
vis.bar(X=torch.rand(20))
```

运行后，绘制出的直方图如图 11-14 所示。

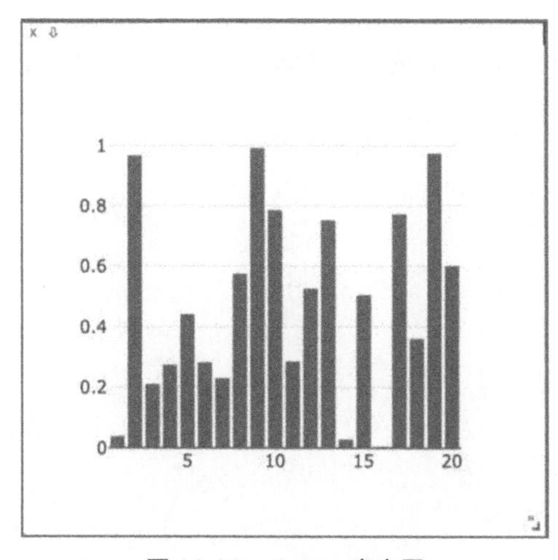

图 11-14 visdom 直方图

我们还可以绘制多个标签的直方图，代码如下：

```
vis.bar(
    X=torch.randn(5,3),
    opts=dict(
        stacked=True,
        legend=['Facebook', 'Google', 'Twitter'],
        rownames=['2012', '2013', '2014', '2015', '2016']
    )
)
```

绘制的直方图如图 11-15 所示。

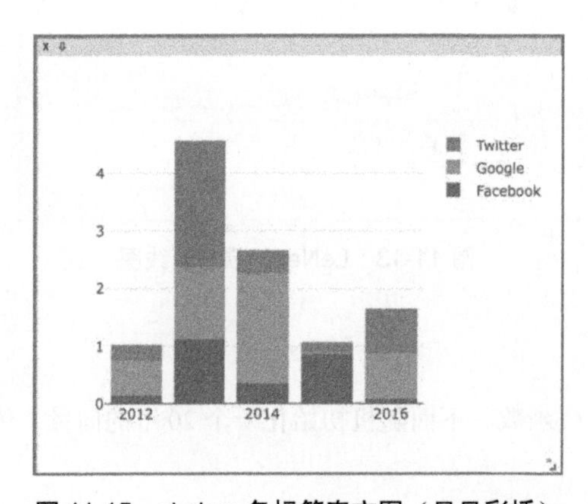

图 11-15 visdom 多标签直方图（另见彩插）

● **绘制热力图**

绘制热力图时需要传入一个二维的张量，传入参数 opts，opts 里面包含了列的标签名 columnnames、行的标签名 rownames 以及色彩图 colormap：

```
X=np.outer(np.arange(1, 6), np.arange(1, 11))
print(X)
X=torch.from_numpy(X)

vis.heatmap(
    X=X,
    opts=dict(
        columnnames=['a', 'b', 'c', 'd', 'e', 'f', 'g', 'h', 'i', 'j'],
        rownames=['y1', 'y2', 'y3', 'y4', 'y5'],
        colormap='Electric',
    )
)
```

运行后的热力图如图 11-16 所示。

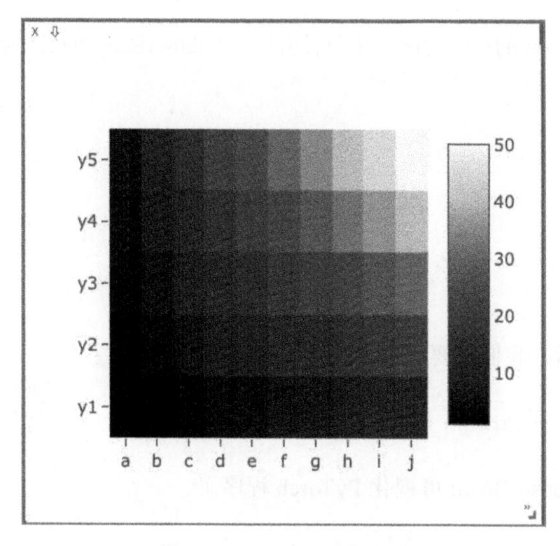

图 11-16 visdom 热力图

除此之外，visdom 还可以绘制等高线、曲面图、箱型图、矢量场、饼图和网格图等。因本书篇幅有限，不再详细介绍。

11.2 使用 TensorBoard 实现 PyTorch 可视化

TensorBoard 是 Google 公司为 TensorFlow 开发的调试程序，它可以像 visdom 一样显示图像、显示文本、绘制折线图以及绘制直方图等，更重要的是它可以可视化模型的结构，如图 11-17 所示。在这一节中，我们将学会通过 tensorboardX 插件，利用 TensorBoard 实现 PyTorch 程序的可视化。

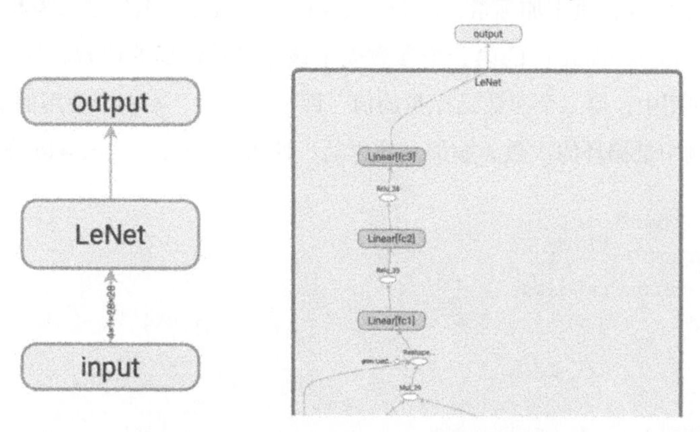

图 11-17 TensorBoard 可视化模型结构

1. TensorBoard 的安装

TensorBoard是TensorFlow的自带的调式工具，因此安装TensorBoard的方法就是直接安装TensorFLow，这里我们使用 conda 安装：

```
$conda install tensorflow
```

也可以使用 pip 安装：

```
$pip install tensorflow
```

成功安装 TensorFlow 以后，我们需要再安装一个 tensorboardX 插件：

```
$pip install tensorboardX
```

安装完成后，就可以让 TensorBoard 可视化 PyTorch 程序了。

2. TensorBoard 可视化的例子

本节给出一些使用 TensorBoard 实现 PyTorch 可视化的例子[①]。

- **绘制曲线**

首先导入需要用到的库，注意这里导入的是 tensorboardX，而不是 TensorBoard：

```
import torch
from tensorboardX import SummaryWriter
```

随后初始化 `SummaryWriter`，写入器 `writer` 可以帮助我们添加并保存数据信息。在本例中，我们通过循环，10 次向 `writer` 里添加标量，`writer.add_scalar()`函数可以为我们在 TensorBoard 中显示标量的信息。`add_scalar()`的第一个参数表示该标量被添加的位置，这里我们将标量添加到 `data` 下 `scalar` 的图中；第二个参数是标量的值，即 y 轴的值，本例中使用的是随机值；第三个参数是 x 轴的值，本例中是循环的次数。添加完成以后，使用 `writer.close()`关闭 `writer`：

```
writer = SummaryWriter()
for n_iter in range(10):
    scalar = torch.rand(1)
    writer.add_scalar('data/scalar', scalar[0], n_iter)

writer.close()
```

---

① 本例代码文件为 tb_demo.py，可在本书示例代码 CH11 中找到。

运行完成后，我们在命令行中输入以下命令打开 TensorBoard：

```
$tensorboard --logdir runs
TensorBoard 1.12.0 at http://localhost:6006 (Press CTRL+C to quit)
```

我们在浏览器中打开它所指定的网址 http://localhost:6006，进入 TensorBoard 的界面，如图 11-18 所示，在 data 栏目下显示了 scalar 的折线图。

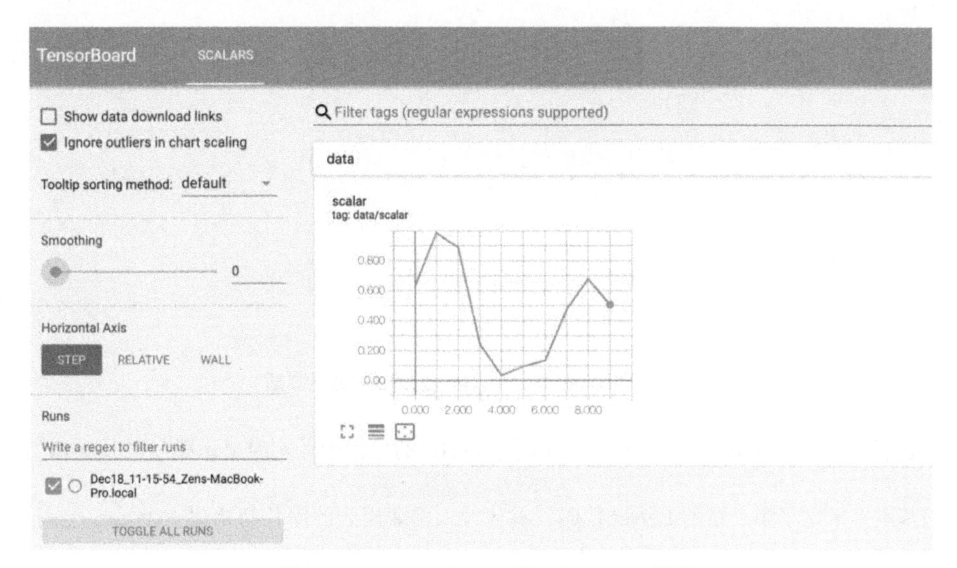

图 11-18　TensorBoard 的 SCALARS 界面

此外，我们可以使用 `writer.add_scalars()`函数在一个图上添加多条曲线，方便进行对比，代码如下：

```
for n_iter in range(10):
    x = torch.Tensor([n_iter])
    writer.add_scalars('data/scalar_group',
                       {'sinx': torch.sin(x)[0],
                        'cosx':torch.cos(x)[0],
                        'atanx': torch.atan(x)[0]}, n_iter)
```

我们在 data 栏目下添加了另外一个图 `scalar_group`，添加了 `sinx`、`cosx` 和 `atanx` 三条曲线，结果如图 11-19 所示。

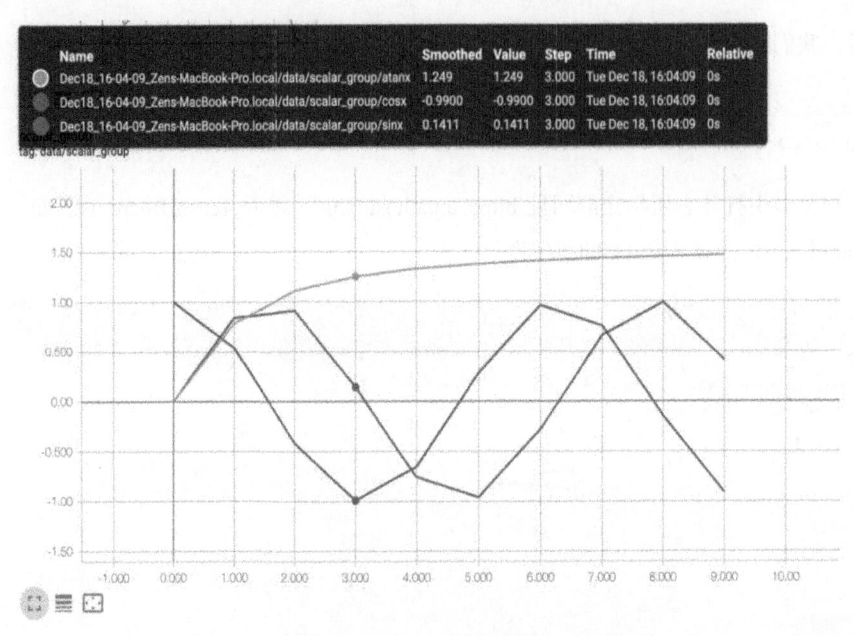

图 11-19　TensorBoard 的多曲线图（另见彩插）

下面我们利用 TensorBoard 来帮助我们在训练 LeNet 的过程中，实时显示模型的损失值[①]。

我们基本上采用了第 3 章的 LeNet 代码，首先导入需要用到的库并初始化一个 `writer`：

```
from tensorboardX import SummaryWriter
writer = SummaryWriter()
```

然后对 `train()` 函数进行一些微小的修改：

```
def train(model,criterion,optimizer,epochs=1):
    counter = 1
        ...
        if i%1000==999:
            writer.add_scalar('loss', running_loss/1000, counter)
            counter +=1
```

运行代码后，我们会看到 TensorBoard 默认每隔 30 秒更新一次图像，显示的图像如图 11-20 所示。

① 本例代码文件为 Lenet_tensorboard.py，可在本书示例代码 CH11 中找到。

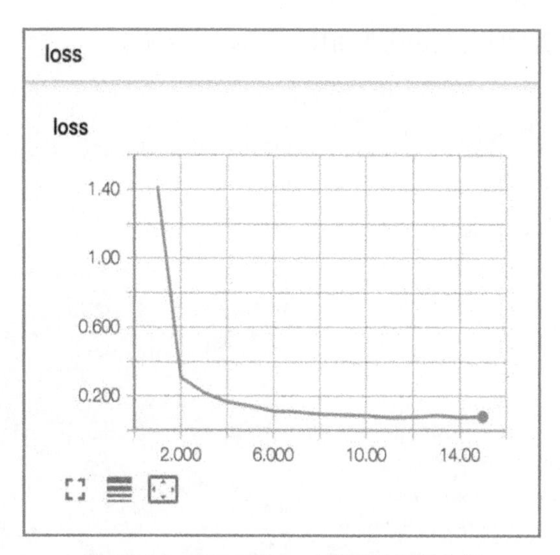

图 11-20　TensorBoard 实时显示损失值

- **显示图像**

TensorBoard 也能像 visdom 一样显示图片，首先我们导入需要用到的库：

```
import torch
from tensorboardX import SummaryWriter
from PIL import Image
import torchvision.transforms.functional as TF
```

然后使用 PIL 打开示例图片，并利用 `torchvision` 的函数将图片转换成 Tensor。接着创建一个 `writer`，使用 `add_image()` 函数添加需要显示的图片，其中第一个参数为图像存储的栏目名，第二个参数是图像的 Tensor：

```
demopic = Image.open("demopic.jpeg")
image_tensor = TF.to_tensor(demopic)
writer = SummaryWriter()
writer.add_image('Image',image_tensor)
```

运行上述的代码后，TensorBoard 会在 Image 栏目中显示示例图片，如图 11-21 所示。我们可以通过左边的面板调整图片的亮度和对比度，勾选 Show actual image size 后，会将图片缩小至原始尺寸。

此外，可以同时显示多张图片，代码如下：

```
image_tensors = torch.Tensor([image_tensor.numpy(),image_tensor.numpy()])
writer.add_image('Images',image_tensors)
```

运行上述代码后，会得到同时显示两张图片，如图 11-22 所示。

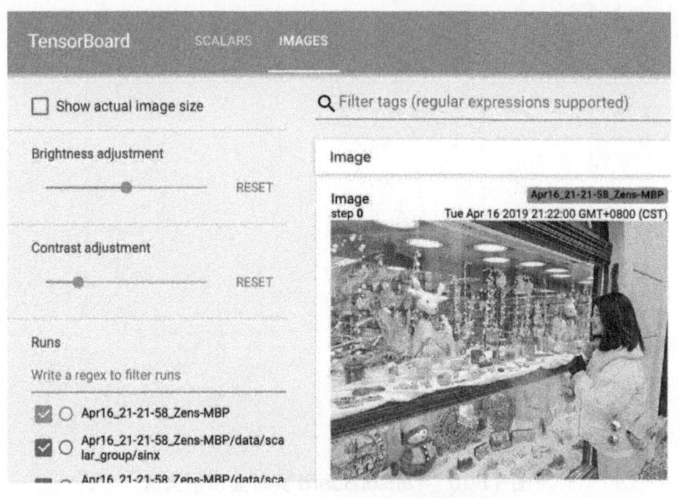

图 11-21 TensorBoard 图像显示

图 11-22 TensorBoard 显示多张图片

- **显示模型**

模型可视化是 TensorBoard 最重要的功能之一，这是 visdom 暂时不具有的功能。我们又将模型结构称为图，可以使用 `add_graph()` 函数添加模型。

这里还是以 LeNet 为例，对 3.8 节中的 LeNet 代码进行适当的修改。首先在代码文件开头添加需要用到的库：

```
from tensorboardX import SummaryWriter
```

然后初始化一个 writer:

```
writer = SummaryWriter()
```

接着我们在 lenet 训练完以后，添加下列代码：

```
trainiter =iter(trainloader)
writer.add_graph(lenet, (next(trainiter)[0],))
```

由于 add_graph 可视化图时不仅需要传入模型对象 lenet，还需要另外传入一个输入用于记录整个图的信息传递过程。所以，我们用 iter()函数将 trainloader 包装成可迭代的对象，接着使用 next()方法抛出一个输入。将 lenet 对象和输入都传入 add_graph()函数后，TensorBoard 中会出现 LeNet 的模型，如图 11-23 所示。

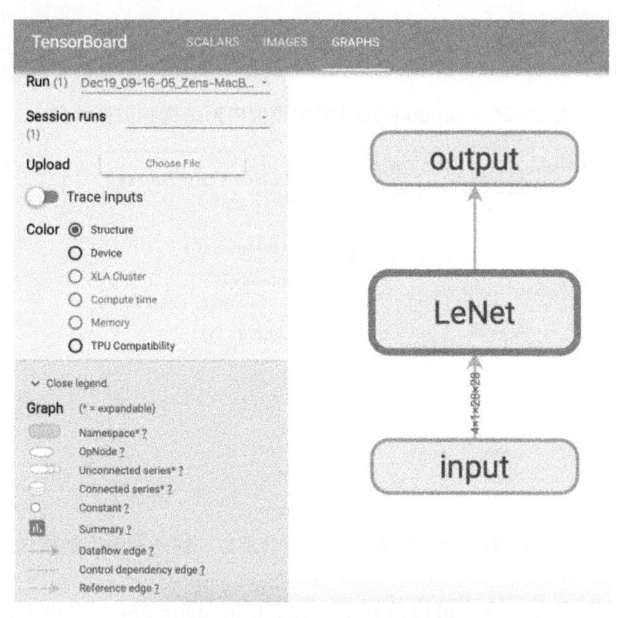

图 11-23　TensorBoard 可视化模型

左边面板的 Color 选项默认是 Structure，这时 TensorBoard 会根据模型结构来上色，方便开发人员直观了解模型结构。如果 Color 选项选择的是 Device，那么 TensorBoard 会根据模型的图，在不同的设备上显示不同的颜色。面板下方还显示了详细的图例，帮助我们了解模型图像的含义。

我们用鼠标双击模型的 Namespace 圆矩形框，将会展开更加详细的模型结构。如图 11-24 所示，TensorBoard 为我们展示了 LeNet 内部的结构和数据流向图。如图 11-25 所示，界面的右上角可以显示选中模块的算子节点数，并且能够追踪该模块的输入和输出，方便开发人员测试模型。

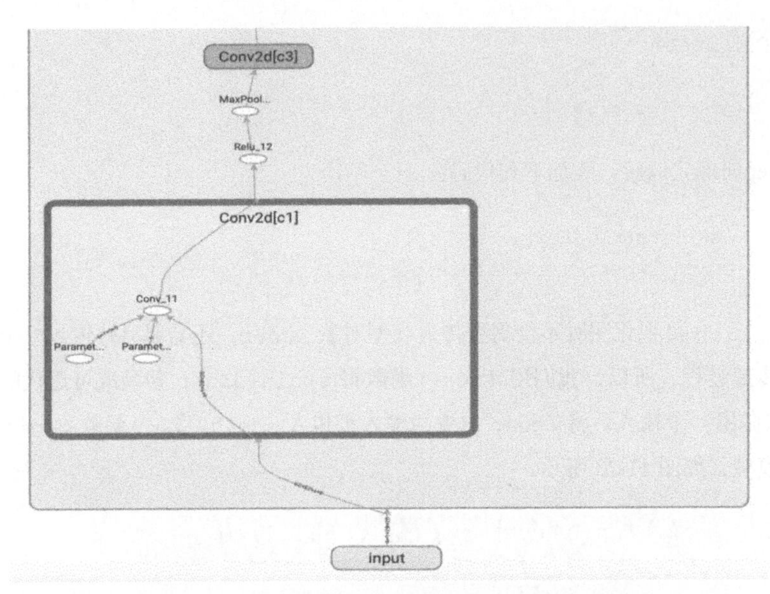

图 11-24 TensorBoard 显示模型内部结构和数据流向

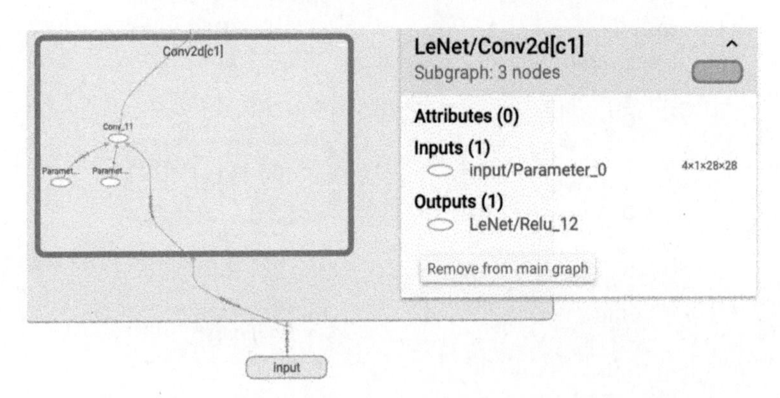

图 11-25 TensorBoard 显示模型节点数、输入和输出的格式

此外，在某个模块上单击右键，可以选择 Remove from main graph 将模型进行拆分，让模型的结构更加直观，如图 11-26 所示。

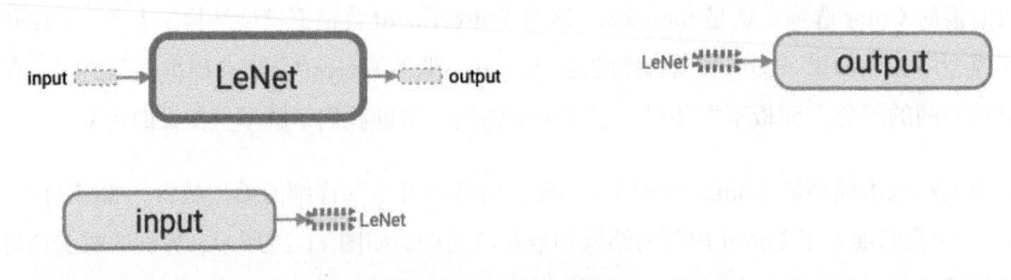

图 11-26 拆分模型

11.3 使用 Netron 显示模型

除了可以使用 TensorBoard 显示模型以外，还可以使用 Netron。Netron 是一个通用的神经网络可视化工具，我们在第 10 章中使用它显示了 ONNX 模型。但 Netron 比我们想象中的更为强大，它可以完美显示 Keras、Core ML、Caffe2、maxnet、TensorFlow Lite 的模型，而 Caffe、PyTorch、Torch、CNTK、PaddlePaddle、Darknet、scikit-learn、TensorFlow 等框架的模型处于试验阶段。想了解更多，可以访问其 GitHub 主页 https://github.com/lutzroeder/Netron。

1. Netron 安装

Netron 有桌面版和网页版，我们可以在 Netron 主页上找到下载链接，如图 11-27 所示。

Install

macOS: Download the `.dmg` file or run `brew cask install netron`

Linux: Download the `.AppImage` or `.deb` file.

Windows: Download the `.exe` installer.

Browser: Start the browser version.

Python Server: Run `pip install netron` and `netron -b [MODEL_FILE]` . In Python run `import netron` and `netron.start('model.onnx')` .

图 11-27　Netron 下载页面

根据不同的操作系统，选择相应的安装包进行安装即可。

2. Netron 可视化 PyTorch 模型

我们可以将 PyTorch 的模型导出为 ONNX 模型，然后使用 Netron 进行可视化，也可以直接使用 PyTorch 中的 `torch.save()` 函数，将模型导出到硬盘上，使用 Netron 直接加载显示。

同样以 3.8 节中的 LeNet 为例，我们将原来代码的保存模型部分直接修改为：

```
torch.save(lenet,"lenet.pth")
```

这样，PyTorch 会直接在硬盘上生成模型文件 lenet.pth。接着我们打开 Netron，点击 Open Model 按钮，选择 lenet.pth 文件。Netron 会为我们显示 LeNet 的结构，如图 11-28 所示。我们选择模型中相应的神经网络层，在右边的面板上会显示更加详细的信息。此外，可以点击右边面板中的 weight 和 bias，显示模型在该神经网络层的权重和偏置的值。

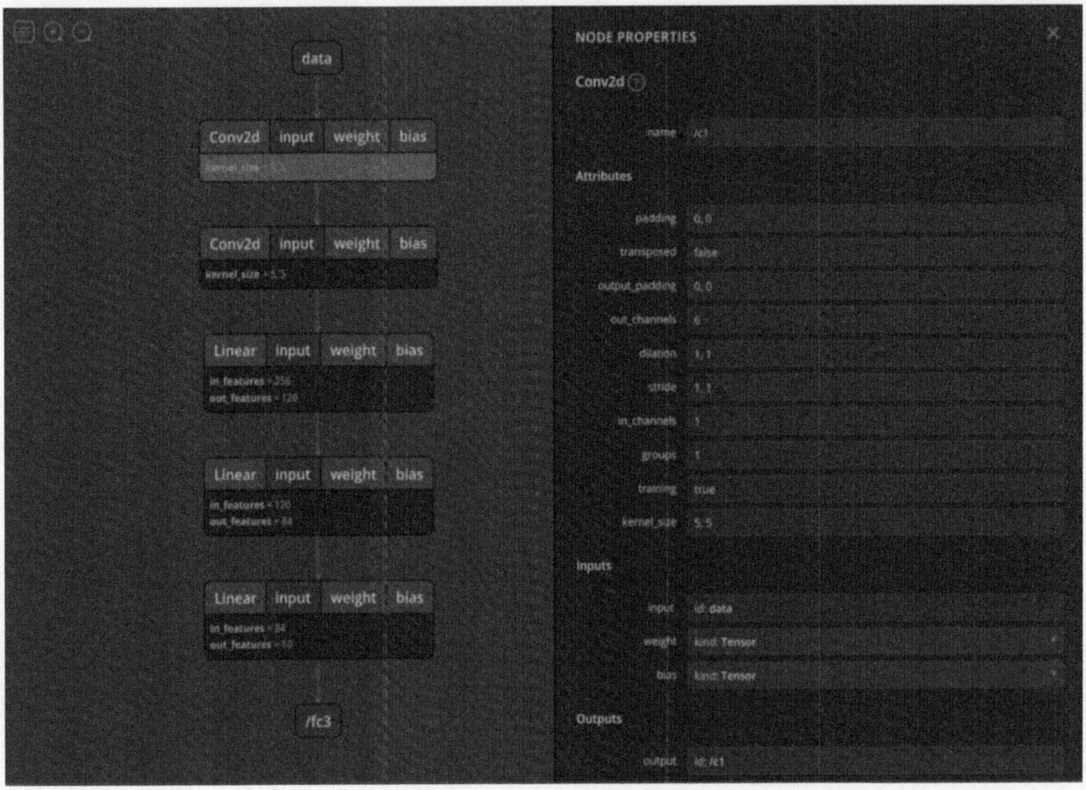

图 11-28 Netron 可视化模型

第 12 章 PyTorch 的并行计算

在实际运用和生产中，为了提高训练模型的效率，通常会采用多个 GPU 并行的方式对模型进行训练。PyTorch 为我们提供了方便的函数，可以自如地创建多个进程或者同时使用多个 GPU 训练模型。

本章主要给大家介绍：

- 使用 PyTorch 创建多进程任务
- 使用 PyTorch 进行多 GPU 并行计算

12.1 多进程

如今，个人计算机中所采用的 CPU 一般都是多核的 CPU。多核 CPU 意味着可以进行多进程（multiprocessing）的工作，把任务同时分配给不同的 CPU 且彼此不会影响，从而提高程序的运行效率。本节主要介绍如何利用 PyTorch 库中的 `torch.multiprocessing` 包来编写多进程程序。

1. 创建多进程

PyTorch 多进程的包 `torch.multiprocessing` 是 Python 的多进程管理包 `multiprocessing` 的封装，因此很多函数的用法与 Python 的 `multiprocessing` 包兼容。下面我们创建一个多进程示例[①]。首先，创建一个执行文件 mp_create.py，导入多进程的包：

```
import torch.multiprocessing as mp
```

① 本例代码文件为 mp_create.py，可在本书示例代码 CH12 中找到。

随后简单定义一个 action()函数，action()函数将由多个进程共同执行：

```
def action(name,times):
    init = 0
    for i in range(times):
        init += i
    print("this process is "+name)
```

我们使用 Process()函数初始化两个进程，其中参数 target 传入进程需要执行的函数，参数 args 传入函数所需的参数：

```
if __name__=='__main__':
    process1 = mp.Process(target=action,args=('process1',10000000))
    process2 = mp.Process(target=action,args=('process2',1000))
    process1.start()
    process2.start()
    print("main process")
```

执行上述代码后，得到如下打印结果：

```
$python mp_create.py
main process
this process is process2
this process is process1
```

简单分析出现上述结果的原因。我们从主进程处创建了两个子进程 process1 和 process2，为了区分两个进程，这里让每个进程进入循环，process1 的循环次数为 10 000 000，process2 的循环次数为 1000，而主进程没有任何循环。因此，主进程先执行完 print()函数，随后是 process2，最后是 process1。

如果我们需要让主进程在子进程完全执行完之后，再开始继续执行，就需要用到 join()函数。比如，我们将上述的代码稍微进行修改：

```
if __name__=='__main__':
    process1 = mp.Process(target=action,args=('process1',10000000))
    process2 = mp.Process(target=action,args=('process2',1000))
    process1.start()
    process2.start()
    process2.join()
    print("main process")
```

打印结果为：

```
this process is process2
main process
this process is process1
```

出现上面的打印顺序是因为 process2.join() 让主进程等待子进程 process2 执行完以后，才能执行下一步操作。

2. 进程输出

在多进程的世界中，我们无法使用 return() 返回函数值。因此，如果要输出函数运行的结果，可以采用队列（queue）的方式。在主进程中，用 mp.Queue() 初始化一个队列 q，q 会存放每个进程的输出。将 q 作为参数传入 action() 中，q.input() 将值传入 q 中。在主进程上，q.get() 可以取得 q.put() 传入的值。具体代码如下[①]：

```
def action(q,name,times):
    init = 0
    for i in range(times):
        init += i
    print("this process is "+name)
    q.put(init)

if __name__=='__main__':
    q = mp.Queue()
    process1 = mp.Process(target=action,args=(q,'process1',10000000))
    process2 = mp.Process(target=action,args=(q,'process2',1000))
    process1.start()
    process2.start()
    process1.join()
    process2.join()

    result1 = q.get()
    result2 = q.get()
    print(result1)
    print(result2)
    print("main process")
```

打印结果为：

```
this process is process2
this process is process1
499500
49999995000000
main process
```

① 本例代码文件为 mp_queue.py，可在本书示例代码 CH12 中找到。

这个例子的结果展示了如何运用队列对多进程的运算结果进行输出，输出的顺序也表明了队列先进先出的特性。

3. 多进程与单进程的效率对比

我们对上面的例子进行简单地修改，对比一下多进程与单进程的效率差别①。分别定义了函数 mpfun()和 spfun()，其中 mpfun()利用两个进程同时执行 action()函数，spfun()使用单进程执行两次 action()函数：

```
import torch.multiprocessing as mp
import time

def action(name,times):
    init = 0
    for i in range(times):
        init += 1
    print("this process is "+ name)

def mpfun():
    process1 = mp.Process(target=action,args=('process1',100000000))
    process2 = mp.Process(target=action,args=('process2',100000000))
    process1.start()
    process2.start()
    process1.join()
    process1.join()

def spfun():
    action('main process',100000000)
    action('main process',100000000)

if __name__== '__main__':
    start_time = time.time()
    mpfun()
    end_time = time.time()
    print(end_time-start_time)

    start_time2 = time.time()
    spfun()
    end_time2 = time.time()
    print(end_time2-start_time2)
```

① 本例代码文件为 mp_compare.py，可在本书示例代码 CH12 中找到。

运行后打印结果如下：

```
this process is process2
this process is process1
3.68330287933
this process is main process
this process is main process
7.04205179214
```

由此可以看出，多进程对比单进程执行效率会明显地提高。

4. 进程池

在上面的例子中，我们执行的操作非常烦琐，原因是每个进程需要单独操作。下面我们采用一种更加简便的方式去操作进程，那就是进程池(pool)。进程池把所有需要运行的东西放在一个池子里面，Python会自动分配进程，运算出结果。我们具体来看下面一个例子①：

```
import torch.multiprocessing as mp

def action(times):
    init = 0
    for i in range(times):
        init +=1
    return init

if __name__ = "__main__":
    times = [1000,1000000]
    pool = mp.Pool(processes=2)
    res = pool.map(action,times)
    print(res)
```

在上面的例子中，我们让 `mp.Pool()`函数初始化有两个子进程的进程池。然后用 `map()`函数执行 `action()`函数，返回的结果列表存储在变量 `res` 里。运行后的打印结果如下：

```
[499500,499999500000]
```

5. 共享内存和锁

在多进程的程序设计中，如果想要让多个进程操作同一个变量，需要将变量放在共享内存中。定义一个共享内存的变量很简单，使用 `Value()`函数初始化变量，具体代码如下：

---

① 本例代码文件为 mp_pool.py，可在本书示例代码 CH12 中找到。

```
import torch.mulitprocessing as mp
v = mp.Value('i',1)
```

其中 Value() 函数的第一个参数 i 代表了数据类型为整数，第二个参数为该共享内存中变量的值。除了 i 以外还有其他字母分别表示不同的数据类型，如表 12-1 所示。

表 12-1 共享内存参数代码与数据类型

参数代码	数据类型	参数代码	数据类型
b	signed char	I	unsigned int
B	unsigned char	L	unsigned long
u	Unicode character	q	signed long long
h	signed short	Q	unsigned long long
H	unsigned short	f	float
i	signed int	d	double

如果想要将多个数据存放在共享内存中，可以使用 Array 定义，但要求每个元素的数据类型一致：

```
array = mp.Array('i',[1,2,3])
```

下面我们用一个例子来直观感受一下共享内存的使用方式[①]：

```
import torch.multiprocessing as mp
import time

def action(v,num):
    for i in range(5):
        time.sleep(0.1)
        v.value += num
        print(v.value)

if __name__=="__main__":
    v = mp.Value('i',0)
    p1 = mp.Process(target=action,args=(v,1))
    p2 = mp.Process(target=action,args=(v,2))
    p1.start()
    p2.start()
    p1.join()
    p2.join()
```

运行之后，我们的打印结果为：

① 本例代码文件为 mp_lock.py，可在本书示例代码 CH12 中找到。

```
1
3
4
6
7
9
10
12
13
15
```

从打印结果中我们可以看出，共享内存中的变量 v 被两个进程相互争夺，同时进行了修改。为了让多进程程序能有序地使用共享内存，我们使用 Lock()函数，具体修改如下。

第一，我们为 action()函数增加一个参数 lock，并让 Lock()在函数开始时就使用 acquire()方法锁住进程，函数执行完再使用 release()释放进程：

```
def action(v,num,lock):
    lock.acquire()
    for i in range(5):
        time.sleep(0.1)
        v.value += num
        print(v.value)
    lock.release()
```

第二，在主进程上进行如下修改：

```
if __name__=="__main__":
    lock = mp.Lock()
    v = mp.Value('i',0)
    p1 = mp.Process(target=action,args=(v,1,lock))
    p2 = mp.Process(target=action,args=(v,2,lock))
    p1.start()
    p2.start()
    p1.join()
    p2.join()
```

运行后的打印结果为：

```
1
2
3
4
5
```

```
7
9
11
13
15
```

6. Tensor 的共享内存

掌握上面的基本概念和操作以后，我们将多进程运用到对 Tensor 数据的操作上。PyTorch 使用 `share_memory_()` 函数将 Tensor 对象存放在共享内存中。下面我们通过一个示例直观地了解一下操作方法[①]：

```
import torch.multiprocessing as mp
import torch

def action(element,t):
    t[element] += (element+1) * 1000

if __name__ == '__main__':
    t = torch.zeros(2)
    t.share_memory_()
    print("before mp: t=")
    print(t)

    p0 = mp.Process(target=action,args=(0,t))
    p1 = mp.Process(target=action,args=(1,t))
    p0.start()
    p1.start()
    p0.join()
    p1.join()
    print("after mp: t=")
    print(t)
```

运行后打印结果为：

```
before mp: t=
tensor([0., 0.])
after mp: t=
tensor([1000., 2000.])
```

在上面的例子中，两个进程分别对 `t` 的第一个元素和第二个元素进行了修改。

---

① 本例代码文件为 mp_share_tensor.py，可在本书示例代码 CH12 中找到。

12.2 多 GPU 并行计算

假如你的一台计算机上有两个或两个以上的 GPU，那么采用 GPU 并行训练能大大加快模型的训练速度。本文采用的是两个 GTX 1080 Ti 显卡。

1. 多 GPU 并行训练原理

当多个 GPU 并行时，模型参数首先由主 GPU 复制到其他 GPU 上。举例来说，如果一台计算机有 3 张显卡，那么模型的传入方式如图 12-1 所示。默认情况下，主 GPU 为 cuda:0。

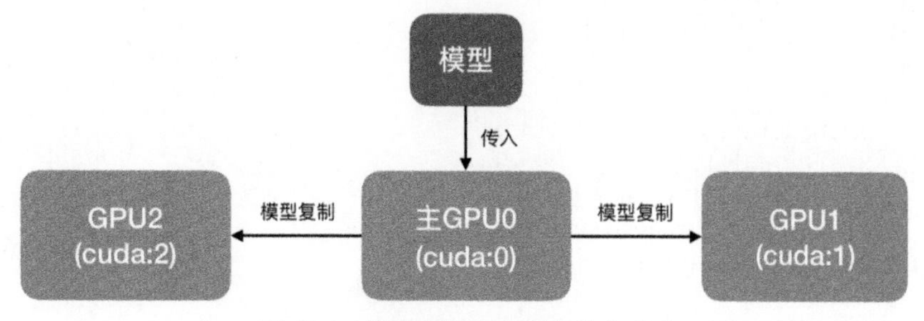

图 12-1 模型在多 GPU 时的传入方式

如图 12-2 所示，在训练过程中，我们将数据批量（batch）划分为 3 部分（要求 batch 的数目大于或等于 GPU 个数）分别传入每一个 GPU 进行前向传播。然后将每个 GPU 输出的损失值（loss）求和，反向传播回主 GPU 上更新模型参数，接着将主 GPU 的模型参数复制更新至其他 GPU。

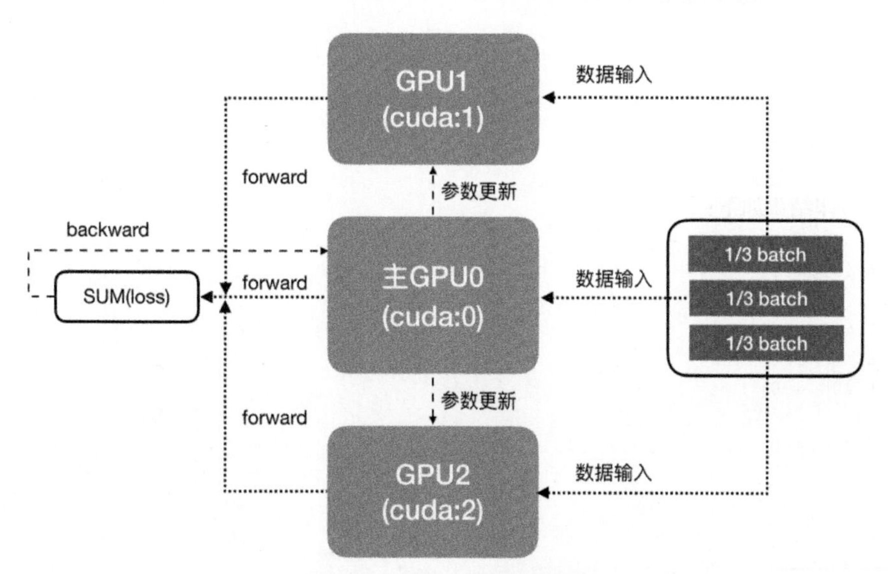

图 12-2 多 GPU 训练示意图

2. 多 GPU 并行计算测试

为了方便我们对模型进行多 GPU 的并行训练，PyTorch 中提供了 nn.DataParallel()函数。

下面我们对多 GPU 并行计算做一个测试[①]。首先，简单定义一个模型 Net，Net 里面只有一个卷积层。初始化 net1 以后，将 net1 传入 DataParallel()函数中，并设置 DataParallel()中的另外一个参数 device_ids，device_ids 表示将被用来计算的 GPU 的 id。接下来，循环 2 次，每次传入 batch 为 40 的 400×400 的图片：

```
import torch.nn as nn
import torch
import time

class Net(nn.Module):
    def __init__(self):
        super(Net,self).__init__()
        self.conv1 =nn.Conv2d(1,10,2,1,2)
    def forward(self,data):
        print(data.size( ))
        print(data.device)
        result = self.conv1(data)

net1 = Net().cuda()
net1 = nn.DataParallel(net1,device_ids=[0,1])

start_time = time.time()
for i in range(2):
    a = torch.randn(40,1,400,400)
    net1(a)
end_time = time.time()
print(end_time-start_time)
```

运行后打印结果如下：

```
(20,1,400,400)
cuda:0
(20,1,400,400)
cuda:1
(20,1,400,400)
cuda:0
(20,1,400,400)
cuda:1
1.96075391769
```

① 本例代码文件为 multigpu_test.py，可在本书示例代码 CH12 中找到。

由打印结果可以看出，batch 为 40 的数据被分成了两个 batch 为 20 的数据，分别传入了 GPU0 和 GPU1 中，实现了多 GPU 并行计算的效果。

3. 利用多 GPU 训练 LeNet

下面，我们对 3.8 节中的 LeNet 采用多个 GPU 进行训练①。现在，我们只需要在原有的 LeNet 代码上增加一行 `lenet = nn.DataParallel(lenet,device_ids=[0,1])`，修改后如下：

```
CUDA = torch.cuda.is_available()
if CUDA:
    lenet = LeNet().cuda()
    lenet = nn.DataParallel(lenet,device_ids=[0,1])
else:
    lenet = LeNet()
```

对代码进行修改后，原来的代码就能无缝地迁移到多 GPU 并行训练了。

① 本例代码文件为 multigpu_lenet.py，可在本书示例代码 CH12 中找到。